中国矿业大学卓越采矿工程师教材

面向制造的设计

李中凯　编

中国矿业大学出版社
·徐州·

内 容 简 介

本书系统介绍了面向制造的设计的基本概念、方法及应用，为企业采用面向制造的设计模式提供了理论指导。本书首先阐述了设计、产品、产品设计的相关概念及内涵，系统分析了传统产品设计模式的弊端、面向制造的设计模式的优点和实施要点；然后分别针对下料成型、铸造锻造、机加工、焊接、注塑成型、产品装配、精度与公差、增材制造等详细介绍面向制造的设计的具体实施步骤与注意事项；最后探讨了面向制造的设计的未来发展方向。

本书内容丰富翔实，深入浅出，具有较强的前瞻性和实用性，可作为机械工程专业的本科生教材，可供从事产品设计开发以及产品制造的研究人员参考，也可供企业管理人员、工程技术人员和高校有关专业教师阅读使用。

图书在版编目(CIP)数据

面向制造的设计/李中凯编. —徐州：中国矿业大学出版社，2020.12

ISBN 978-7-5646-4911-1

Ⅰ. ①面… Ⅱ. ①李… Ⅲ. ①工业产品—产品设计—高等学校—教材 Ⅳ. ①TB472

中国版本图书馆 CIP 数据核字(2020)第 269458 号

书　　名　面向制造的设计
编　　者　李中凯
责任编辑　杨　洋
出版发行　中国矿业大学出版社有限责任公司
（江苏省徐州市解放南路　邮编 221008）
营销热线　(0516)83884103　83885105
出版服务　(0516)83995789　83884920
网　　址　http://www.cumtp.com　**E-mail**：cumtpvip@cumtp.com
印　　刷　徐州中矿大印发科技有限公司
开　　本　787 mm×1092 mm　1/16　**印张** 13　**字数** 332 千字
版次印次　2020 年 12 月第 1 版　2020 年 12 月第 1 次印刷
定　　价　30.00 元
（图书出现印装质量问题，本社负责调换）

前　言

随着经济全球化的不断深入，市场竞争日益激烈，企业更加注重产品的开发成本、开发周期和产品质量。如何以更低的开发成本和更短的开发周期制造出质量更高的产品，是所有企业共同追求的目标。

面向制造的设计(design for manufacture，简称 DFM)，为企业提供了有效的技术手段。面向制造的设计的重点在于提高产品设计方案的合理性和产品零件的易制造性、易装配性，在产品设计初期阶段就综合考虑产品制造和装配的需求，加强产品设计团队与产品制造团队的合作，通过优化产品设计、减少产品设计的修改、提高产品的制造和装配效率，从而降低产品开发成本、缩短产品开发时间、提高产品制造质量。

全书共 10 章内容。第 1 章主要介绍了传统设计模式的不足和面向制造的设计模式的优点及其在实施过程中面临的问题。第 2 章介绍了下料计算方法和展开图的画法，对冲裁、弯曲和拉伸等下料工艺方案设计进行了详细分析。第 3 章介绍了砂型铸造、特种铸造、自由锻造和模锻的特点、方法及工艺流程。第 4 章针对机加工件设计介绍了传统机械加工方法、零件结构工艺设计方法、机加工零件设计规则及成本估算。第 5 章介绍了焊接方法的发展历史及常用的焊接方法类型；对焊接材料的分类及焊接性能进行了分析；总结了焊接接头工艺设计方法及原则。第 6 章介绍了注塑成型设计的工艺特点、设计方法、常见的工艺问题及改善措施。第 7 章介绍了面向装配设计的准则和常见的装配技术方法。第 8 章介绍了制造与装配中的公差问题，包括公差分析、公差设计原则和公差检测方法。第 9 章介绍了增材制造技术，包括常用的增材制造方法和增材制造的工艺特点。第 10 章对面向制造的设计模式进行了展望。

本书主要满足大学本科机械工程专业的卓越工程师培养需求，介绍符合复杂机械产品制造流程的DFM技术。本书不仅为对产品设计技术感兴趣的学生、咨询人员、技术人员和企业管理人员提供了比较完整的，且具有学术性、前瞻性和实用性的面向制造的设计的理论、方法和工具，还为企业制造主管提供了面向制造的设计系统的初步解决方案。

衷心感谢中国矿业大学刘同冈教授、徐工集团矿山机械事业部董磊工程师等的支持。参加本书编写工作的还有王帅博士、刘等卓博士、何超博士、马昊堃硕士、王欣欣硕士、孙冉硕士、魏文远硕士、刘珍硕士、裴国阳硕士和苗磊硕士等，在此表示感谢。特别感谢本教材所有参考文献的作者。

本书适合机械工程专业的本科生、研究生、企业管理人员、工程技术人员和高校教师等阅读使用。

因本书内容较新，涉及范围较广，特别是对一些新概念的认识和新问题的分析可能有不妥之处，恳请专家和同行批评指正。

本教材的编写得到了中国矿业大学卓越工程师教材建设计划项目的支持，特此感谢。

作　者
2020年6月

目　录

第1章 绪 论

1.1 传统的产品设计

1.1.1 产品设计的相关概念

(1) 设计的概念

产品设计,顾名思义是设计的一个分支或者细分方向。为了更好地理解产品设计的内涵,首先介绍设计的相关概念。设计初始是伴随“制造工具”产生的。人们有意识地使用“设计”这个词,并将其看作一门学科大约是在20世纪初期。设计(Design)一词源于拉丁文Designave,本义是“徽章、记号”,即事物或人物得以被认识的依据或媒介。牛津词典中对设计的解释为:“设计是指为了完成某项工作而制订的一种计划和意向。”

美国著名学者赫伯特·亚历山大·西蒙认为:“设计是一种为了使存在的环境变得美好的活动,设计好比一种工具,通过它能使想法、技术生产可能性、市场需要和企业的经济资源转化为明确的、有用的结果和产品。”欧洲学者认为:“设计是一个解决问题的过程,设计是为了达到某种特定的要求或者目的,借助某种正确的活动程序而制订的一种适用计划。”我国学者谢友柏在《设计科学与设计竞争力》一书中给出了定义:“设计是为人类有目的活动规划实施结果的面貌和实施的路径。”这些有关设计的定义虽然在文字表达上有所差异,但其本质相同。

设计的本质是人类的造物活动。设计的目的是为人类服务。设计是运用科学技术创造人类生活和工作所需要的环境和产品,并使人与物、人与环境、人与社会相协调,是在不断满足人类需求过程中产生和逐渐发展的。人类最早的设计行为可以追溯到旧石器时代,最初人类只是设计制造一些十分简陋的用于生产的石器,随着设计制造经验的丰富,到了新石器时代人类制造的石器种类和精细程度都有了很大提升,如图1-1所示石斧、石锤、石刀等。我国是世界四大文明古国之一,充满智慧的古代劳动人民创造性地设计出了各式各样的陶器、青铜器和瓷器,不但方便了人们的日常生活,而且具有一定的艺术价值。尤其是我国的瓷器,作为中华文化典型代表,经过丝绸之路广泛传播到海外,极大地促进了中西方文化交流,如图1-2所示唐三彩瓷瓶。设计是一种创造性的人类实践活动,人类在创造社会文明的同时也促进了设计学科的发展。随着科技的进步和社会生产力的不断发展,人类改造自然的能力也越来越强,设计学科作为一门新兴的学科受到了广泛关注。

(2) 产品的概念

明确产品内涵是进行产品设计的基础。狭义上的产品是指工厂生产的物品,或批量化生产的物品。广义上的产品是指用来满足人们需求和欲望的物体或无形载体,即产品不仅

图 1-1　新石器时代的石器

图 1-2　唐三彩瓷瓶

指有形的物体，还包括无形的服务和软件。当今社会人们所说的产品，就是指可以提供给市场，并且被人们所需求、使用和消费，同时还能够满足人们日常生活中某一种需求的任何东西。在现代社会中，产品主要包括有形的物品、无形的服务、组织、观念或者它们之间任意的组合。而在工业设计中，产品则限定为用现代机器批量生产出来的产品。

按照产品的用途可以将产品细分为无数领域，如家电、厨具、交通工具、电子产品、医疗产品、军工产品、航天产品等。按照产品的使用对象可以将产品分为消费品和工业品，日常生活中用到的则是消费品，如电视机、电冰箱、自行车等；用于工业生产的则是工业品，如压路机、电焊机、数控机床等。按照产品的产量可以将产品分为批量产品和单件产品。如图1-3 所示，电冰箱、洗衣机和空调等都属于批量产品。我国的玉兔系列月球车和嫦娥系列月球探测器则属于单件产品，如图 1-4 所示。批量产品采用批量制造的方式进行生产，所以对产品零件的加工及装配公差要求较高，以保证零部件的通用性和产品质量均一性，其产品价格也随着生产数量的增加而降低。单件产品则根据客户的具体需求进行设计制造，一般不考虑零部件的通用性问题，但生产成本明显高于同样的批量制造产品。

图 1-3　某品牌洗衣机

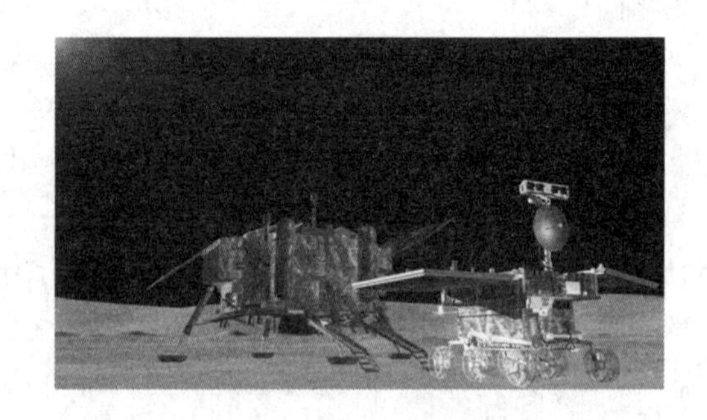

图 1-4　嫦娥号月球探测器和玉兔号月球车

(3) 产品设计的概念

设计根据所面向对象和任务可以划分为视觉传达设计、产品设计和环境设计三大领域。而产品设计是随着现代工业的兴起而产生的，与科技的发展密切相关。科学技术的发展能促进产品设计的改进，同时产品设计为科技发展的应用提供了广阔的舞台，两者互相促进、相辅相成。产品设计的萌芽可以追溯到新石器时代陶器的制作，商周石器、青铜器生产以及唐宋瓷器的烧制等。

产品设计隶属工业设计范畴，其发展历程反映了一个时代的经济技术和社会文化。产品设计是能将人的某种需求和目的转换成为具体实体形式的一个过程，同时也是一种实施计划、预期设想和解决问题的方法，是以具体的存在载体，用精致美好的形式表现出来的一种创造性活动过程。

维基百科中将产品设计作为动词和名词分别进行了定义。产品设计作为动词：狭义上是指创造新产品、销售给客户的过程；广义上是指高效推进从设计思路到产品开发和上市的全部流程。产品设计作为名词：是指一件人工制品所附着的系列特征，包括外观特征（如何呈现的产品或服务的美学特征）、功能特征（比如适用性）以及两者整合后产生的产品特征。产品设计包括的内容很多，不同复杂程度的产品的设计难度差异很大，因此产品设计可以看作一个新兴的交叉学科。

1.1.2 产品设计模式的发展

（1）原始产品设计模式

手工制造业处于萌芽阶段时，由于人们缺乏相应的设计经验而只能设计出一些结构简单的日常产品，同时产品的制造工艺相对落后，因此设计工作和制造工作通常由同一个人完成。把这种产品设计和产品制造工作都由同一个人完成的产品设计模式称为原始产品设计模式。原始产品设计模式只适合设计制造一些结构简单的生活用品和生产用品，其生产规模相对较小。

木匠制作家具和铁匠制作铁器是原始产品设计模式的典型，如图1-5所示。木匠根据客户需求进行家具结构设计、原材料获取、零件部件制作、产品组装等工作。家具的设计和制造工作全部由木匠独自完成。同样，铁匠在制作铁器时也是根据客户需求进行铁器设计、材料选择、炉子生火、锻造加工、质量检测等工序由铁匠独自完成。产品的设计者也是产品的制造者，这种"谁设计，谁制造"的设计模式是原始产品设计模式的主要特点。原始产品设计模式的生产效率太低，随着科技的发展，逐渐被传统产品设计模式替代。

(a)　　(b)

图1-5 木匠制作家具和铁匠制作铁器

（2）传统产品设计模式

由于产品的结构变得越来越复杂，产品的制造工艺也越来越复杂，产品设计和产品制造需要由具有不同专业知识的工程师分别完成。在传统产品设计模式下，产品设计分为产品设计阶段和产品制造阶段。产品设计工程师只负责产品的设计工作，而不用关心产品是如何制造和装配的；而产品制造工程师只负责产品的制造和装配工作，而不用考虑产品的功能和结构。对产品设计制造进行合理分工，有效地提高了产品的开发效率。

但是传统产品设计模式中产品设计与产品制造之间缺少有效沟通而造成大量的产品设计修改，如图 1-6 所示。产品设计工程师在进行产品设计时不考虑产品的可制造性，将会导致产品的设计结构不合理、零件制造成本过高、产品质量合格率过低等一系列问题。与此对应的是产品制造工程师在进行产品制造与装配时不考虑产品的设计意图，则无法及时将产品设计结构不合理之处反馈给产品设计工程师，导致产品的开发周期增长、产品的质量难以保证等。

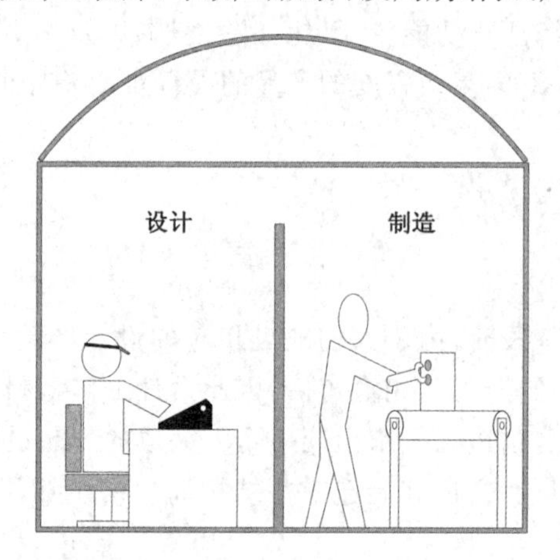

图 1-6　传统产品设计模式中设计与制造的关系

(3) 面向制造的产品设计模式

进入 21 世纪之后，随着全球化的不断推进和信息技术的快速发展，企业之间的竞争日益激烈，顾客不再满足于产品的基本功能，还对产品的外观、质量、交货周期、成本、可维修性等方面提出了更高的要求。传统产品设计模式中产品设计与制造脱节而带来的弊端的影响日益严重，由于在产品设计阶段不能充分考虑产品的可制造性，产品的生产过程变成从设计到制造，再从设计修改到重新制造的反复循环过程。产品设计的反复修改将导致产品的开发周期长、开发成本高、装配质量不稳定等问题，更严重时会导致整个产品开发项目失败。从本质上来说，产品设计和产品制造应该是相辅相成的关系。为了提高产品的可制造性，应该在产品设计的时候就把制造因素考虑进去，使设计工程师设计出的产品具有良好的可制造性和可装配性，从根源上彻底阻止产品制造和装配阶段一系列问题的发生。

面向制造的设计(Design for Manufacture，简称 DFM)模式就是为了消除产品设计和产品制造之间的障碍，使产品设计与产品制造目标一致：如何以最短的时间、最低的成本生产出易制造、易装配的高质量产品。在设计阶段尽早考虑与制造有关的约束，全面评价和及时改进产品设计，可以得到综合目标较优的设计方案，并可争取产品设计和制造一次成功，以达到降低成本、提高质量、缩短产品开发周期的目的。

面向制造的设计研究是指产品零件/组件的设计与制造的相互传递与反馈关系。开发计算机辅助 DFM 软件系统并在机械行业推广应用，可以提高我国机电产品的开发和创新能力、改善产品质量、降低成本和缩短产品开发周期，产生巨大的经济效益。面向制造的设计的关键是将产品设计和工艺设计集成起来，目的是使设计的产品易于制造和装配，在满足用户要求的前提下降低产品成本，缩短产品开发周期。DFM在产品设计过程中充分考虑产品制造的相关约束，全面评价产品设计和工艺设计方案，提供改进信息，优化产品的总体性能，以保证其可制造性。DFM是并行设计的核心，是在信息集成与共享的基础上实现产品开发过程中的功能集成。

1.1.3 产品设计的重要性

(1) 产品设计决定产品市场

产品设计开发是指企业改进老产品或开发新产品，使其具有新的特征或用途，以满足顾客的需求。企业只有不断改进产品，增加功能、提高产品质量、改进外观包装，才能满足消费者不断变化的需求。决定产品能否占有产品市场的主要因素就是产品设计。全球化的快速推进导致产品的同质化竞争越来越激烈，因此优秀的产品设计是决定产品销量的关键。

“好的设计是将我们与竞争对手区分开的最重要方法”，三星电子首席执行官尹钟龙这样表述对工业设计的理解。索尼、东芝、三星和LG等公司都把产品设计作为自己的“第二核心技术”。产品设计被许多企业视为摆脱同质化竞争，实施差异化品牌竞争策略的重要手段。产品设计对产品的外观和性能，材料、制造技术的发挥，以及品牌建设产生最直接影响。据美国工业设计协会测算，工业品外观每投入1美元可带来1 500美元的收益。日本日立公司每增加1 000亿日元的销售收入中产品设计起作用所占的比例为51%，而设备改造所占的比例为12%。好的产品设计可以降低成本、提高用户的接受概率、提高产品附加值，并且通过促进产品的不断成长，企业也将获得更高的战略价值。

(2) 产品设计决定产品成本

企业在竞争激烈的市场经济条件下，要想生存或发展壮大，除了技术领先、资本雄厚之外，管理在其中起到的作用越来越重要。而成本控制是企业管理的永恒主题。成本控制的直接结果是降低成本，增加利润。企业降低成本的手段有很多，如控制生产材料费用、控制人工成本、控制废品损失成本等，这些成本管控措施虽然能够在一定程度上降低成本，但是具体实施起来需要消耗大量的人力和物力，而且有时会适得其反，比如过度管控人工成本有可能会导致工人工作积极性不够和生产效率低下等问题。因此，合理有效管控产品成本成为企业亟须解决的问题。

产品设计对于产品成本的影响是一个容易被企业忽略的因素。产品设计直接影响制造和装配环节。一个优秀的产品设计方案不仅要考虑产品的易制造性，还要考虑产品装配问题。产品设计阶段决定了包括产品的成本、质量、可制造性、人机环境问题等在内的诸多产品特性。在产品全生命周期中，产品设计研发阶段处于价值链的顶端，是企业赚取利润和增加附加值最为有效的阶段。如图1-7所示，在产品生命周期中产品的设计成本约占5%，而设计早期决定了大约75%的产品成本。一旦产品设计完成，成本在以后阶段的降低空间十分有限。后期的产品生产、装配等制造工序最大的可控度只是降低生产过程中的损耗和提高加工及装配效率，因此，在设计阶段就重视成本控制，可以最大限度地降低产品的生产成本。

(3) 产品设计决定产品质量

产品质量是企业的生命。以产品质量求生存，以品种求发展，已成为广大企业发展的战

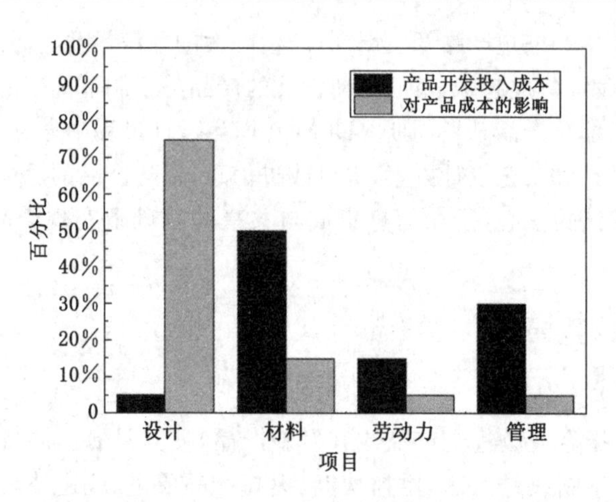

图 1-7　产品开发投入成本及其对产品成本的影响

略目标。在市场经济日益发达的现代社会,产品质量对于企业越来越重要。产品质量是决定企业是否具有核心竞争力的要素之一。提高产品质量是保证产品占有市场从而企业能持续经营的重要手段,一个企业想要做大做强,产品质量的重要性是不言而喻的。不注重产品质量的企业会寸步难行。提高产品质量时,大部分人都会想到提高零件的制造质量、提高产品的检验标准、加强工人的质量意识等,却忽略了产品设计对产品质量的影响。

影响产品质量的因素有很多,如设计、制造、检测等,那么哪些是主要因素呢?在产品结构设计不合理的情况下,无论产品的制造精度有多高,生产出来的都是残次品。产品检验则是根据产品检验标准弃掉不合格的产品,因此虽然提高产品的检验标准能提高产品的质量,但是产品的生产成本也随之增加,治标不治本。关于影响产品质量的主要因素,日本质量大师田口玄一(Taguchi)认为:产品质量首先是设计出来的,然后才是制造出来的。德国人把产品质量定义为“优秀的产品设计加上优秀的制造”。有关统计表明:80%的产品质量问题是设计引起的,其余是产品制造和装配过程引起的。因此产品设计才是决定产品质量的关键因素,合理的产品设计能够很大程度上减少不必要的产品质量问题。

(4) 产品设计决定产品开发周期

产品开发周期是企业进行产品研发时需要考虑的一个重要因素。缩短产品开发周期不仅能节省时间,还能相应增加企业的竞争优势。产品开发周期每缩短一个月,该产品的销售期就增加一个月,企业就会增加一个月的收入和利润。另外,缩短产品的开发周期能够有效增加产品的市场份额。产品上市时间越早,市场上的同类竞争产品越少,越容易获得客户的青睐。

产品的开发过程一般由市场调研、产品设计、产品制造、产品装配、产品测试等环节组成。产品开发的各个环节对产品的开发周期的影响程度不同,而产品设计处于产品开发核心位置。产品设计对于后续的制造、装配、测试环节的影响是显而易见的,而产品制造、装配和测试环节出现的问题也都会反馈到产品设计上。因此,一个优秀的产品设计能够有效减少产品开发过程中的设计迭代,有效缩短产品的开发周期。

1.1.4　产品设计的要求

产品设计是产品开发过程中至关重要的一个环节,如何设计出一个优秀的产品是众多设计工程师最关心的。要想设计出优秀的产品必须要明确产品设计的目的和产品设计需要满足的要求。产品设计要求如图 1-8 所示。

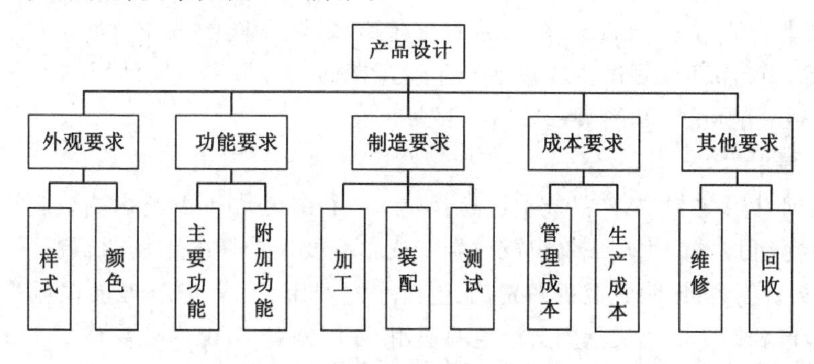

图 1-8 产品设计要求

(1) 外观要求

随着市场竞争日益激烈,市场上相同类型的产品越来越多,在产品功能区别不大的前提下,产品外观成为消费者选择产品的一个重要参考因素。企业通过采取各种不同措施来满足客户对产品外观的需求。例如,华为技术有限公司通过生产特殊配色手机来满足有颜色外观需求的消费者;宝马系列轿车产品外观分为运动版和豪华版,以满足不同年龄段的消费者对于汽车外观的要求。

(2) 功能要求

产品功能按照重要程度可以分为主要功能和附加功能。产品的主要功能是指产品满足客户需求所必须具有的功能,如冰箱的制冷功能、汽车的行驶功能、手机的通话功能等。如果客户的主要功能需求得不到满足,那么客户选择购买该产品的可能性几乎为零。产品的附加功能是指为了增加产品竞争力而设计的功能,如汽车的辅助驾驶功能、手机的高清摄像功能、电动车的定位功能等。因此,在进行产品设计时必须要满足客户的主要功能要求,而部分客户的附加功能需求可以选择性满足。

(3) 制造要求

产品设计中的制造要求可以分为加工要求、装配要求和测试要求三个部分。

加工要求指的是采用何种工艺或者机床制造零件,例如铸造加工、车削加工、焊接加工等。产品在进行设计时就需要考虑来自加工方面的需求。产品设计并不是简单地根据客户需求在三维软件中绘制出产品的三维模型。产品三维模型的绘制成功并不代表一定能制造出产品,或者说产品能够用一个合适的成本、较短的生产周期制造出来。因此,产品设计不仅要用三维软件绘制其装配图,还要保证其零件具有良好的可制造性。

装配是指将多个零件组装成产品,使产品能够具有相应功能。从概念可以看出装配主要包括三层含义:一是将零件组装在一起;二是实现相应的功能;三是体现产品质量。装配不是简单地将产品零件组装在一起,更重要的是装配之后能够实现产品的功能,并且保证质量。因此,在产品设计阶段就要考虑来自装配方面的要求,尽量减少产品的装配工序,缩短产品的装配时间,提高产品的装配效率。

产品测试主要包括产品质量测试、产品性能测试和产品环保测试。产品只有通过了所有检测才能进入市场销售。产品质量测试包括零件加工过程中的加工精度测试、产品组装过程中的装配精度测试、成品质量检测等。例如，焊接件的外观检查、机加工件的表面粗糙度检测、手机产品的跌落试验、汽车产品的碰撞试验等。产品性能测试包括产品主要性能测试和产品附加性能测试。例如，汽车产品的油耗测试、液压阀的响应时间测试、电动车的续航里程测试等。产品环保测试主要包括产品运行期间对环境和人类的影响和产品回收。例如，手机的电磁辐射测试、塑料袋的降解测试等。

(4) 成本要求

利润是企业生存之根本，产品成本过高会导致产品销售受阻，最终影响企业的利润。企业的成本主要由管理成本和生产成本组成。生产成本主要由前期的市场调研费用、产品设计费用、原材料购买费用、机床购置及折旧费用、生产水电费用、工人工资、废品损耗等组成。管理成本是辅助生产和销售等相关活动所产生的费用，如广告费、劳保用品费等。一个优秀的产品设计能够有效减少产品原材料的消耗、提高产品加工效率、降低产品的报废率，而产品生产效率的提高也有助于降低企业的管理成本，因此在产品设计阶段就应该有充分的成本意识。

(5) 其他要求

针对不同的项目和产品的情况，产品还应该满足其他方面的要求，如产品的维修要求和回收要求。

产品设计的各项要求之间有时候会相互冲突，此时就需要产品设计师综合考虑，如产品质量与价格、汽车油耗与动力等。因此，在进行产品设计之前要对客户需求进行详细分析，最终找到一个折中的产品设计方案。

1.1.5 传统产品设计模式

(1) 传统产品设计流程

传统产品设计流程主要包括产品设计阶段和产品制造阶段。产品设计阶段包括市场调研、确定产品方案和产品设计。产品制造阶段包括产品样机制作、产品制造、产品装配、产品测试和产品量产。传统产品设计流程如图 1-9所示。

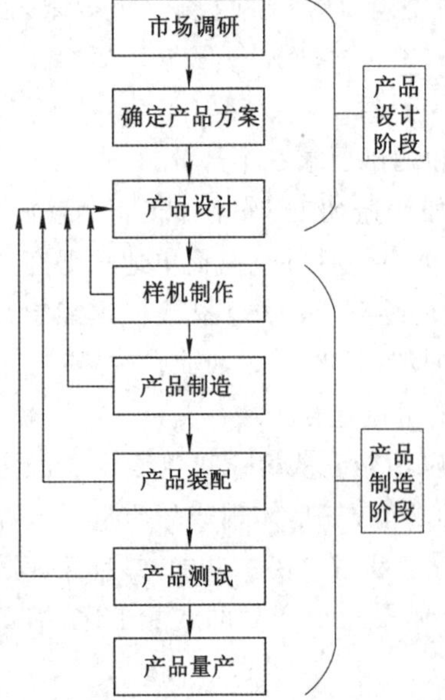

图 1-9 传统产品设计流程

市场调研的目的是摸清市场的客户需求，了解同类产品的优缺点，准确定位产品方向。市场调研的方法主要包括消费者调查、市场观察、产品调查和广告研究等。市场调研有助于更好地吸收国内外先进经验和最新技术，改进企业的生产技术，提高管理水平，为企业管理部门和有关负责人提供决策依据。

确定产品方案是设计人员综合考虑客户功能需求、技术可行性、制造成本等因素，从若干备选方案中选取一个合理的产品方案的过程。顾客的每个功能需求都可以由若干种不同技术方案来满足，通过对这些技术方案进行组合可以形成不同的备选产品方案，如何从众多的备选产品方案中选取最合适的是完成产品方案选择的关键。

产品设计主要包括产品的外观设计和结构设计。产品外观设计是指对产品的形状、图案、色彩或者其结合所作出的富有美感并适于工业应用的新设计。产品外观设计近些年受到了格外重视，尤其是一些电子消费品。而产品结构设计是针对产品内部结构和机械部分的设计；结构设计是产品设计的基本内容之一，也是整个产品设计过程中最复杂的一个工作环节，在产品形成过程中起着至关重要的作用。设计人员既要构思一系列关联零件来实现各项功能，又要考虑产品结构紧凑、外形美观；既要考虑安全耐用、性能优良，又要考虑易于制造、降低成本。

样机制作既是产品设计过程中的关键环节，又是产品批量生产之前进行功能验证测试的必要环节，因此无论是产品自主研发设计还是产品反向工程开发，样机制作都是不可忽略的重要阶段，直接影响产品投放市场后的效益或者投入实际应用后的效果。具体来说，在产品开发过程中，样机制作的作用为：检验结构设计，样机制作可以验证结构设计是否满足预定要求，如结构的合理与否、安装的难易程度、人机学尺度的细节处理等；降低开发风险，通过对样机的检测可以在开模具之前发现问题并解决问题，避免开模具过程中出现问题而造成不必要的损失。由于制作速度快，很多公司在模具开发出来之前会利用样机进行产品的宣传和前期的销售，快速将新产品推向市场。

产品制造是在产品样机组装和测试完成后，通过预先制造小批量产品以发现产品批量生产中可能出现的问题，并采取相应的技术手段解决，是产品量产前的准备工作；产品装配和产品测试同样为产品的量产做准备。

在小批量的制造、装配和测试工作完成后，产品便进入量产阶段。虽然通过小批量试制对产品制程进行了优化，但是在大批量生产过程中仍不可避免出现一些产品质量问题。产品量产也会经历产品产能爬坡和产品合格率提升等阶段。

(2) 传统产品设计模式的缺点

传统产品设计模式的特点是通过设计和制造的分工有效提高产品设计效率，也是其弊端产生的根源。传统产品设计模式被淘汰的根本原因是市场竞争日益激烈导致产品更新换代速度加快，对产品设计效率提出了更高要求。传统产品设计模式被认为是一种反复修改直至将产品设计好的设计模式，而反复修改的原因是产品设计工程师与产品制造工程师之间缺少交流。产品设计工程师只管产品设计而不考虑产品的加工、制造、装配与测试。产品制造工程师只管产品的加工、制造、装配与测试，而对产品的设计不管不问。这样的产品设计模式必然导致产品的开发周期增长、制造成本增加、质量降低等问题。传统产品设计模式的缺点如图 1-10 所示。

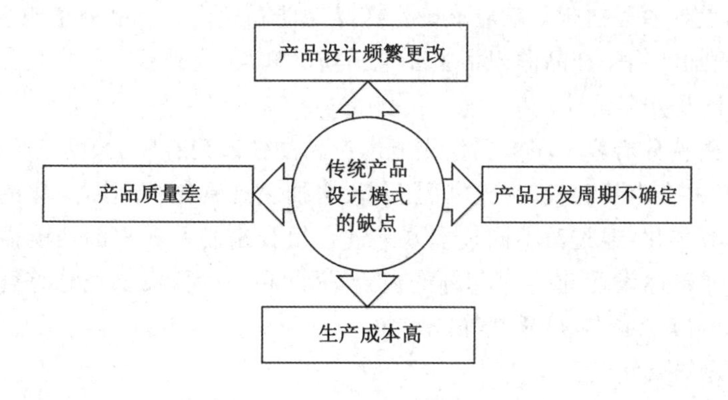

图 1-10 传统产品设计模式的缺点

1.2 面向制造的产品设计模式

1.2.1 面向制造的产品设计流程

随着全球化的不断推进和信息技术的不断发展,市场竞争日益激烈,因此提高产品的核心竞争力对于企业来说十分重要。面向制造的产品设计方法能够有效地提高产品的质量、缩短产品的设计周期、降低产品的生产成本,逐渐受到企业管理人员的重视。其开发设计流程如图1-11所示,其设计阶段描述如下。

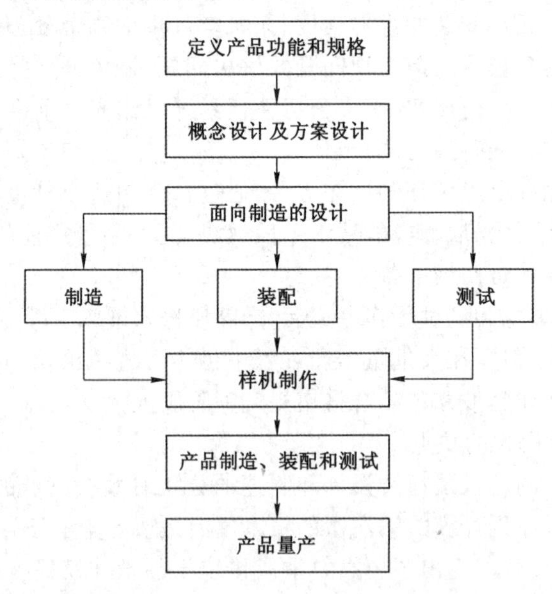

图1-11 面向制造的产品设计流程

(1) 定义产品功能和规格

产品功能和规格是企业进行产品市场调研和客户需求分析的结果,在整个产品开发过程中起主导作用。产品功能和规格是产品设计的核心要素,在产品设计过程中一般不会轻易更改。在产品设计的最初阶段就应该确定产品功能和规格。产品的功能主要包括核心功能、基础功能和附加功能。产品的规格主要包括质量和尺寸、外观、材质等。

(2) 概念设计及方案设计

概念设计是由从分析客户需求到生成概念产品的一系列有序的、可组织的、有目标的设计活动组成的,是一个由粗到精、由模糊到清晰、由抽象到具体的不断进化的过程。方案设计是概念设计的具体化,通过对不同技术方案进行组合来满足客户的功能需求。概念设计和方案设计决定了产品设计60%～70%的内容,因此在该阶段需要充分综合考虑产品设计的各种需求,例如外观、成本、可靠性等。

(3) 面向制造的设计

面向制造的设计包括可制造性、可装配性和可测试性三个方面。可制造性是指设计出来的产品能够以最低的成本、最快的速度、最少的时间制造出来。可装配性是指产品的装配工艺简单、装配效率高、装配时间短。提高产品可装配性的方法包括简化零部件设计、使用标准件、减少装配环节等。可测试性是指设计出来的产品满足国家的相关规定,如电磁辐射、环境污染等。

面向制造的设计主要是加强产品设计人员与制造人员之间的交流,当产品设计工作完成后应该邀请产品制造人员从制造和装配的角度对产品的可制造性和可装配性提出修改意见;同时,产品设计人员应该多学习产品制造和装配相关知识,提高自己对产品的可制造性和可装配性的理解。考虑产品可制造性和可装配性的同时不能忽略产品的其他设计要求,当不同的设计要求之间出现矛盾时应该分清主次。

(4) 样机制作

产品设计完成后,需要通过样机制作来检验产品设计是否满足产品加工、装配和检测等方面的相关要求,提前发现产品设计中的不足之处并进行修正。大多数产品零件的制造过程都需要模具,模具的制造成本高,而且不易修改。样机制作是一种检验产品设计合理性的方法,能够有效减少产品设计中的错误,提高产品设计效率。近年来,三维打印技术的快速发展为产品样机制作提供了技术支持。

(5) 产品制造、装配和测试

产品通过样机制作验证其结构的合理性之后,便可以进行小批量生产,为产品的量产做准备。常用的产品制造方法包括机械加工、焊接、注塑等。大部分加工工艺都需要模具和夹具,因此模具、夹具的设计和制作是小批量生产阶段的重要工作内容之一。产品装配是将已加工的零件通过一定的方式组合在一起的过程。通过小批量的组装测试来发现和解决产品装配过程中可能出现的问题。产品测试用以验证产品是否满足相关的测试要求,保证产品的安全性和稳定性。

(6) 产品量产

当通过小批量生产之后,产品质量的稳定性和产品制造的可行性都得到了保证,便可以进行批量生产。

1.2.2 面向制造的产品设计的优点

面向制造的产品设计的核心是产品设计时充分考虑制造的要求。面向制造的产品设计具有如图 1-12 所示的四大优点,即减少产品设计更改、缩短产品开发周期、提高产品质量和降低产品生产成本。

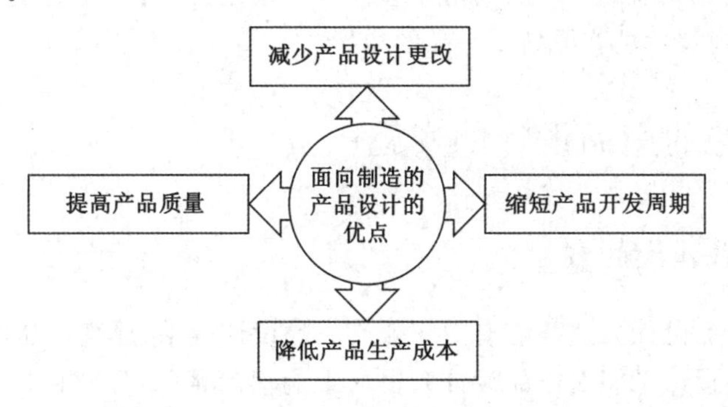

图 1-12 面向制造的产品设计的优点

(1) 减少产品设计更改

与传统产品设计模式相比,面向制造的产品设计模式的设计效率更高,主要表现为产品设计的更改次数大幅减少。产品设计更改的原因主要是后续的制造和装配环节出现了问题,需要对产品的原始设计进行修改才能有效解决。面向制造的产品设计模式在产品设计的初始阶段就充分考虑了产品制造和装配过程中可能出现的问题,并提前将这些问题处理好。当产品进入制造和装配阶段之后,由制造和装配问题引起的产品设计修改次数大幅减少。

在产品设计周期中,产品设计修改的难度随着时间的推移逐渐增大,设计修改的成本也越来越高。传统的产品设计更改大多数出现在产品制造和装配阶段,导致产品设计更改难度大、成本高。面向制造的产品设计将设计更改集中到产品设计阶段前期,不但灵活性高,而且成本低。

(2) 缩短产品开发周期

面向制造的设计能够有效缩短产品的开发周期,从而使产品能够更早进入市场销售。据有关统计,相对于传统的产品设计,面向制造的产品设计能够节省39%的产品开发时间。在产品设计阶段初期就考虑产品的制造和装配问题,需要相应增加产品设计阶段的人力、物力及时间投入,保证产品的设计质量。目前国内大多数企业还停留在压缩产品的设计周期以缩短产品上市时间的阶段。在产品设计没有完善前就匆忙投入生产,结果只能适得其反。

(3) 降低产品生产成本

面向制造的产品设计模式能够有效降低产品的生产成本。降低成本主要通过以下途径来实现:

① 原材料购买和加工工艺选择:在满足产品质量和功能要求的前提下,选择价格较低的原材料和相对经济的加工工艺。

② 简化产品零件设计:零件的设计简单与否直接决定其制造成本。零件的设计简单,其加工成本就低;相反,如果零件设计复杂,其加工成本就高。简化产品零件设计是面向制造的设计模式中的重要内容。

③ 简化产品设计:产品结构越复杂,其零件数量越多,装配工序越多,必然导致装配成本越高。简化产品设计能够有效降低产品的装配成本,同时提高产品的装配效率。

(4) 提高产品质量

面向制造的设计大幅提高产品的可制造性和可装配性,有效地避免了产品后期制造与装配过程中出现的问题,显著提高了产品的质量。

1.3 面向制造的产品设计的实施

1.3.1 实施中存在的问题

面向制造的产品设计方法能够有效降低产品的设计成本、提高产品质量、缩短产品开发周期。传统的产品设计思想对产品设计人员的影响根深蒂固,导致面向制造的产品设计在推广过程中存在如下问题。

(1) 企业不重视产品设计

一些企业没有意识到产品设计的重要性，不愿意在产品设计上花费时间和精力。我国的制造业最初是由代工模式发展起来的，而代工只是产品设计中的制造环节。长期的代工模式致使企业不重视产品设计，并且错误认为产品质量是由制造和装配决定的。因此，想要推广面向制造的设计模式，首先要消除企业对于产品设计的误解，提高产品设计在产品开发流程中的地位。

(2) 设计人员缺乏“制造”意识

很多产品设计人员长期使用传统的产品设计方法进行设计，导致其形成了固定的设计习惯和设计思维。在以往的产品设计过程中设计人员会积累一定的关于产品制造和装配的经验，但是并没有形成系统的、有效的设计方法。因此，如何培养设计人员的“制造”意识，是面向制造的设计在推广过程中的首要问题。

(3) 缺乏相关人才

面向制造的产品设计对产品设计人员提出了更高的要求。产品设计人员不仅要了解产品的功能结构，还要熟悉产品的制造和装配工艺。对于一个产品设计人员来说，这需要长时间设计和制造经验的积累。目前国内该类人才十分缺乏，相关的高校和企业也缺乏相应的培训课程和教员。

1.3.2　实施的重点

为了提高企业产品的核心竞争力，就要采用面向制造的产品设计模式来降低产品的生产成本和提高产品的质量。企业实施面向制造的产品设计方法的重点如下：

(1) 提高设计人员的“制造”意识

加强产品设计人员对产品制造和装配工艺的了解，改变设计人员对产品设计的认识。产品设计的创新性固然重要，但也要遵循产品制造和装配的规律。通过课程培训和实例分析，改变企业现有的“重制造，轻设计”的思想。

(2) 建立面向制造的产品设计团队

面向制造的产品设计需要一个专业的团队来负责，不仅需要产品设计人员，还需要产品制造人员、产品装配人员以及生产管理人员等。产品制造和装配涉及工艺及工序众多，各项技术的发展日新月异，仅依靠产品设计人员很难完成该项工作。因此，合理组建一个面向制造的产品设计团队，是面向制造的产品设计模式获得成功的关键。

(3) 制定面向制造的产品设计流程

面向制造的产品设计流程与传统的产品设计流程有着明显区别，仅依靠对传统产品设计流程进行修改不能满足产品的设计需求。因此，企业需要开发一套面向制造的产品设计流程来支持面向制造的设计。改变产品设计流程对于企业来说费时费力，涉及很多的部门，需要企业高层的勇气和决心。

第2章　下料成型设计

2.1　下料计算

在下料成型设计中，下料是最关键的环节。一般情况下，下料分为简单构件的下料和复杂构件的下料。这里定义简单构件为几何形状简单、断面单一的构件，如圆管、方管、阶梯、箱体等。对于简单构件的下料，只需要进行简单的计算就可以直接下料；对于复杂构件的下料，由于往往比较复杂，需要绘制复杂构件的 1∶1 展开图，然后将展开图描绘在金属板材上。本章仅讲述简单构件的下料计算。

一般情况下构件断面形状分为曲线和折线，根据构件断面形状不同，将下料计算方法分为断面形状为曲线的下料计算方法和断面形状为折线的下料计算方法。

2.1.1　断面形状为曲线的下料计算方法

由于金属板材具有良好的延展性和塑性，当金属板材弯曲时，板材外皮长度因拉伸而变长，里皮长度因压缩变短，只有中心层长度保持不变。如图 2-1 所示，金属板材弯曲前，其里皮、中心层和外皮长度相等，弯曲后，外径－板厚＝中径，内径＋板厚＝中径，中径周长＝中心层长度。所以，对于断面形状为曲线的构件，在计算展开长度时，若已知直径为里皮直径，则直径加一个板厚尺寸；若已知直径为中心层直径，则直径不变；若已知直径为外皮直径，则直径应减去一个板厚尺寸。

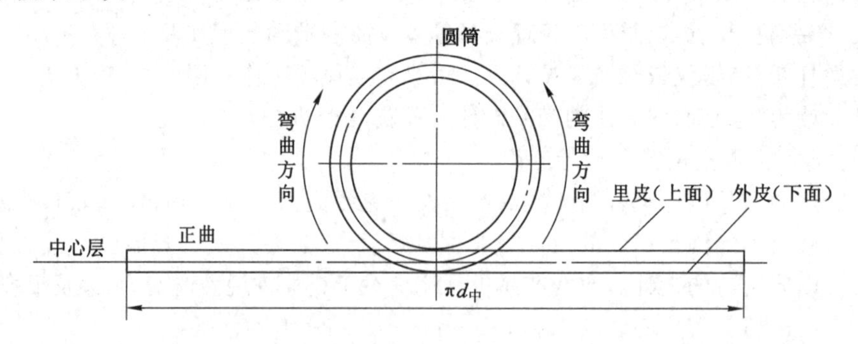

图 2-1　板材由弯曲前的一个长度变为弯曲后里皮、中心层和外皮 3 个长度

【例 2-1】 构件部分圆弧的展开图示意如图 2-2 所示，已知：$R=600$ mm，$r=400$ mm，$\angle AOC=90°$，$\angle CO'B=30°$，$\delta=20$ mm，求构件展开长度 l。

【解】　$l=2\pi\left(R+\dfrac{\delta}{2}\right)/4+2\pi\left(r+\dfrac{\delta}{2}\right)/12$

$$= 3.1416 \times \left(600 + \frac{20}{2}\right) \times \frac{1}{2} + 3.1416 \times \left(400 + \frac{20}{2}\right) \times \frac{1}{6} = 1\,173\ (\text{mm})$$

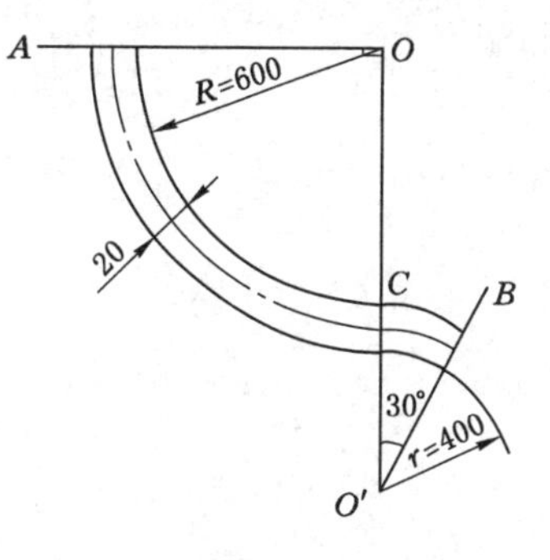

图 2-2　构件部分圆弧的展开图示意(单位:mm)

2.1.2　断面形状为折线的下料计算方法

对于断面形状为折线的构件,其展开长度计算以里皮为准,这是因为板材在折角处局部发生弯曲,造成包括中心层和外皮在内,里皮以外的所有层面均发生不同程度的拉伸变化,只有里皮长度保持不变。如图 2-3(a)所示槽形构件。板材弯曲前的断面如图 2-3(b)所示,C-C' 垂直于 AD,B-B' 垂直于 AD。然后按照划线的位置折直角弯,板材弯曲后的断面如图 2-3(c)所示,$AB = h - \delta$,$BC = a - 2\delta$,$CD = h - \delta$,但是外皮却发生了变化,宽度是 a、高度是 h。C-C' 和 B-B' 线都转到了 45°角平分线上,并且被均匀地拉伸成扇形。显然,$\overset{\frown}{b_1 b_2}$ 和 $\overset{\frown}{c_1 c_2}$ 弧长的距离,都是金属板材拉伸的结果。A、B、C、D 折弯前在同一直线上,折弯后变成了 AB 和 CD 都垂直于 BC,BC 的延长线上多了 2 个板材厚度,AB 和 CD 的延长线上都多了 1 个板材厚度。所以,断面形状为折线的板材弯曲时一律按照里皮长度来计算。

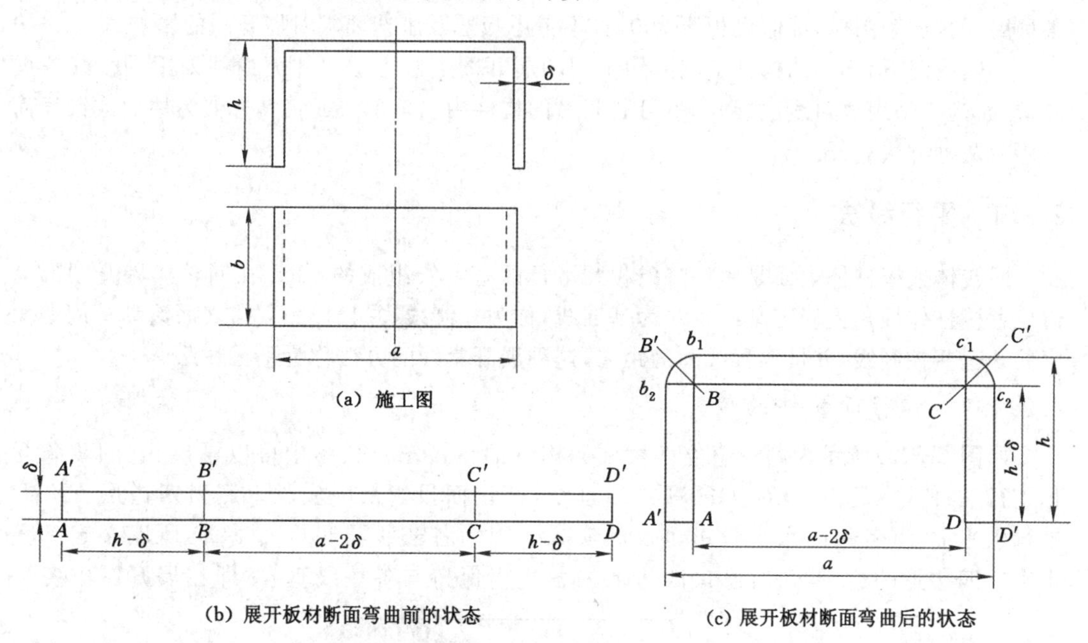

图 2-3　断面形状为直角折线的构件展开图

【例 2-2】　如图 2-4 所示为断面形状为折线的构件的展开图,已知 a、b、c、d,求构件展开长度 l。

【解】

$$l = a + b + c + d$$

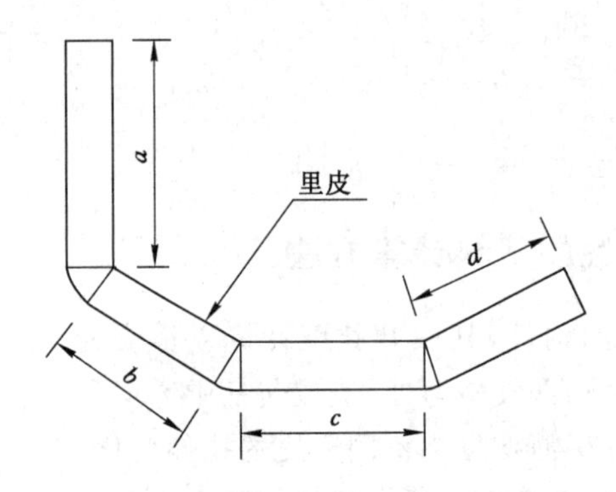

图 2-4　断面形状为折线的构件的展开图

2.2　作展开图

对于复杂构件，需要先画出构件的展开图，再按展开图下料。展开图即构件表面的实形图。实际绘制构件展开图时，构件的板厚和工艺要求对展开图的形状和大小都产生一定的影响。绘制展开图的方法主要有平行线法、放射线法和三角形法。本节为方便叙述，所涉及各种展开方法和图例，都假设板厚为0，且不考虑板厚及工艺要求对展开图的影响。

一般情况下，不同的构件形状采用不同的展开图绘制方法。柱面构件采用平行线法展开；锥面构件采用放射线法展开；不可展曲面的构件用三角形法或将其近似为柱面或锥面而采用前两种方法展开。

2.2.1　平行线法

回转体或棱柱体表面是由许多条相互平行的直素线组成的，如果在回转体展开图形周边或者棱柱体棱角上确定某些素线为基准线，称为控制线，并且按照立体表面滚动一周的顺序展开这些控制线，并量取素线间的距离，这种展开素线的方法称为平行线法。

2.2.1.1　棱柱面构件的展开

如图 2-5(a)所示为斜口直立四棱柱面构件的三视图。从图中可以看出：它的4条互相平行的棱线 AE、BF、CG、DH 都是铅垂线，其正面投影反映实长。底口四边形 $EFGH$ 平行水平面，其各边的水平投影也反映实长。因为各棱线与底口面垂直，所以必定垂直于底口四边形的边，展开后底口四边形的各边仍保持与各棱线垂直，即在展开图中各平

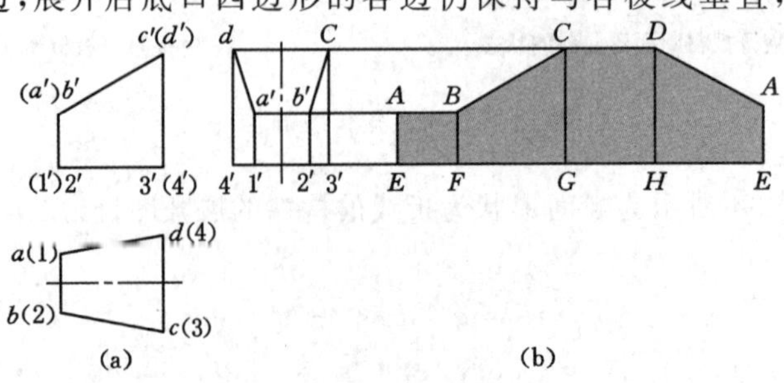

图 2-5　斜口直立四棱柱面的展开图

行棱线间的距离等于四边形相应各边的实长，而底口四边形的四边展开后成为一条直线。从上述分析得到展开图的作图步骤是：在底口正面投影（或侧面投影）延长线上适当位置截取长度，分别令 $EF=1—2$、$FG=2—3$、$GH=3—4$、$HE=1—4$，得到线段 $EFGHE$；过 E、F、G、H 各点引所作线段的垂直线，取其长度分别为 $EA=1'—a'$、$FB=2'—b'$、$GC=3'—c'$、$HD=4'—d'$，得到 A、B、C、D 等点；用直线分别连接 A、B、C、D 等点即得到如图 2-5(b)所示斜口直立四棱柱面的展开图。

如图 2-6 所示斜四棱柱面构件的立体图和两视图。由图 2-6(b)可以看出：四棱柱面的上、下底面均平行于水平面，棱线的正面投影和上、下底面的各边的水平投影都反映实长，但棱线与底面并不垂直。对于这种类型的构件，其展开图有正截面法和侧滚法两种画法。

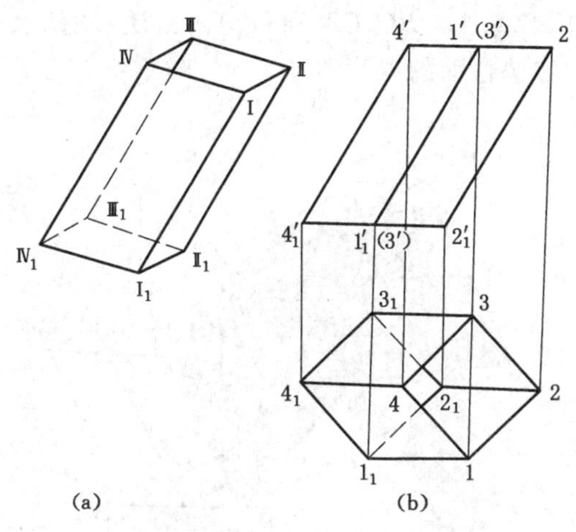

图 2-6　斜四棱柱面的立体图和两视图

① 正截面法：这种方法是在适当位置作一个与棱柱面的棱线垂直的平面 P，用换面法将棱柱的棱线变换为投影面的垂直线，并求出平面 P 与棱柱面的截交线的实形，这时该棱柱面将变为 2 个和图 2-5 形状相似的四棱柱面，可以按图 2-5 方法逐步展开并合并，展开图如图 2-7 所示。

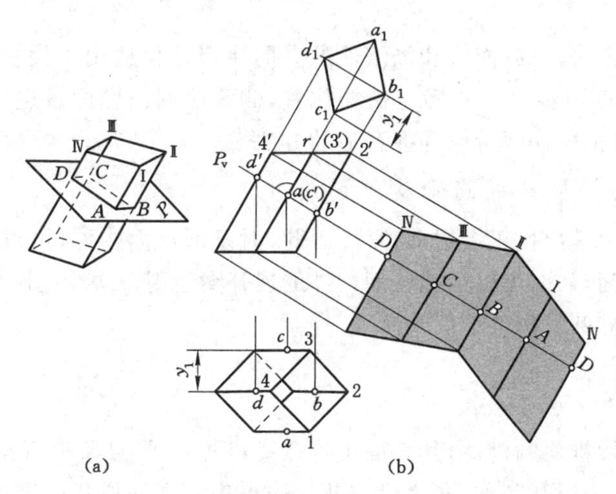

图 2-7　用正截面法展开斜四棱柱面

② 侧滚法:侧滚法是当棱柱面的棱线为投影面平行线时,以棱线为旋转轴,用绕平行线旋转法连续旋转各棱线,使它们依次旋转到与投影面平行的位置,从而得到展开图。侧滚法作图原理为:当平面图形或棱柱面绕平行线旋转时,平面图形及棱柱面上各顶点的运动轨迹线必垂直于平行线,并在平行线所平行的投影面上的投影也互相垂直;平面图形或棱柱面的棱柱旋转到与投影面平行,其在该投影面上的投影必反映实形。

图 2-8 所示为用侧滚法展开图 2-6 中斜四棱柱面的展开图。其步骤为:① 过主视图上四棱柱面的各顶点 $1'$、$2'$、$3'$、$4'$和 $1_1'$、$2_1'$、$3_1'$、$4_1'$分别作棱线的垂线;② 假定先将斜四棱柱面的 AD 棱面绕棱线 DD_1 旋转到与投影面平行的位置,然后分别在垂线上选取点 A、B、C、D 和 A_1、B_1、C_1、D_1,使得连接线 DA、AB、BC、CD 和 D_1A_1、A_1B_1、B_1C_1、C_1D_1 分别等于斜四棱柱顶面和底面的各边长 DA、AB、BC、CD 和 D_1A_1、A_1B_1、B_1C_1、C_1D_1;③ 连接 AA_1、BB_1、CC_1 和 DD_1,即可得到斜四棱柱面的展开图。

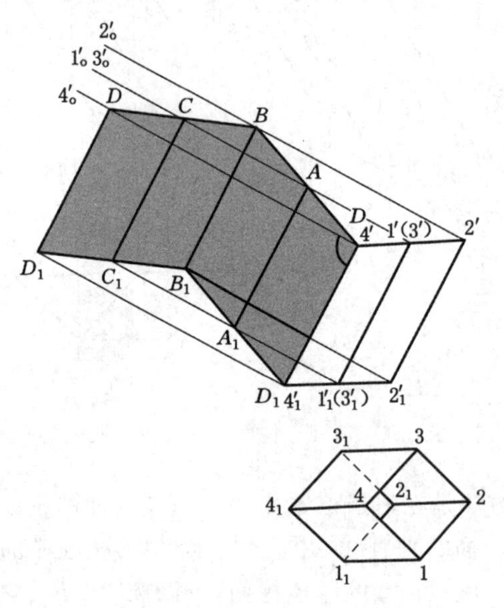

图 2-8　用侧滚法展开斜四棱柱面

比较上述两种方法,正截面法和侧滚法的共同特点是仅适用于棱柱面的展开。不同点是正截面法利用正截面各边实长确定棱线位置,侧滚法利用底面各边实长确定棱线位置。在实际使用中,可根据棱柱面特征选择合适的方法。

2.2.1.2　圆柱面构件和椭圆管构件的展开

由于圆形可以由其内接正多边形替代,因此,对于圆柱面构件,可以通过其内接正多边形分割为近似棱柱面,从而可以用棱柱面构件的展开图绘制方法绘制圆柱面构件的展开图。用类似方法可以作椭圆管构件的展开图。

2.2.2　放射线法

对于棱锥面或圆锥面的构件,其表面由许多直素线组成,且所有直素线的一端交汇于一点,那么以此交点作为展开基准,向边缘扩散延伸来确定展开形状的展开方法,称为放射线法。用放射线法作展开图的关键是确定棱线或素线的长度和相邻棱线或素线间的夹角。

2.2.2.1　棱锥管构件的展开

图 2-9 给出了四棱锥管的立体图，主、俯两视图及其展开图绘制过程。由图 2-9 可以看出：用双点画线延长各棱线的正面投影和水平投影后，延长线分别交汇于 s'和 S 两点，且 s'和 s 连线是铅垂线。设 $S=s'$，S 为假想圆针封页点，为了绘制其展开图，需要求出各棱线和上、下口各边实长。展开图的具体操作步骤为：(1) 分别求出 4 条棱线的实长 SE、SF、SG、SH；(2) 以锥顶 s'点作为展开图中的顶点 S，并过 S 点在适当位置作直线 SE 作为展开图的起始线，以点 S 为圆心，SE 为半径绘制圆弧；(3) 分别在圆弧 SF、SG、SH、SE 上截取点 F、G、H、E，使得连接线 EF、FG、GH、HE 分别等于棱锥管底面各对应边实长，用直线连接 E、F、G、H、E；(3) 过锥顶 S 作放射线 SE、SF、SG、SH、SE，并依次在放射线上截取点 A、B、C、D、A，使得直线 AE、BF、CG、DH、AE 分别等于各对应棱线实长，用直线连接 A、B、C、D、A，即得四棱锥管的展开图。图 2-9 中 l_0 表示包围梯形立体钣金展开件的最小外接圆的半径。

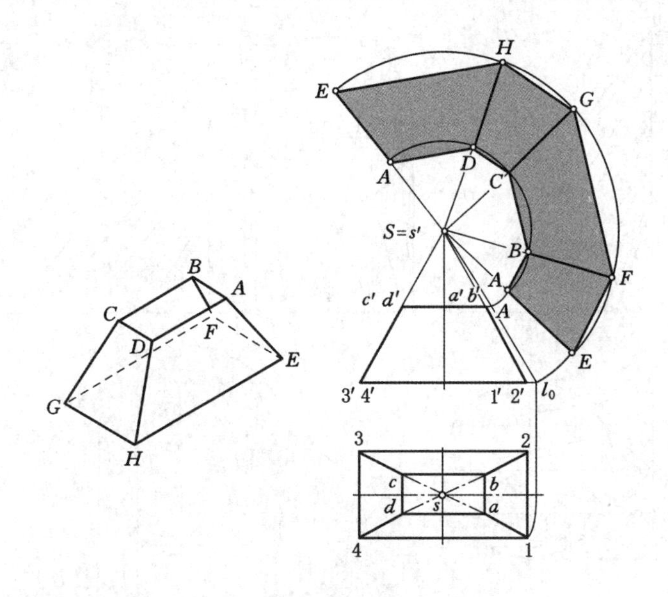

图 2-9　四棱锥管的展开

2.2.2.2　圆锥管构件和椭圆锥管构件的展开

对于圆锥管构件和椭圆锥管构件，通常是过锥顶在圆锥面上等角距作一系列素线，并将素线近似看作棱锥面的棱线，用这些棱线形成的棱面代替圆锥面，并按棱锥管作展开图的方法作圆锥管构件和椭圆锥管构件的展开图。

2.2.3　三角形法

对于不可展开曲面，由于理论上证明其不能展开，因此也就得不到准确的展开图，只能近似地将其展开。该部分介绍用三角形法作不可展开曲面的展开图。三角形法是利用三角形具有稳定性的特点，把由若干素线组成的构件表面，根据需要按照顺序、无重叠、无遗漏地排列分割，然后求出所有三角形每一条边的空间实长，按照原来排列分割顺序依次铺平在平面上的展开方法。

下面以直角换向管接头的展开为例说明三角形法在展开图中的应用。

图 2-10(a)为直角换向管接头的三视图及展开图画法。由三视图可以看出:管接头是上口圆平行于侧面,下口圆平行于水平面,素线平行于正面的柱状面。主视图中细实线半圆是钣金作图的一种简化画法,用以表示管接头的上口形状为圆,当主视图中画出此半圆后,左视图可以省略。对此管接头可将其上、下口两个圆分为相同的等份,用三角形法展开。具体作图步骤是:(1) 将上口圆和下口圆均分为 12 等份,并用直线连接各对应的等分点,得到 12 条素线 AO、BH、CI…的投影。12 条素线将柱状面分为 12 个四边形,如 $AOHB$、$BHIC$、$CIJD$、…(2) 作各四边形的对角线 AH、BI、CJ 等,将柱状面进一步分为 24 个三角形;(3) 用三角形法求各对角线的实长;(4) 用各素线和对角线的实长及上、下口周长的一个等分弦长,依次毗连地拼画出各个三角形 AHO、ABH、BHI、…的实形,得到三角形的一系列顶点 A、B、C、…和 O、H、I、…,最后用光滑曲线将它们连接起来即可得到管接头的展开图。

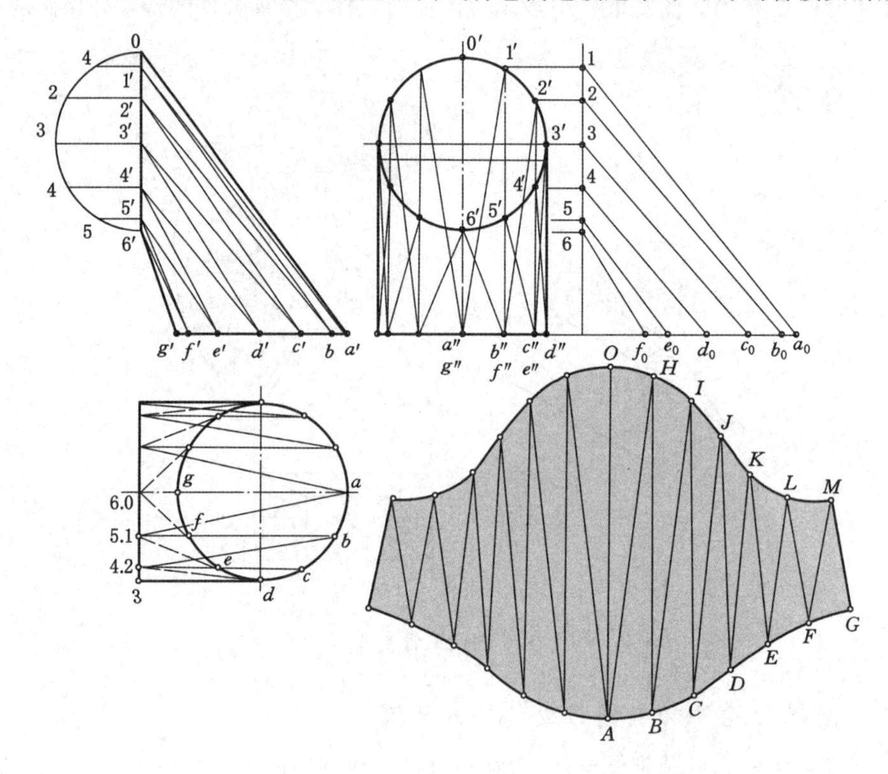

图 2-10　直角换向管接头的展开

2.3　冲裁下料

冲裁是利用模具使材料产生分离的一种工序,包括冲孔、落料、切口、切边、剖切等。冲裁既可以直接冲制成品零件,又可以为弯曲、拉伸等其他工序制备毛坯。冲裁使用的模具称为冲裁模,是冲裁过程中必不可少的工艺装备。任何一副冲裁模都可以分为上模和下模两部分,上模一般固定在压力机的滑块上,下模固定在压力机的工作台上。

2.3.1　冲裁过程分析

2.3.1.1　冲裁变形过程

如图 2-11 所示，冲裁变形过程可以分为以下三个阶段。

(1) 弹性变形阶段

在凸模压力下，条料产生弹性压缩、拉伸和弯曲变形，凹模上的条料向上弯曲。条料内的应力未超过材料的弹性极限，当压力去掉之后，条料立即恢复原状。

(2) 塑性变形阶段

条料继续被压缩、拉伸和弯曲时，条料内的应力达到材料的屈服极限而形成光亮的塑性剪切面。随着凸模进一步下行，塑性变形增大，条料受拉应力作用出现微裂纹。

(3) 断裂分离阶段

已形成的上、下微裂纹随凸模的继续压入沿最大切应力方向不断向条料内部扩展，直到上、下裂纹相遇，条料被剪断分离。随后，凸模将分离的条料推入凹模洞口内，冲裁过程结束。

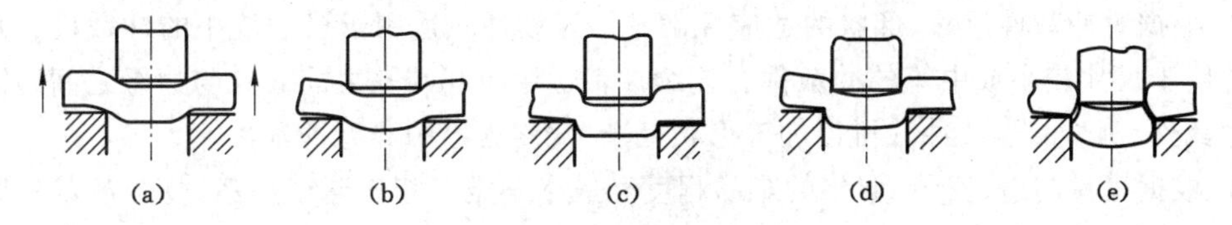

图 2-11　冲裁变形过程

2.3.1.2　冲裁切断面分析

冲裁变形区的应力、变形情况和冲裁件切断面的状况如图 2-12 所示。冲裁件的切断面具有明显的区域性特征，由塌角、光面、毛面和毛刺组成。

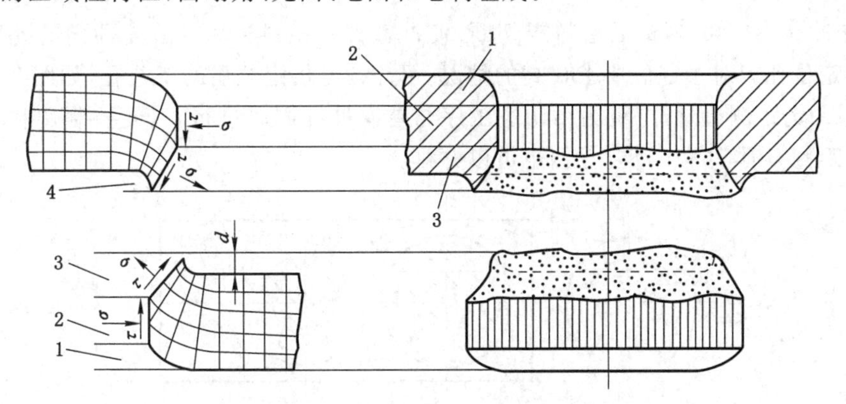

1—塌角；2—光面；3—毛面；4—毛刺；σ—正应力；τ—切应力。

图 2-12　冲裁变形区的应力、变形情况和冲裁件切断面的状况

塌角是冲裁过程中刃口附近的条料被牵连拉入变形(弯曲和拉伸)而形成的；光面是紧挨着塌角并与条料平面垂直的光亮部分，是在塑性变形过程中凸模(或凹模)挤压切入条料，使其受到剪切应力和挤压应力的作用而形成的；毛面是表面粗糙且具有锥度的部分，是刃口

处的微裂纹在拉应力作用下不断扩展断裂形成的；毛刺是在刃口附近的侧面上条料出现微裂纹时形成的，当凸模继续下行时，便使已经形成的毛刺拉长并残留在冲裁件上。

2.3.2 冲裁工艺方案设计

冲裁工艺方案设计主要是确定冲裁工序数、冲裁工序组合以及冲裁工序顺序。一般情况下，冲裁工序数容易确定，冲裁工序组合与冲裁工序顺序是重点考虑的内容。

2.3.2.1 冲裁工序组合

冲裁工序组合方式有单工序冲裁、复合工序冲裁和连续冲裁。由于组合冲裁工序比单工序冲裁生产效率高，所以加工精度等级高。

冲裁工序的组合方式由下列因素确定：

① 根据生产批量确定。因为模具成本昂贵，所以小批量和试制生产采用单工序模，中、大批量生产采用复合模或连续模。

② 根据冲裁件尺寸和精度等级确定。复合冲裁得到的冲裁尺寸精度等级高，并且在冲裁过程中可以进行压料，冲裁件较平整。连续冲裁比复合冲裁精度等级低。

③ 根据对冲裁件尺寸、形状的适应性确定。连续冲裁适用于尺寸较小的冲裁件。复合冲裁适用于尺寸较小或中等的冲裁件。连续冲裁适用于孔与孔之间或孔与边缘之间距离过小的冲裁件。此外，连续冲裁可以加工形状复杂、宽度很小的异型冲裁件。

④ 根据模具制造、安装、调整的难易程度和成本确定。相比连续冲裁，复合冲裁的磨具制造、安装、调整比较容易，且成本较低。

⑤ 根据操作是否方便与安全性确定。复合冲裁出件或清除废料较困难，安全性较低，连续冲裁较安全。

2.3.2.2 冲裁工序顺序

(1) 连续冲裁顺序

① 先冲孔或冲缺口，最后落料或切断，使冲裁件和条料分离。首先冲出的孔可作为后续工序的定位孔。对于定位要求较高的情况，可冲裁专供定位用的工艺孔，如图 2-13 所示。

② 采用定距侧刃时，定距侧刃切边工序与首次冲孔同时进行，以便控制送料进距。采用两个定距侧刃时，可以一前一后，也可以并排。

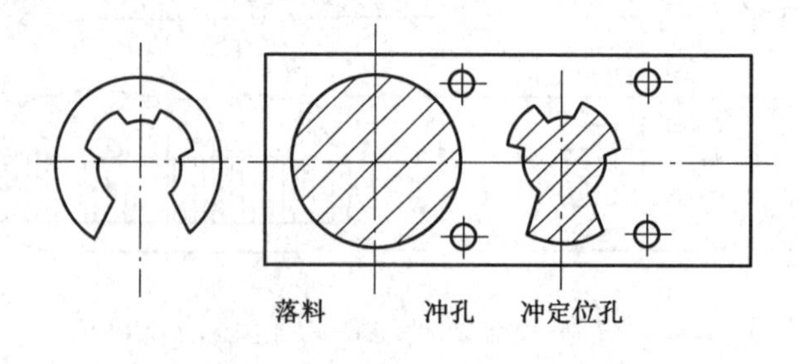

图 2-13　连续冲裁

(2) 多工序冲裁件用单工序冲裁时的顺序

① 先落料使坯料与条料分离，再冲孔或冲缺口。后续工序的定位基准要一致，以避免定位误差和尺寸链换算。

② 冲裁大小不同、距离较近的孔时，为减小孔的变形，应先冲大孔后冲小孔。

2.3.3 冲裁模工作部分设计

2.3.3.1 凸模

(1) 凸模长度计算

凸模长度主要根据模具结构和修模、操作安全、装配等需求来确定。当按冲模典型组合标准选用时，可取标准长度，否则需要计算。如采用固定卸料板和导料板冲模[图 2-14(a)]，其凸模长度计算公式为：

$$L = h_1 + h_2 + h_3 + h \tag{2-1}$$

式中，h_1 为凸模固定板厚度，mm；h_2 为固定卸料板厚度，mm；h_3 为导料板厚度，mm；h 为长度余量，包括凸模的修模量、凸模进入凹模的深度、凸模固定板与卸料板之间的安全距离等，mm。

如果是弹压卸料装置[图 2-14(b)]，没有导料板厚度 h_3 这一项，而应考虑固定板至卸料板间弹性元件的高度。图 2-14(b)中 t 为冲裁坯料的厚度。

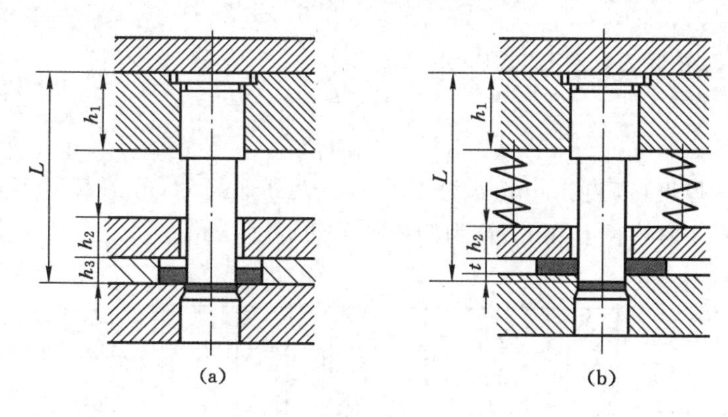

图 2-14　凸模长度

(2) 凸模材料

模具刃口要求有较高的耐磨性，并能承受冲裁时的冲击力，因此应有较高的硬度与适当的韧性。形状简单且模具寿命要求不高的凸模可选用 T8A、T10A 等碳素工具钢制造；形状复杂且模具有较高寿命要求的凸模应选用 Cr12、Cr12MoV、CrWMn、SKD11、D2 等合金工具钢制造，HRC 取 58～62；要求高寿命、高耐磨性的凸模，可选硬质合金材料制造。

2.3.3.2 凹模

(1) 凹模的刃口形式

凹模的刃口形式主要包括图 2-15 所示 3 种结构。图 2-15(a)为直壁刃口并有斜度的漏料孔，这种结构的刃口强度较高，修模后刃口尺寸不变，漏料孔因为有斜度，所以有利于漏料；图 2-15(b)为斜壁刃口，刃口强度低于直壁刃口，刃口修模后尺寸发生变化，但刃口内不容易聚集废料；图 2-15(c)为直壁刃口，与图 2-15(a)的区别是漏料孔是直壁的。

(2) 凹模的外形设计

凹模的外形设计主要包括形状设计和外形尺寸设计。《冲模模板 第 3 部分：矩形垫板》

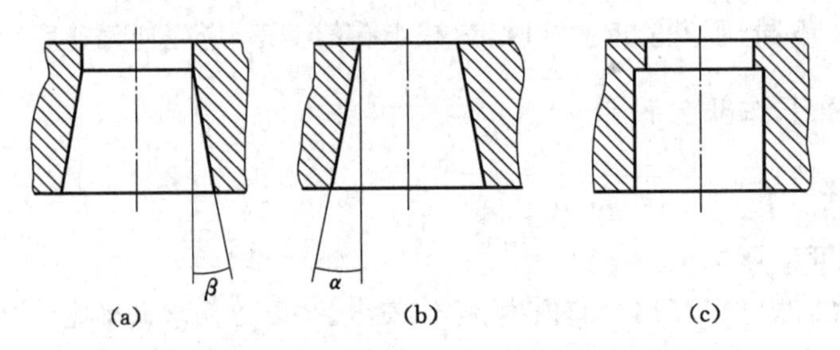

β—斜壁刃口漏料口的倾斜角；α—直壁刃口漏料口的倾斜角。

图 2-15　凹模刃口形式

(JB/T 7643.3—2008)中规定凹模的外形只包括矩形和圆形。通常情况下，如果所冲工件的形状接近矩形，则选用矩形凹模；如果所冲工件的形状接近圆形，则选用圆形凹模。

整体式凹模外形尺寸的初步确定通常需要考虑冲件的尺寸和凹模的壁厚。凹模外形尺寸的确定如图 2-16 所示。凹模刃口尺寸分别为 D_a，D_b。

$$H = Kb \tag{2-2}$$

$$c = (1.5 \sim 2.0)H \tag{2-3}$$

由此得到凹模外形的计算尺寸为：

$$\begin{cases} L = D_b + 2c \\ B = D_a + 2c \end{cases} \tag{2-4}$$

式中，H 为凹模的厚度(高度)，mm；b 为工件的最大外形尺寸，mm；K 为系数；c 为凹模壁厚，mm；L 为凹模外形的长度，mm；B 为凹模外形的宽度，mm。

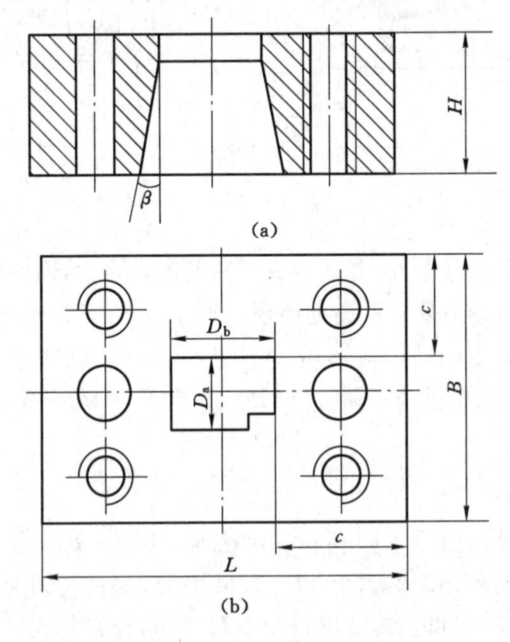

图 2-16　凹模外形尺寸确定

凹模的厚度为工件的最大外形尺寸乘以系数；凹模的壁厚为凹模厚度的 1.5～2.0 倍，

保证凹模在冲裁使用过程中的强度需求。

2.4　弯曲成型

弯曲是将板材、型材、管材等按照设计要求弯成一定的角度和曲率，形成所需零件形状的成型工序。弯曲所使用的模具称为弯曲模，是弯曲过程中必不可少的工艺装备。根据所使用的工艺装备与设备的不同，弯曲方法可以分为在压力机上利用模具进行的压弯以及在专用弯曲设备上进行的折弯、滚弯、拉弯等。

2.4.1　弯曲变形过程分析

2.4.1.1　弯曲变形过程

V形弯曲是最典型的弯曲变形，变形区主要集中在其圆角部位。弯曲变形过程通常经历弹性弯曲、弹-塑性弯曲、塑性弯曲和校正弯曲四个阶段，如图2-17所示。

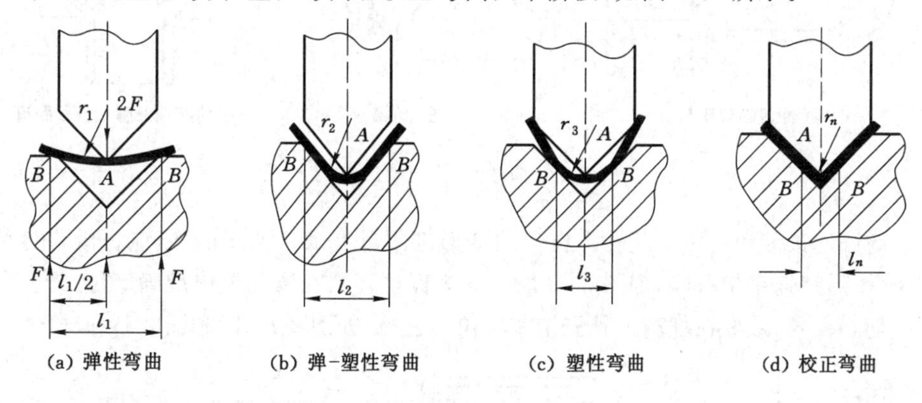

图2-17　V形弯曲过程

① 弹性弯曲变形阶段[图2-17(a)]：弯曲开始时，模具的凸、凹模分别与板坯在A、B区域接触，弯曲圆角半径r很大，弯曲力矩很小，仅引起材料的弹性弯曲变形，当压力去掉之后，板坯立即恢复原状。

② 弹-塑性弯曲变形阶段[图2-17(b)]：随着弯曲的进行，相对弯曲半径r/t逐渐减小，弯曲区材料处于弹-塑性变形阶段，板坯变形区的内、外表面首先出现塑性变形，随后向毛坯内部扩展。

③ 塑性弯曲变形阶段[图2-17(c)]：凸模继续下行，板坯变形由弹-塑性弯曲变形逐渐过渡到纯塑性弯曲变形。此时，弯曲圆角变形区弹性变形所占比例已经很小，可以忽略不计，可认为板坯整个圆角截面已进入塑性变形状态。

④ 校正弯曲阶段[图2-17(d)]：B区域以上部分在与凸模的V形斜面接触后被反向弯曲，再向凹模斜面逐渐靠近，直至板坯与凸、凹模完全贴紧，此时弯曲力急剧增大。

2.4.1.2　弯曲变形表现

弯曲圆角区是主要的变形区，弯曲变形围绕该区域展开。板坯的内、外表面首先出现塑性变形，随后向毛坯内部扩展。

弯曲变形过程中弯曲半径 r 和弯曲力臂 l 均不断减小，而弯曲力 F 和弯矩 M 不断增大，即 $r_n < r_3 < r_2 < r_1$ 和 $l_n < l_3 < l_2 < l_1$，如图 2-17 所示。

2.4.2 弯曲工艺方案设计

2.4.2.1 弯曲件工艺性分析

（1）为防止弯曲时产生偏移，要求弯曲件的形状尽可能对称。

（2）在局部弯曲某一段边缘时，为避免弯曲根部撕裂，应在弯曲部分与不弯曲部分之间切槽或在弯曲前冲出工艺孔等，如图 2-18 所示。

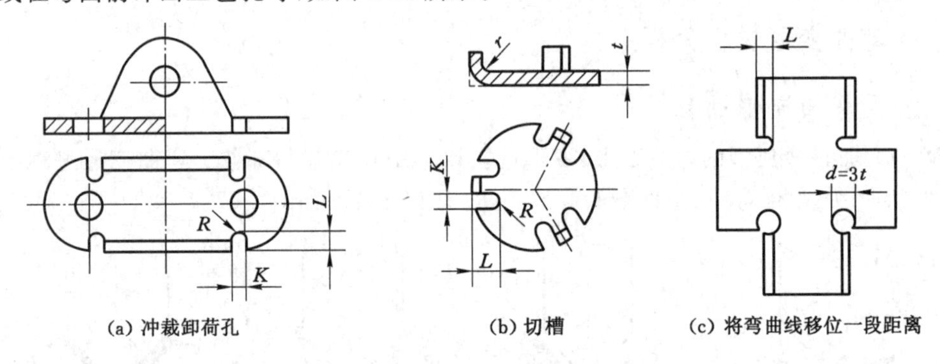

图 2-18　防止工件撕裂的结构

（3）增添连接带和定位工艺孔。在弯曲变形区附近有缺口的弯曲件，应在缺口处留连接带，弯曲成型后将连接带移除，如图 2-19 所示。为保证坯料在弯曲模内准确定位，或防止在弯曲过程中坯料偏移，最好在坯料上预先增添定位工艺孔，如图 2-19(b)和图 2-19(c)所示。

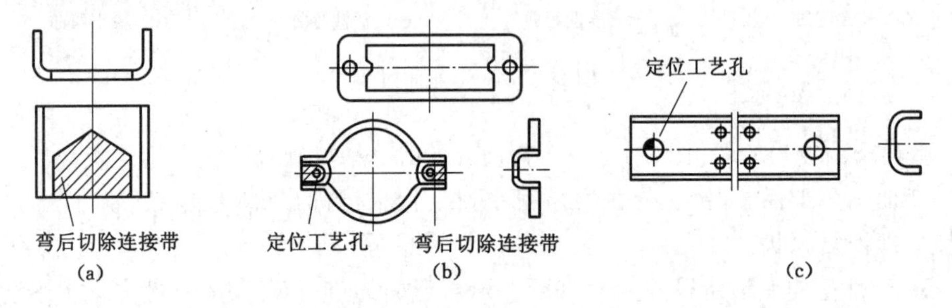

图 2-19　增添连接带和定位工艺孔

2.4.2.2 弯曲工序安排

弯曲工序安排应根据工件形状、精度等级、生产批量以及材料的力学性能等因素综合考虑。合理的弯曲工序可以简化模具结构，提高工件质量和生产效率。

（1）对于形状简单的弯曲件，如 V 形、U 形、L 形、Z 形工件等，可以采用一次弯曲成型，如图 2-20 所示；对于形状复杂的弯曲件，一般采用二次或多次弯曲成型，如图 2-21 和图 2-22 所示。

（2）对于批量大、尺寸较小的弯曲件，为了使操作方便、定位准确和提高生产效率，应尽可能采用级进模。

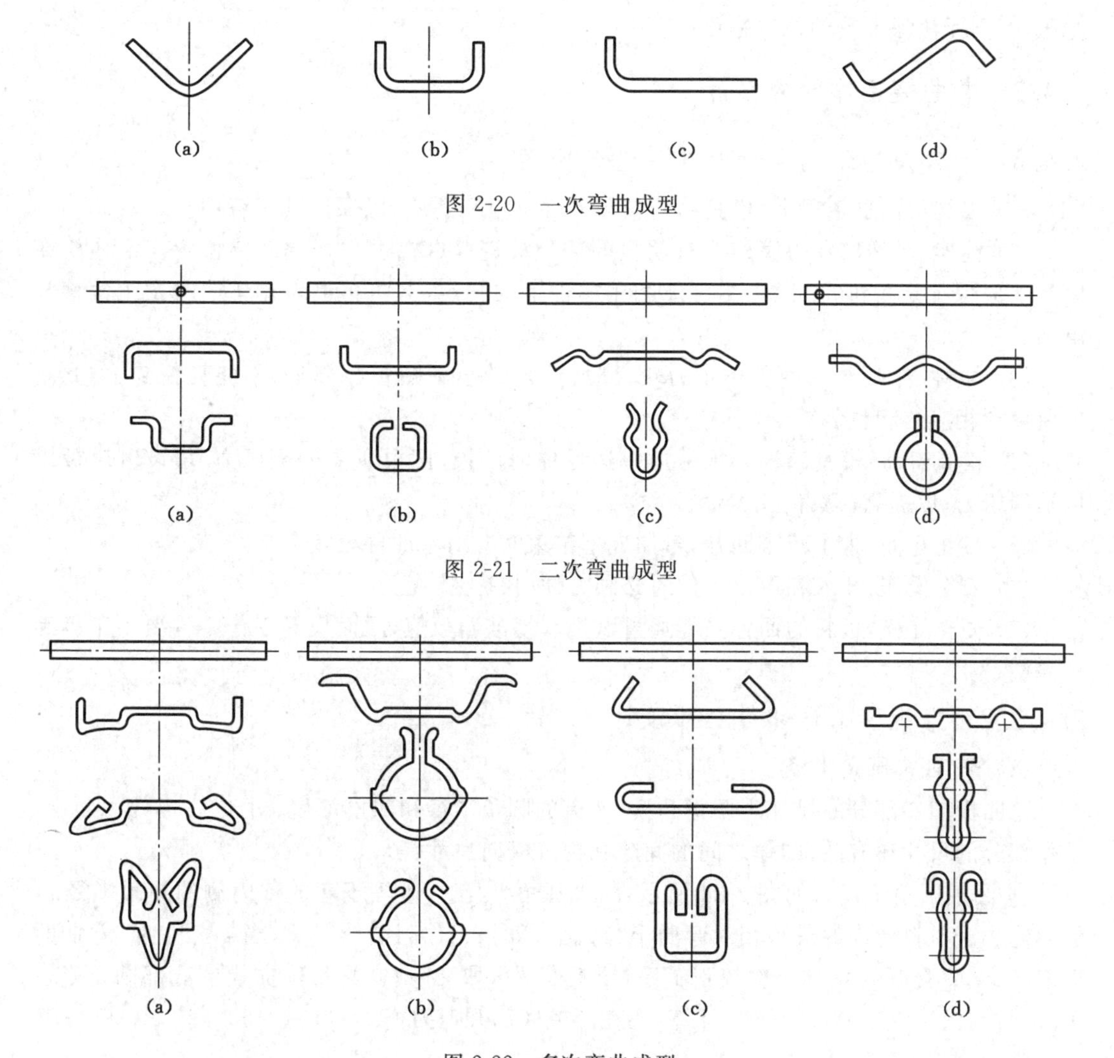

图 2-20　一次弯曲成型

图 2-21　二次弯曲成型

图 2-22　多次弯曲成型

(3) 对于几何形状不对称的弯曲件，为避免压弯时坯料偏移，应尽量采用成对弯曲再切成两件的工艺，如图 2-23 所示。

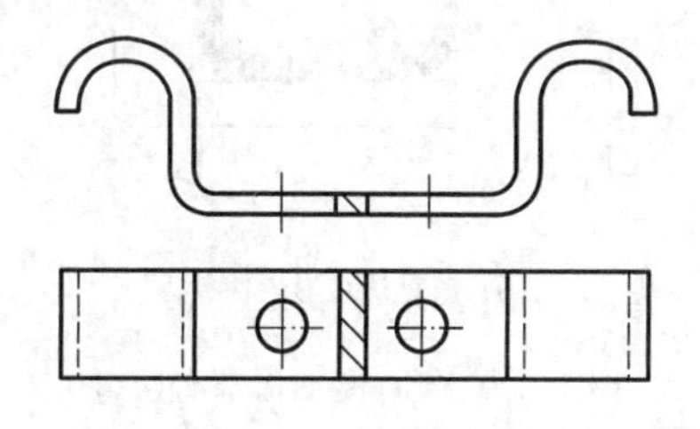

图 2-23　成对弯曲

(4) 需多次弯曲时，弯曲次序一般为先弯外端，后弯中间部分，前次弯曲时应考虑后次弯曲有可靠的定位，后次弯曲不能影响前次已成型的形状。

(5) 如果弯曲件上孔的位置受弯曲过程影响，而且孔的精度要求较高，该孔应先弯曲后冲压,否则无法保证孔的位置精度。

2.4.3 弯曲模工作部分设计

2.4.3.1 弯曲模结构设计时应注意的问题

(1) 模具结构复杂程度:模具结构应与冲件批量相适应,以保证其经济性。

(2) 模架:对称模具的模架要有明显的装配标记,以防止上、下模装错位置。毛坯放在模具上应保证定位准确可靠,尽可能利用零件上的孔定位,防止毛坯在弯曲时发生偏移和窜动。

(3) 卸料:若U形弯曲件校正力较大时,U形件会紧贴在凸模上,不能自行卸下,此时需要设计相应的卸料装置。

(4) 模具寿命:模具结构必须考虑单边弯曲时凸模、凹模所受的侧压力,增设侧压板以抵消侧压力,以提高模具使用寿命。

(5) 校正弯曲:为了减小回弹,弯曲成型结束时应对弯曲件校正。

(6) 安全操作:放入和取出工件时必须方便、快捷、安全。

(7) 便于修模:板料的回弹只能通过试模获得准确数值,因而模具工作零件要便于拆卸和修整。

2.4.3.2 弯曲模工作部分尺寸设计

(1) 凸、凹模圆角半径

弯曲模工作部分的尺寸主要指凸模、凹模的圆角半径和凹模深度;对于U形件弯曲模,工作部分的尺寸还有凸、凹模之间的间隙和模具横向尺寸等。

① 凸模圆角半径。如图2-24所示,凸模圆角半径 r_p 应等于弯曲件内侧的圆角半径 r,但不能小于材料允许的最小相对弯曲半径 r_{min}。如果工件因结构需要,当 $r<r_{min}$ 时,弯曲时应取 $r_p \geqslant r_{min}$,随后再增加一次校正工序,校正模便可取 $r_p=r$。V形弯曲模的底部圆角半径可按 $r'_d=(0.6\sim0.8)\times(r_p+t)$ 计算,或在凹模底部开退刀槽。

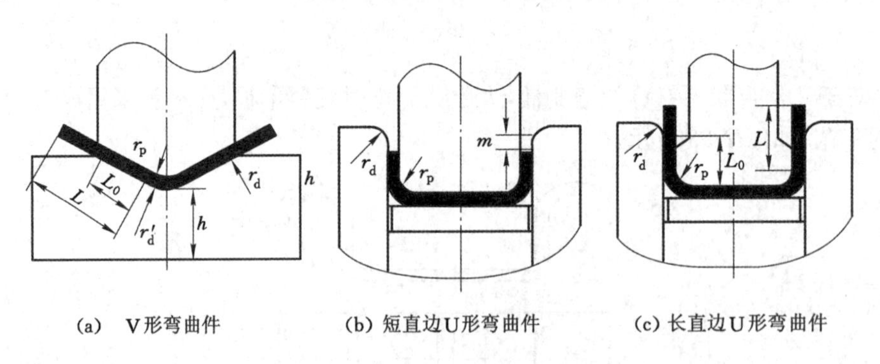

图2-24 弯曲模工作部分尺寸

② 凹模圆角半径。如图2-24所示,凹模圆角半径 r_d 不宜过小,以免弯曲时擦伤毛坯表面,出现压痕或弯曲力增大,从而使模具寿命降低,同时凹模两边的圆角半径 r_d 应一致,以防止弯曲时毛坯偏移。

通常 r_d 可根据毛坯的厚度选择。

a. 当 $t<2$ mm 时，$r_d=(3\sim6)t$。

b. 当 $t=2\sim4$ mm 时，$r_d=(2\sim3)t$。

c. 当 $t>4$ mm 时，$r_d=2t$。

(2) 凸、凹模间隙

弯曲凸、凹模单边间隙习惯用 $Z/2$ 表示，其中 Z 为冲压件与模具的双边间隙数值，mm。

① 对于 V 形件，其凸、凹模间隙通过调节压力机的闭合高度来实现，不必在设计及制造模具时给出。

② 对于 U 形件，其凸、凹模必须选取合适间隙。间隙过大，则回弹力大，弯曲件尺寸和形状不易保证；间隙过小，弯曲力增大，工件表面擦伤大，模具磨损大，寿命短。

除此之外，常根据材料的机械性能和厚度选取模具单边间隙 $Z/2$：

① 对于钢板，$Z/2=(1.05\sim1.15)t$。

② 对于有色金属，$Z/2=(1\sim1.1)t$。

(3) 凹模深度

如图 2-24 所示，若凹模深度 L_0 过小，则工件两端的自由部分太多，弯曲件回弹力大，两臂不平直，影响弯曲件质量；若凹模深度 L_0 过大，则需要多消耗模具钢材，会使顶件行程增加，压机行程增加。弯曲件的凹模深度 L_0 可查表 2-1。

表 2-1　弯曲件的凹模深度 L_0　　单位：mm

弯曲件边长 L	毛坯厚度 $t<2$ mm	2 mm$\leqslant$毛坯厚度 $t\leqslant$4 mm	毛坯厚度 $t>4$ mm
10～25	10～15	15	—
25～50	15～20	25	30
50～75	20～25	30	35
75～100	25～30	35	40
100～150	30～35	40	45

(4) 凸、凹模的宽度

① 当弯曲零件外形尺寸和公差给定时[图 2-25(a)]，应以凹模为基准件，间隙可以通过减小凸模尺寸得到：

$$L_d = (L_{max} - 0.75\Delta)_0^{+\delta_d} \tag{2-5}$$

$$L_p = (L_d - Z)_{-\delta_p}^0 \tag{2-6}$$

② 当零件内形尺寸和公差给定时[图 2-25(b)]，应以凸模为基准件，间隙可以通过调整凹模并增大凹模尺寸得到：

$$L_p = (L_{max} - 0.75)_{-\delta_p}^0 \tag{2-7}$$

$$L_d = (L_d - Z)_0^{+\delta_d} \tag{2-8}$$

式中，L 为弯曲件的基本尺寸，mm；Δ 为弯曲件制造公差，mm；Z 为凸、凹模双边间隙，mm；δ_p、δ_d 为凸、凹模制造公差。

2.4.3.3　斜楔滑块机构设计

斜楔滑块机构是通过斜楔和滑块的配合使用，变垂直运动为水平运动或倾斜运动的机

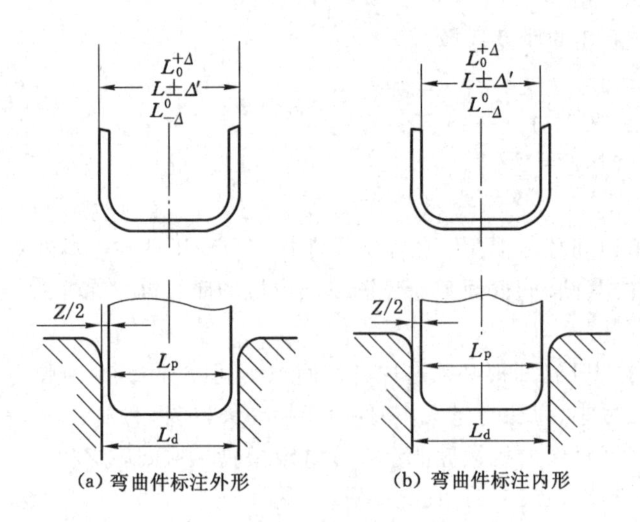

图 2-25　弯曲件及弯曲模尺寸标注方式

械机构。

(1) 斜楔机构的组成

斜楔为施力体，滑块为受力体，附属装置有反侧块、弹簧压板、导压板、防磨板、复位弹簧、螺钉等(图 2-26)。在弯曲工艺中，斜楔滑块机构可用于毛坯卷弯成型。

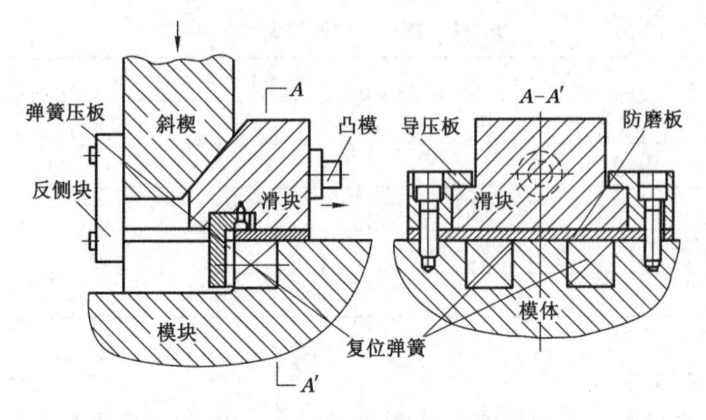

图 2-26　普通斜楔滑块机构

(2) 机构选择原则

图 2-27 中，θ 为斜楔角，β 为滑块工作角度，α 为斜楔与滑块夹角。综合考虑斜楔的行程、工作效率、模具的布局及性能，斜楔角 θ 的确定有如下规律：

① 当 $\beta\leqslant 20°$ 时，$\theta=40°+\beta/2$，模具设计可根据具体情况选用普通斜楔机构或吊楔机构。

② 当 $\beta>20°$ 时，应考虑使用吊楔机构。

③ 当 $\beta>45°$ 时，可以使用吊楔机构，斜楔角 θ 通常取 90°，此时斜楔与滑块的接触面水平。

④ 普通斜楔机构与吊楔机构的运动分析和受力分析完全一样，不同的是，普通斜楔机构滑块附着于下模，吊楔机构的滑块附着于上模，模具工作完成后随上模上行。

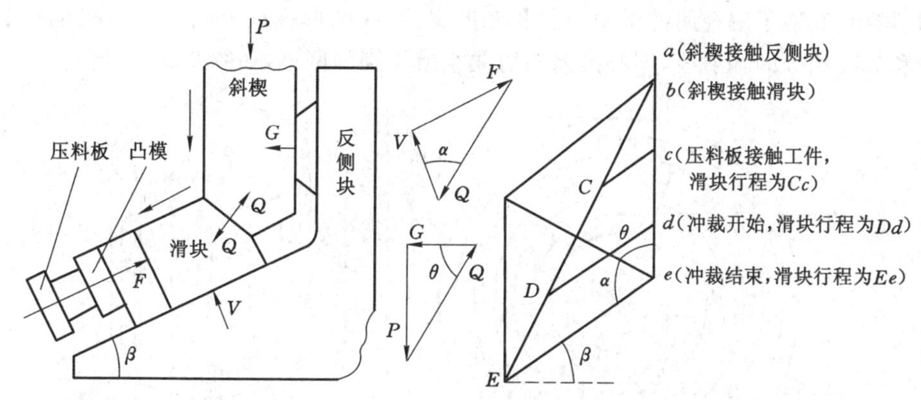

图 2-27　吊楔机构运动受力分析图

2.5　拉深成型

目前，盒形拉深件和复杂形状拉深件的拉深工艺较为复杂，相关理论不成熟。而筒形件拉深工艺方面的研究较多，其成型理论比较成熟且具有代表性，因此下面主要介绍直壁旋转体拉深件。

2.5.1　拉深成型过程分析

筒形件的拉深成型过程如图 2-28 所示。厚度为 t，直径为 D 的圆形板坯，在凸模的作用下，随凸模的下降而被拉入凹模型腔中，得到内径为 d 的开口空心筒形件。从材料流动角度来看，拉深成型过程为：平板圆形坯料的凸缘→弯曲绕过凹模圆角→被拉直→形成竖直筒壁。

在拉深成型过程中，金属的形状和尺寸的变化情况如下：

如图 2-29 所示制作筒所需材料，如果将圆形平板坯料中的扇形白色区域切除，将剩余的材料沿直径为 d 的圆周弯折起来便可成为高度为 $0.5(D-d)$ 的筒形件。然而实际拉深成型过程中扇形区域材料并没有被切除，拉深结束后材料厚度变化非常小，所以扇形区域的材料一定是发生塑性流动转移到筒形件的高度方向，结果是 $h>0.5(D-d)$。

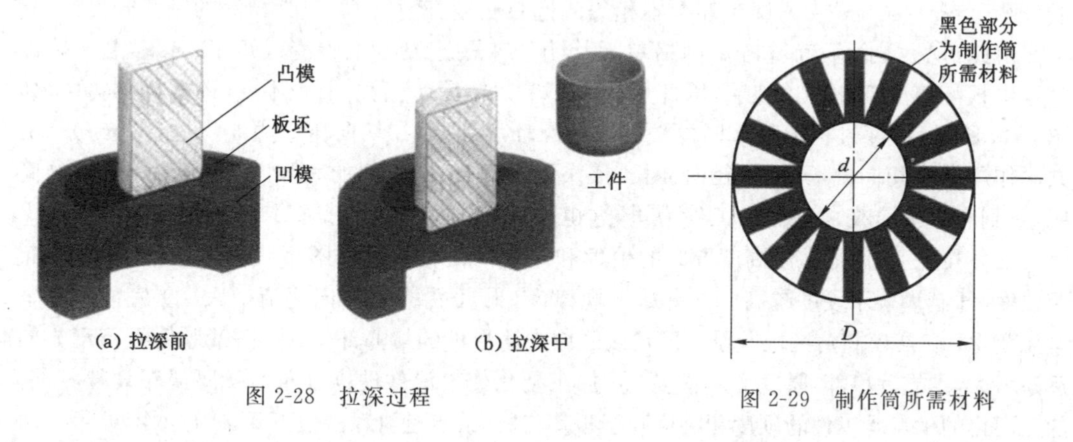

图 2-28　拉深过程　　图 2-29　制作筒所需材料

为了更直观地了解金属的滑动情况和变形规律，在圆形板坯上画上许多间距等于 a 的同心圆和分度相等的辐射线，同心圆和辐射线组成规则的网格，如图 2-30(a)所示。

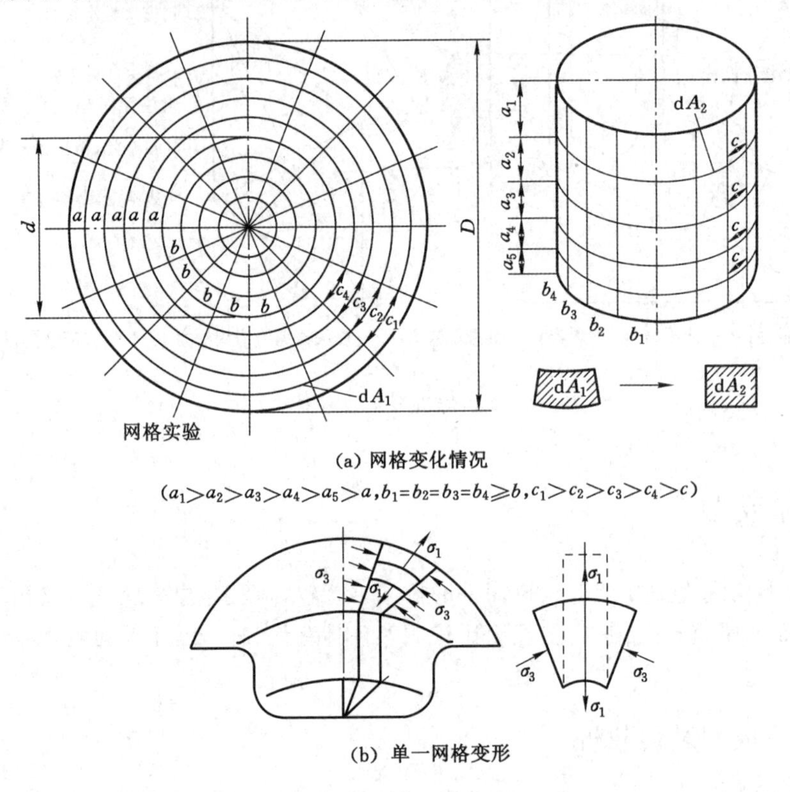

(a) 网格变化情况

$(a_1>a_2>a_3>a_4>a_5>a, b_1=b_2=b_3=b_4\geqslant b, c_1>c_2>c_3>c_4>c)$

(b) 单一网格变形

图 2-30　拉深成型过程

拉深后，筒形件底部网格基本不发生变化，而筒壁网格发生了很大变化：

① 原来的同心圆变成筒壁上的水平圆周线，而且其间距由筒底至筒口逐渐增大，即 $a_1>a_2>a_3>\cdots>a$。

② 原来等分的辐射线变成筒壁的一系列平行线，其间距相等且与底部垂直，即 $b_1=b_2=b_3=\cdots\geqslant b$。

③ 原来等角度不等长度的弧线段（$c_1, c_2, c_3, \cdots, c_n$）成为筒壁上一系列平行且相等的弧线，即 $c_1=c_2=c_3=\cdots=c$，即毛坯中不相等的圆弧长度，经拉伸后变为相等的圆弧长度。

由此可见：拉深后筒壁各个网格单元均由原来的扇形 dA_1 转变成矩形 dA_2。由于拉深过程中板坯厚度变化可以忽略，因此可认为小单元拉深前、后的面积不变，即 $dA_1=dA_2$。如图 2-30 所示，拉深过程中处于凹模平面上的圆环形部分，在切向压应力 σ_3 和径向拉应力 σ_1 共同作用下沿切向被压缩，沿径向伸长，依次流动到凸、凹模间的间隙内，逐渐形成工件的筒壁，直到板坯完全变成圆筒形工件为止，这也是板坯拉深过程的实质。

板坯拉深后，筒形件沿高度方向的硬度和厚度的变化情况如图 2-31 所示，其中 HB 为布氏硬度，H 越大表示硬度越高。具有如下规律：① 硬度沿高度方向逐渐增大；② 底部厚度基本无变化；③ 凸模圆角区域壁厚变薄且该区域为筒形件的最薄部位；④ 筒壁厚度沿高度方向逐渐增大，越靠近口部，厚度增加越多；⑤ 加工硬化使拉深件硬度分布与壁厚分布规律相同。加工硬化的优点是工件的硬度和刚度高于板坯材料，缺点是材料塑性下降，使拉深困难。

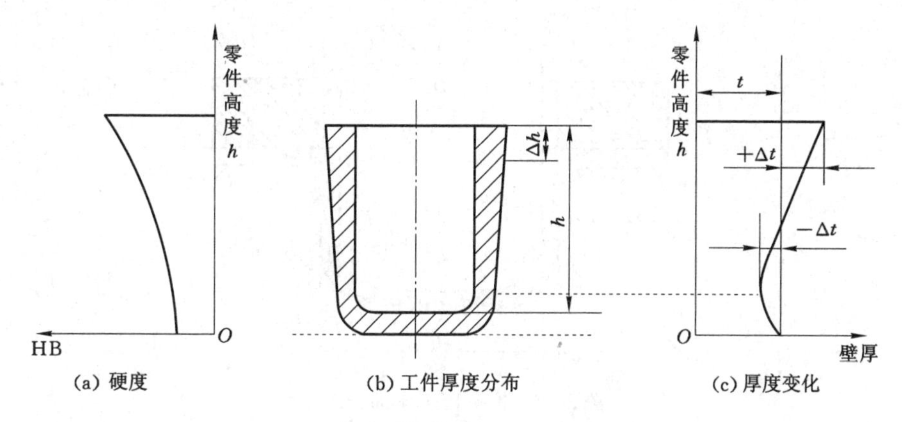

图 2-31　拉深后材料硬度和厚度的变化

2.5.2　拉深工艺方案设计

(1) 拉深工序

拉深工序遵循如下原则：

① 对于一次拉深就能成型的浅拉深件，可以采用落料拉深复合工序完成。但是拉深件高度过小时会导致复合拉深的凸、凹模壁厚过小，此时应采用先落料再拉深的单工序冲压方案。

② 对于需要多次拉深才能成型的高拉深件，当批量不大时，可采用单工序冲压，即落料得到毛坯，再逐次拉深直至需要的尺寸。当批量很大且拉深件尺寸不大时，可采用带料的级进拉深。

③ 当拉深件尺寸很大时，通常采用单工序冲压，如某些大尺寸的汽车覆盖件，通常落料得到毛坯，然后采用单工序拉深成型。

④ 当拉深件有较高的精度要求或拉小圆角半径时，需要在拉深结束后增加整形工序。

⑤ 拉深件的修边、冲孔工序通常复合完成。修边工序一般被安排在整形之后。

⑥ 除拉深件底部孔有可能与落料、拉深复合外，拉深件凸缘部分和侧壁部分的孔和槽均须在拉深工序完成后再冲出。

⑦ 如果局部还需要采用其他成型工艺(如弯曲、翻孔等)才能得到拉深件的最终形状，其他成型工序必须在拉深结束后进行。

(2) 拉深成型过程中的辅助工序

拉深工艺中的辅助工序可分为：① 拉深工序前的辅助工序，如毛坯的软化退火、清洗、喷漆、润滑等；② 拉深工序间的辅助工序，如半成品的软化退火、清洗、修边和润滑等；③ 拉深后的辅助工序，如切边、清除应力退火、清洗、去毛刺、表面处理、检验等。

2.5.3　拉深模工作部分设计

拉深模结构与冲裁模类似，由工作零件、定位零件、卸料零件、压料零件、固定零件和导向零件等组成，区别在于拉深时凸、凹模之间的间隙较大，因此在单纯的拉深模中通常不需要设置导向零件，而是由设备保证上模的运动方向。本小节将介绍拉深模工作零件的设计。

拉深凸、凹模工作部分的设计主要包括拉深圆角半径 r_d，凸模圆角半径 r_p，凸、凹模工作部分的间隙 c，以及凸模与凹模的工作部分尺寸 D_p、D_d 等，如图 2-32 所示。

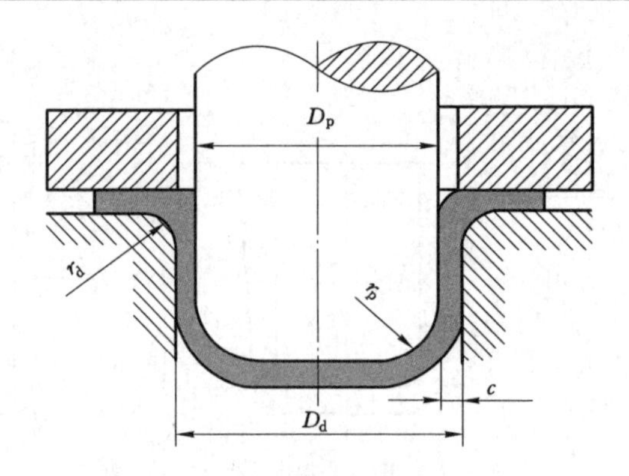

图 2-32　拉深模工作部分的尺寸

(1) 凹模圆角半径 r_d

拉深时，材料在经过凹模圆角时不仅需要克服发生弯曲变形产生的弯曲阻力，还要克服各层材料之间的相对滑动引起的摩擦阻力，所以 r_d 的大小对拉深过程的影响非常大。r_d 太小，材料拉深时，弯曲阻力和摩擦力较大，拉深力增大，磨损加剧，拉深件易被刮伤，过度变薄甚至破裂，模具寿命降低；r_d 太大，拉深初期不受压边力作用的区域较大，拉深后期毛坯外缘过早脱离压边圈的作用，容易起皱。因此，r_d 既不能太大也不能太小。在生产中，一般尽量避免采用过小的凹模圆角半径，在保证工件质量的前提下尽量取大值，以满足模具的寿命要求。

凹模圆角半径 r_d 的计算公式为：

$$r_d = 0.8\sqrt{(D-d)t} \tag{2-9}$$

$$r_d = (0.6 \sim 0.8) r_{d(n-1)} \tag{2-10}$$

式中，D 为毛坯直径；d 为本道工序拉深件的直径。

式(2-10)中，变量 n 表示第 n 道接深工艺，该式的含义是对于需经历多道拉深工艺的零件，下一道工艺的凹模圆角半径 r_d 值，是上一道拉深工艺的凹模圆角半径 r_d 数值的 0.6～0.8 倍，即对于多次拉深的零件、模具的凹模圆角 r_d 逐渐减小。

第一次拉深的凹模圆角半径可以按表 2-2 选取。

表 2-2　首次拉深的凹模圆角半径 r_d

拉深零件	1.5 mm<t≤2.0 mm	1.0 mm<t≤1.5 mm	0.6 mm<t≤1.0 mm	0.3 mm<t≤0.6 mm	0.1 mm<t≤0.3 mm
无凸缘	(4～7)t	(5～8)t	(6～9)t	(7～10)t	(8～13)t
有凸缘	(6～10)t	(8～13)t	(10～16)t	(12～18)t	(15～22)t

注：t 为材料厚度。

(2) 凸模圆角半径 r_p

与凹模圆角半径相比，尽管凸模圆角半径对拉深过程的影响比较小，但其值要合适。r_p 过小，危险断面受拉力增大，工件易局部变薄甚至拉深；r_p 过大，则使凸模与毛坯接触面变小，易产生底部变薄和内皱。

拉深凸模圆角半径 r_p 为：

$$r_p = (0.7 \sim 1.0) r_d \tag{2-11}$$

最后一次拉深时，凸模圆角半径应等于零件圆角半径，$r_{pn}=r$，若零件的圆角半径 $r<t$，

则取 $r_{pn}>t$，拉深结束后再通过整形工序获得 r。

（3）凸、凹模间隙 c

拉深时凸、凹模之间的间隙对拉深力、工件质量、模具寿命等都有影响。间隙过大，易起皱，工件有锥度，精度低；间隙过小，摩擦加剧，导致工件变薄，甚至被拉裂。对于圆筒形和椭圆形件的拉深，凸、凹模的单边间隙可按式(2-12)计算。

$$c = t_{max} + K_c t \tag{2-12}$$

式中，t_{max} 为板料的最大厚度，mm；K_c 为系数，参见表 2-3。

表 2-3　系数 K_c

材料厚度 t/mm	一般精度		较精密	精密
	一次拉深	多次拉深		
$t\leqslant 0.4$ mm	0.07～0.09	0.08～0.10	0.04～0.05	0～0.04
0.4 mm$<t\leqslant$1.2 mm	0.08～0.10	0.10～0.14	0.05～0.06	
1.2 mm$<t\leqslant$3.0 mm	0.10～0.12	0.14～0.16	0.07～0.09	
$t>$3.0 mm	0.12～0.14	0.16～0.20	0.08～0.10	

（4）凸模与凹模工作尺寸及公差

拉深件的高度是由末次拉深模保证的，与中间工序的尺寸精度无关。因此，中间工序可以直接取中间工序件尺寸作为模具工作部分的尺寸，而最后一道工序则根据产品内(外)形尺寸要求和磨损方向来确定拉深模凸、凹模的工作尺寸及公差。根据拉深件横向尺寸的标注方式，可以分为以下两种情况。

① 拉深件标注外形尺寸[图 2-33(a)]，此时应以拉深凹模为基准，首先计算凹模的尺寸和公差，再确定凸模的尺寸和公差。

$$D_d = (D_{max} - 0.75\Delta)_0^{+\delta_d} \tag{2-13}$$

$$D_p = (D_d - 2c)_{-\delta_p}^0 \tag{2-14}$$

② 拉深件标注内形尺寸[图 2-33(b)]，此时应以拉深凸模为基准，首先计算凸模的尺寸及公差，再确定凹模的尺寸及公差。

$$D_p = (d_{min} + 0.4)_{-\delta_p}^0 \tag{2-15}$$

$$D_p = (D_p + 2c)_0^{+\delta_d} \tag{2-16}$$

式中，D_d、D_p 为凹模和凸模直径的基本尺寸，mm；D_{max} 为拉深件外径的最大极限尺寸，mm；d_{min} 为拉深件内径的最小极限尺寸，mm；Δ 为工件公差，mm，其值见表 2-4；δ_d、δ_p 为凹模和凸模的制造公差，其值可按表 2-5 选取；c 为拉深模单边间隙，mm。

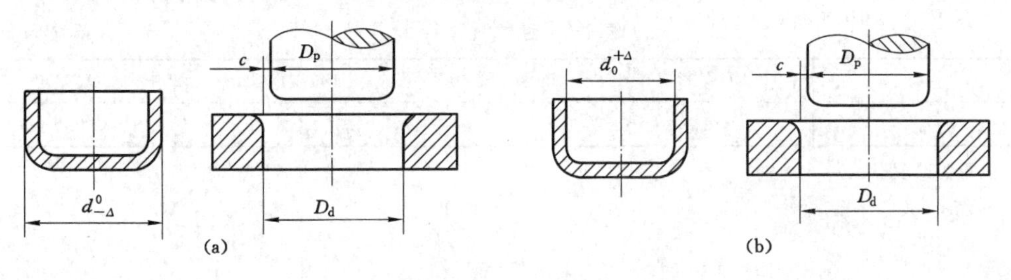

图 2-33　圆筒形件拉深模工作部分尺寸

表 2-4　拉深件直径的极限偏差　　单位：mm

t	$d\leqslant 50$	$50<d\leqslant 100$	$100<d\leqslant 300$	t	$d\leqslant 50$	$50<d\leqslant 100$	$100<d\leqslant 300$
0.5	±0.12	—	—	2.0	±0.40	±0.50	±0.70
0.6	±0.15	±0.20	—	2.5	±0.45	±0.60	±0.80
0.8	±0.20	±0.25	±0.30	3.0	±0.50	±0.70	±0.90
1.0	±0.25	±0.30	±0.40	4.0	±0.60	±0.80	±1.00
1.2	±0.30	±0.35	±0.50	5.0	±0.70	±0.90	±1.10
1.5	±0.35	±0.40	±0.60	6.0	±0.80	±1.00	±1.20

注：t 为板料厚度；d 为拉深件直径。

表 2-5　拉深凸模和凹模的制造公差　　单位：mm

	$d\leqslant 20$		$20<d\leqslant 100$		$d>100$	
	δ_d	δ_p	δ_d	δ_p	δ_d	δ_p
$t\leqslant 0.5$	0.02	0.01	0.03	0.02	—	—
$0.5<t\leqslant 1.5$	0.04	0.02	0.05	0.03	0.08	0.05
$t>1.5$	0.06	0.04	0.08	0.05	0.10	—

注：t 为板料厚度；d 为拉深直径。

（5）凸模通气孔

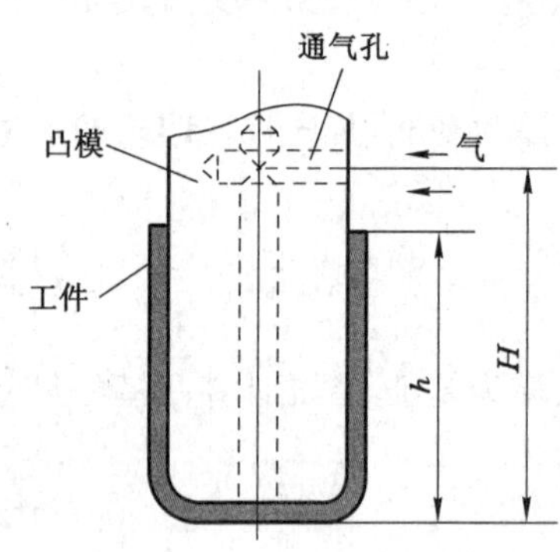

图 2-34　凸模的通气孔示意图

拉深时，由于拉深件金属材料的贴模性、拉深力的作用及润滑油等因素的影响，拉深件易被黏附在凸模上。卸下拉深件时，凸模与拉深件之间易形成具有负压的真空，使卸件更困难，并造成拉深件底部不平。为此，凸模应设计有通气孔，以便将气通入凸模与拉深件之间的空间，这样才容易卸件。拉深不锈钢和大尺寸拉深件时，由于黏附力大，可以在通气孔中通入高压气体或液体，便于将拉深件卸下。

对于小型拉深件，可直接在凸模的中心部位及侧壁钻通气孔，两种孔相通。通气孔直径（D_p）根据凸模尺寸（直径 D）确定，一般 $D_p=3\sim 10$ mm，可查表 2-6，其轴向深度 H 大于工件高度 h，如图 2-34 所示。

表 2-6　通气孔直径 D_p　　单位：mm

	$D\leqslant 50$	$50<D\leqslant 100$	$100<D\leqslant 200$	$D>200$
D_p	5	6.5	8	9.5

注：D 为凸模直径。

第 3 章　铸锻件的设计

3.1　砂型铸造

3.1.1　砂型铸造的工艺方案设计

铸造是液态金属成型的一种方法，其过程为：将金属熔化后浇注到型腔内，冷却、凝固后形成具有型腔形状的金属制品。所铸出的金属制品称为铸件。大多数铸件为毛坯，经过机械加工后成为各种机器零件；也有一些铸件能够达到使用的尺寸精度和表面粗糙度要求，可作为成品零件直接使用。铸造生产的方法有很多种，其中最普遍采用的是砂型铸造。砂型铸造的生产过程如图 3-1 所示。

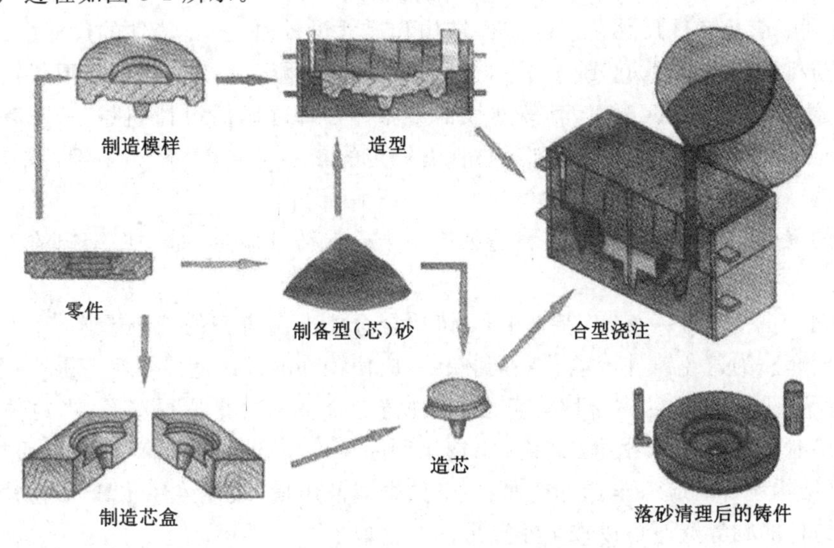

图 3-1　砂型铸造的生产过程

铸造工艺方案设计的主要内容包括：铸造工艺对零件的质量和结构要求、浇注位置及分型面的选择等。要想确定最佳铸造工艺方案，首先应对零件结构的铸造工艺进行分析。

(1) 铸造工艺和质量对零件的结构要求

铸件的生产，不仅需要采用合理的、先进的铸造工艺和设备，还要求零件的设计结构适合铸造生产的要求。在铸造生产中常出现一些铸件的结构不合理，给生产带来困难，甚至有的很难铸出，有的铸件质量得不到保证。所以铸造零件的结构除了应满足机器设备本身的使用性能和机械加工的要求外，还应满足铸造工艺的要求。这种对于铸造生产而言的铸件结构的合理性，称为铸件的铸造工艺性。

为了使铸件的结构具有良好的铸造工艺性，其一是产品设计人员应与铸造工艺设计人员密切合作，进行工艺性分析，使铸件结构的铸造工艺性合理；其二是铸造工艺设计人员在设计铸造工艺之前应认真分析铸件结构的铸造工艺性，如果发现铸件结构设计有不合理之处，应与零件图样设计人员共同研究，予以改进。铸件的结构是否合理，与铸造合金的种类、产量、铸造方法和生产条件等密切相关。下面从保证铸件质量和简化铸造工艺的角度介绍对铸件结构的要求。

铸件结构应考虑方便模样制造、造型、制芯、清理等操作，有利于简化铸造工艺过程、稳定产品质量、提高生产效率、降低成本。

铸造工艺对铸件结构的基本要求如下：

① 简化铸件结构或减少分型面，尽量不用曲面分型，用平面分型。

② 铸件尽量不用或少用砂芯。

③ 方便起模和减少砂型损坏，合理设计凸台、肋、凹槽等。

④ 有利于砂芯固定和排气，尽量避免悬臂砂芯、吊芯、使用芯撑的结构。

⑤ 具有铸造工艺孔。对于封闭或半封闭内腔铸件，要设计出铸造工艺孔，以便支持砂芯，便于排气、挂链、吊运及清砂等。

⑥ 便于铸件清理。

⑦ 有利于满足铸件尺寸公差。铸件结构和尺寸设计时，各类铸件的尺寸公差按《铸件尺寸公差与机械加工余量》(GB/T 6414—1999)选取，才能适应铸造生产的要求。

⑧ 铸件与其他零件匹配时，其铸造表面与相邻零件之间的设计间隙，一要考虑铸件的尺寸公差，二要考虑铸件表面与相邻零件保有一定的最小间隙，才不会因铸件尺寸的偏差影响装配。

合理的零件结构可以消除许多铸造缺陷。为确保铸件质量，对铸件结构的要求应考虑以下原则：

① 最小壁厚原则。一定铸造条件下，铸造合金能充满铸型的最小壁厚，称为该铸造合金的最小壁厚。为避免铸件冷隔、浇不到缺陷，应使铸件的设计壁厚不小于最小壁厚。

② 临界壁厚原则。从力学性能考虑，各种铸造合金都存在临界壁厚，当铸件的壁厚超过临界壁厚时，铸件的力学性能参数并不按比例随铸件厚度的增大而增大，反而显著降低。因此，铸件结构设计时应科学选择壁厚，以节约金属使用量，减轻铸件质量，砂型铸造时各种铸造合金铸件的临界壁厚可以按最小壁厚的 3 倍取值。

③ 铸件的内壁厚度比外壁薄原则。为减少裂纹、缩孔、缩松，铸件的内壁厚度设计得比外壁薄一些是合理的。

④ 铸件壁的连接及过渡原则。为减小应力集中、裂纹、变形、缩孔、缩松等缺陷，两壁连接应优先选用 L 形接头，避免交叉连接，应圆角过渡。

⑤ 结构斜度原则。为便于起模，对垂直于分型面的非加工面上的铸件壁内、外两侧应设计适当的结构斜度。

⑥ 肋的设计原则。铸件结构设计中需大量采用肋。设计肋时应尽量分散，减少热节点，避免多条肋相互交叉，肋与肋、肋与壁之间应采用圆角连接，垂直于分型面的肋应有铸造斜度等。

⑦ 凸台原则。凸台的设计应选择正确的形状和尺寸，以便于铸造和切削加工。

⑧ 凝固特性原则。设计铸件壁厚时，对于凝固收缩率大、易产生集中缩孔的铸钢、可锻铸铁、黄铜、无锡青铜、铝硅共晶合金等，按照顺序凝固原则设计；对于容易产生缩松，并且采用冒口补缩率不大的锡青铜、磷青铜，常按照同时凝固原则，以使缩松更分散一些；对于收缩较小的灰铸铁，按照同时凝固原则设计；对于结构复杂的大型铸件，可根据对其不同部位的质量要求，分别按顺序凝固原则或同时凝固原则设计，从而保证铸件质量。

(2) 铸件浇注位置的确定

铸件的浇注位置是指浇注时铸件在铸型中的位置。浇注位置是根据零件的结构特点、尺寸、质量、技术要求、铸造合金特性、铸造方法以及生产车间的条件确定的。确定铸件浇注位置时，以保证铸件质量为前提，同时尽量做到简化造型和浇注工艺。下面介绍确定浇注位置的几项主要原则。

① 重要加工面应朝下或直立。在浇注铸件时，朝下或垂直安放部位的质量比朝上安放的好。经验表明：气孔、非金属夹杂物等缺陷多出现在朝上的表面，而朝下的表面或侧立面通常比较光洁，出现缺陷的可能性小。个别加工表面不得不朝上时，应适当放大加工余量，以保证加工后不出现缺陷。几种典型的铸件浇注位置如图 3-2 所示。

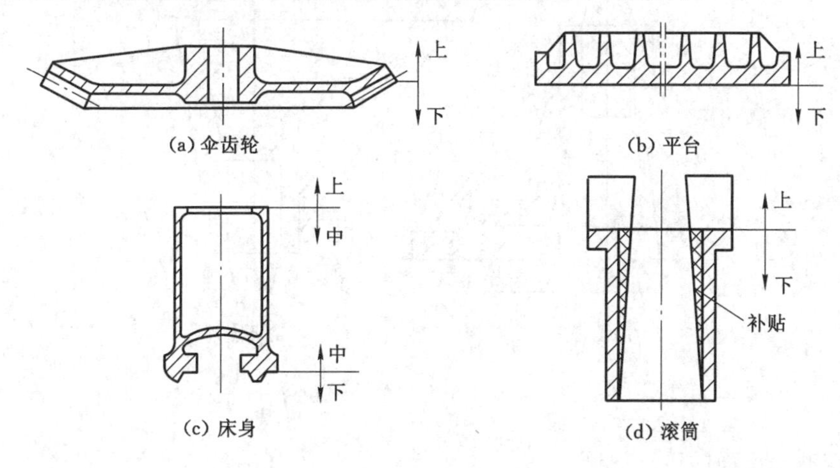

图 3-2　几种铸件的浇注位置

② 对于薄壁铸件，应将薄而大的平面朝下，尽量侧立或倾斜，以避免冷隔、浇不到等缺陷。此原则对于流动性差的合金尤其重要，如图 3-3 所示。对于因合金体收缩率大或铸件结构厚度不均匀而易出现缩孔、缩松的铸件，浇注位置的确定应优先考虑实现顺序凝固的条件，要便于安放冒口和发挥冒口的补缩作用。厚大部分尽可能安放在上部位置，而对于中、下位置的局部厚大处采取冷铁或侧冒口等工艺措施解决其补缩问题。对于厚度不均匀的铸件，应将其厚大部分朝上，以利于冒口补缩，实现定向凝固，这对于体收缩率大的合金(如铸钢件)特别重要，如图 3-4 所示。

③ 应选取合适的液态金属导入位置。为了保证铸件能充满模型，较大而壁薄的铸件部分应朝下、侧立或倾斜以保证金属液的充填。浇注薄壁件时要求金属液到达薄壁处所经过的路程或所需的时间越短越好，使金属液在静压力的作用下平稳地充填铸型的各部分。

④ 应尽量少用或不用砂芯。若需要使用砂芯时，应注意保证砂芯定位稳固、排气通畅

和下芯检验方便,应尽量避免用吊砂、吊芯或悬臂式砂芯。此外要考虑下芯、合型和检验方便,如图 3-5 所示。

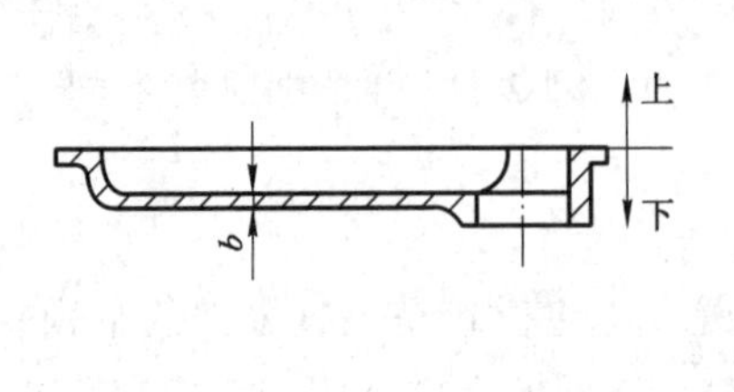

图 3-3 盖的浇注位置

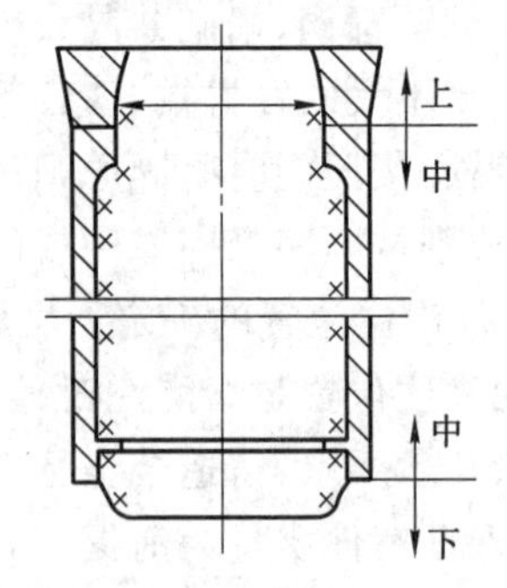

图 3-4 铸钢卷筒的浇注位置

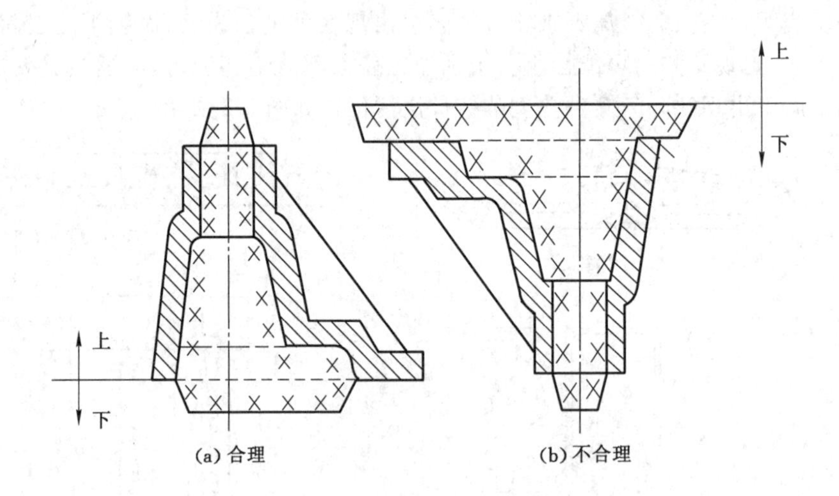

图 3-5 便于合型的浇注位置

(3) 铸型分型面的设计原则

分型面是指两个半铸型相互接触的表面。分型面一般在确定浇注位置后再选择,但分析各种分型面方案的优劣之后,可能需要调整浇注位置。生产中,浇注位置和分型面有时是同时确定的。

分型面的确定一般应考虑如下原则:

① 尽可能将铸件的加工面和加工基准面放在同一半铸型内。分型面主要是为了取出模样而设置的,但是会对铸件精度造成影响。一方面,会使铸件产生错偏,这是错型引起的;另一方面,由于合型不严,在垂直分型面方向上会增大铸件尺寸。图 3-6 所示为黄河牌汽车后轮毂的铸造方案,加工内孔时按 ϕ350 mm 的外圆周定位(基准面)。

② 尽量将铸件的加工定位面和主要加工面放在同一砂箱内,以减小加工定位的尺寸偏差;尽量减少分型面数量,以简化造型操作,提高铸型精度。机器造型一般只有一个分型面,避免使用活块,必要时用砂芯代替活块。为便于合箱和检验砂芯,应尽量使基本砂芯位于下铸型。采用两箱造型时,分型面的选择应使铸型的总高度最小,砂芯的数量最少。

③ 尽量采用平直的分型面,以减少制造模样等工艺装备的工作量。但是在大量生产或

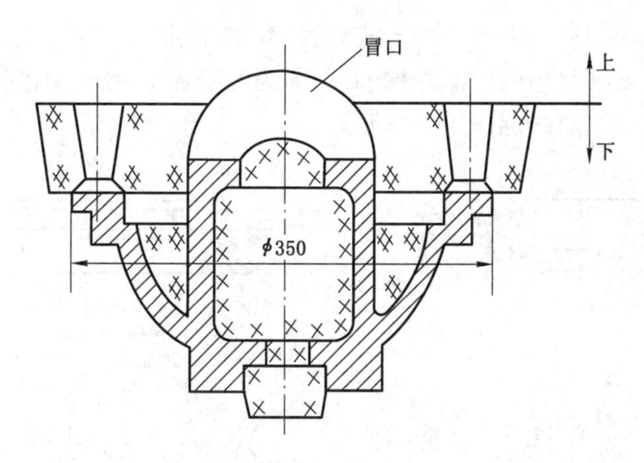

图 3-6　后轮毂的分型方案

特殊情况下，分型面也可以采用凸凹、曲折和阶梯面。例如，为了有利于清理和机械加工而采用曲面分型，如图 3-7 所示。如图 3-7(a)所示方案，铸件的分型面是平直的，但是沿整个铸件中线都可能有披缝。披缝可用砂轮磨掉，工作量相当大，如果打磨得不够平整，进一步加工时可能会卡夹不易定位准确而影响加工质量，因此图 3-7(b)所示方案较合理。

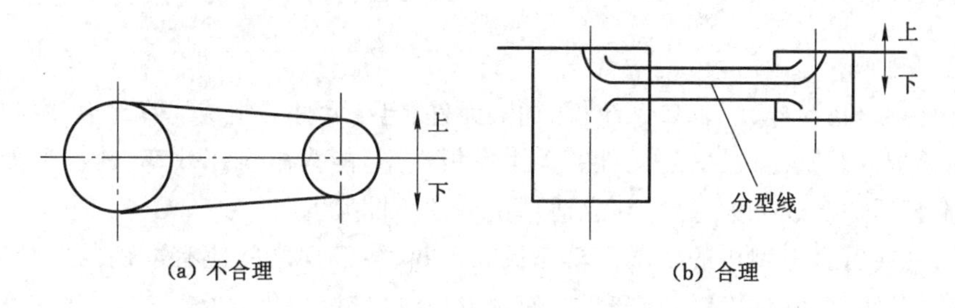

图 3-7　摇臂铸件的分型方案

3.1.2　铸造工艺装备

铸造工艺装备是造型及合箱过程中所使用的模具和装置的总称，包括模样、模板、模板框、砂箱、砂箱托板、芯盒、烘干板(器)、砂芯修整磨具、组芯及下芯夹具、量具及检验样板、套箱、压铁等。铸造工艺装备是完成造型、制芯工艺过程所用的模具和辅具。工艺装备的质量对保证铸件质量、提高劳动生产效率、改善劳动条件等具有重要作用。本章将着重介绍模样、模板、砂箱基本工艺装备的种类、特点及选择。

(1) 模样

模样是由木材、金属或其他材料制成的用以形成铸型型腔的工艺装备。模样按结构形式可分为整体模样、分开式模样、刮板模样、骨架模样。按模样材质可分为木模样、金属模样(铝合金模样、铜合金模样、铸铁模样)、塑料模样、菱苦土模样、泡沫塑料气化模样、组合模样等。生产中根据铸件生产批量、大小、造型方式、生产条件等选用不同结构或材质的模样。

造型要求模样必须具有一定的尺寸精度和表面粗糙度以及足够的强度和刚度，在造型、制芯过程中不损坏、不变形，便于造型和制芯操作，模样结构便于加工，成本低。

平装式结构简单，容易加工，最常用。嵌入式结构在特殊条件下应用，如模样部分表面凹入分型面以下[图 3-8(a)];分型面以上模样过薄,加工、固定困难[图 3-8(b)];分型面通过模样圆角[图 3-8(c)];很小的模样[图 3-8(d)],为便于加工、定位和固定等。选定模样结构后,即可根据铸造工艺图确定模样的外形。

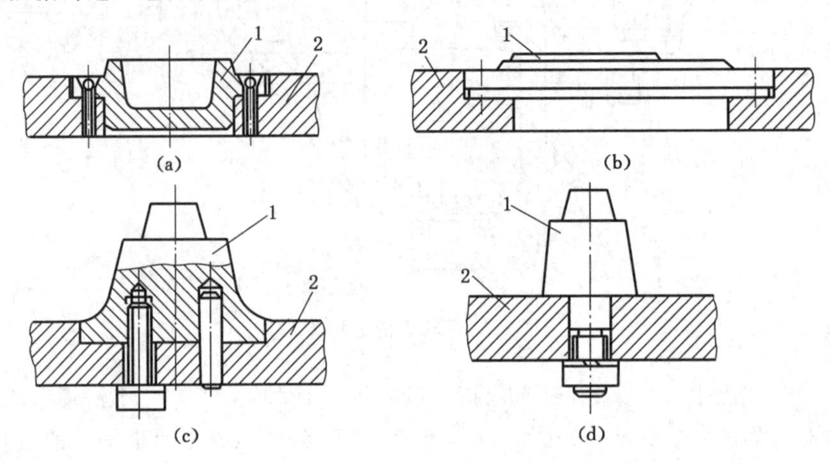

1—模样;2—底板。

图 3-8 嵌入式模样

(2) 模板

模板由模底板、模样、浇冒口系统模、加热元件、定位元件等组成。在组合快换模板系统中,还包括模板框及其定位、固定元件。采用模板造型,能提高生产效率、铸件质量、尺寸精度。模板造型适用于成批大量生产,也适用于单件小批量生产。

模板尺寸应符合造型机的要求。模底板和砂箱、各模样之间应有准确的定位。模板应有足够的强度、刚度和耐磨性,制作容易,使用方便,尽量标准化。

模板的分类有多种,按制造方法可分为整铸式模板和装配式模板;按模板材料可分为铸铁模板、铸钢模板、铸铝模板和塑料模板;按模板结构可分为双面模板、单面模板、导板模板、漏模模板、坐标模板、快换模板和组合模板;按起模方式可分为顶杆起模模板、顶框起模模板和转台起模模板;按造型机可分为高压造型模板、射压造型模板、气冲造型模板和静压造型模板等。一种常用的整铸式双面模板如图 3-9 所示。

(3) 砂箱

砂箱是铸造生产必备的工艺装备。手工造型所用砂箱一般要求较简单,随着高压、气冲等高效率、高压力造型设备的广泛使用,对砂箱的要求越来越高,正确地设计和选择适合铸造生产需要的砂箱,对日益发展的铸造生产具有很大的实用价值。

① 砂箱的种类及适用范围。

砂箱包括专用砂箱和通用砂箱。专用砂箱:专门为某一复杂或重要铸件设计的砂箱,例如发动机缸体专用砂箱。通用砂箱:凡是尺寸合适的各种铸件均可使用的砂箱,多为长方形。

根据制造方法可分为整铸式砂箱、焊接式砂箱和装配式砂箱。整铸式砂箱:用铸铁、铸钢或铸铝合金整体铸造而成的砂箱,应用较广。焊接式砂箱:用钢板或特殊轧材焊接而成的砂箱,也可用铸钢元件焊接而成。装配式砂箱:由铸造的箱壁、箱带等元件用螺栓组装而成

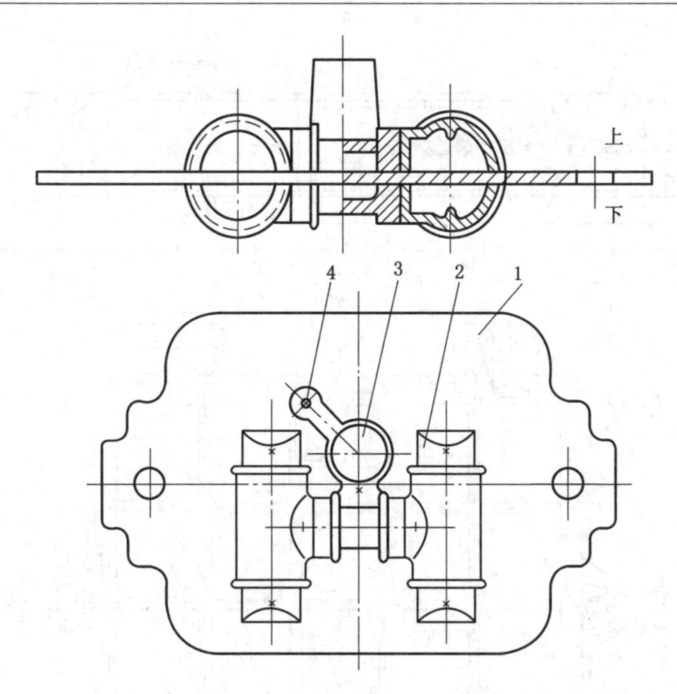

1—双面模底板;2—模样;3—冒口;4—浇注系统。

图 3-9　整铸式双面模板

的砂箱,用于单件、成批生产的大砂箱。

根据造型方法和使用条件可分为手工造型用砂箱,机器造型用砂箱,高压、气冲造型用砂箱等。图 3-10 为手工造型用整铸式大型铸钢砂箱。

② 选择和设计砂箱的一般原则。

一般来讲,砂箱的选择和设计与零件的铸造工艺设计、生产纲领以及生产条件有关。在进行砂箱的选择和设计时应注意如下原则:a. 应满足铸件工艺流程中的生产要求,应具有造型、定位、合型、搬运等功能性结构;b. 砂箱应尽量标准化、系列化、通用化;c. 在具有足够的强度、刚度和方便使用的条件下,尽量使砂箱结构简单、轻便;d. 根据生产设备、生产条件、零件特点等,合理选择箱壁、箱带、排气孔等结构形式;e. 砂箱具有必要的加工精度;f. 应选择耐用、经济、来源广的材料。

3.1.3　砂型的浇注系统

砂型铸造的浇注系统是为了填充型腔和冒口而开设于铸型中的一系列通道,通常由浇口杯、直浇道、横浇道、内浇道组成。浇注系统的构成如图 3-11 所示。熔融金属先通过浇口杯进入模具,然后顺着直浇道进入横浇道,由横浇道分送到内浇道,最后进入模具型腔。

(1) 铸造工艺对浇注系统的基本要求

浇注系统的设计会影响许多因素,它们又会影响后续加工的难易程度和铸件质量。浇注系统应满足以下要求:控制金属液流动的速度和方向,并保证充满型腔;有利于铸件温度的合理分布;金属液在型腔中的流动应平稳、均匀,以避免夹带空气、产生金属氧化物及冲刷砂型;浇注系统应具有除渣功能。

(2) 浇注系统的分类

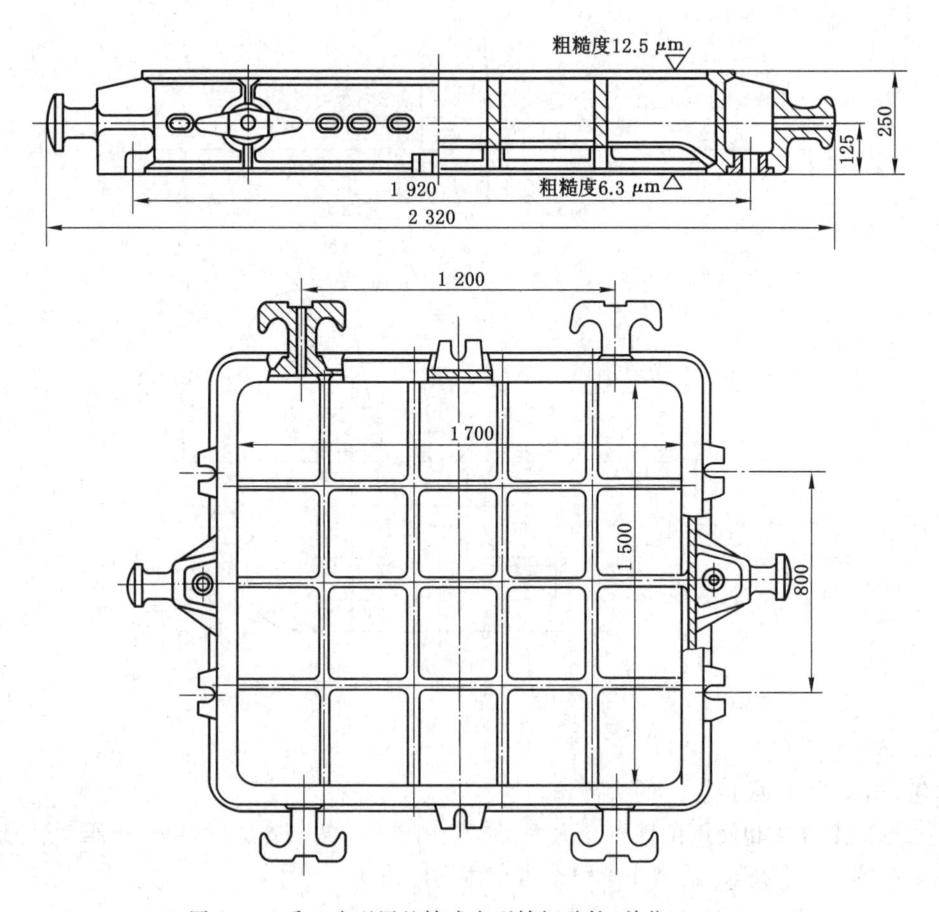

图 3-10　手工造型用整铸式大型铸钢砂箱(单位:mm)

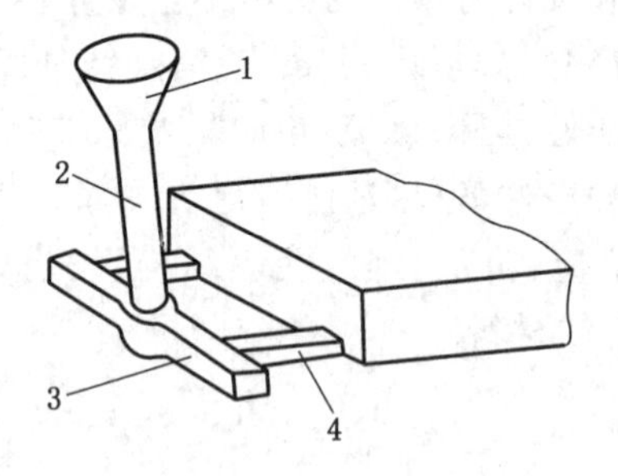

1—浇口杯;2—直浇道;3—横浇道;4—内浇道。

图 3-11　浇注系统

浇注系统各组元截面积通常是指直浇道、横浇道、内浇道的截面积,将浇注系统中截面最小的部位称为阻流截面。根据各组元截面面积大小比例关系,浇注系统又可分为封闭式、半封闭式、开放式、封闭式-开放式四种。

(3) 浇注系统各部件的作用

① 浇口杯:承接来自浇包的金属液,防止飞溅和溢出,方便浇注;减少金属液对铸型的直接冲击;可撇去部分浮渣、杂质,阻止其进入直浇道;提高金属液静压力。

② 直浇道：将浇口杯中的金属液引入横浇道、内浇道或直接引入型腔。在直浇道底部设置直浇道窝可以改善金属液的流动状况，具有缓冲作用，减轻金属液对直浇道底部型砂的冲刷；缩短直横浇道拐弯处的高度紊流区长度。

③ 横浇道：使金属液流足量、平稳地流入内浇道（流量分配作用）；储存最初浇入的含有气体和熔渣的低温金属液（阻渣作用，捕渣道）。

④ 内浇道：控制金属液充填铸型的速度和方向，调节铸型各部分的温度和铸件的凝固顺序，并对铸件有一定的补缩作用。设计内浇道时力求使流量分布均匀，金属液充填型腔时平稳、无喷射和飞溅现象发生。在设计多个内浇道时，其流量分布是关键。试验表明：同一横浇道上有多个等截面积的内浇道时，各内浇道的流量不相等。一般条件下，远离直浇道的内浇道的流量最大，金属液先进入。而近直浇道的流量小，金属液后进入。为了使各内浇道流量均匀，通常采用如下方法：一种是缩小远离直浇道的内浇道截面积；另一种是使横浇道截面积按比例逐步缩小。

（4）浇注系统的一般设计流程

根据铸件结构特点、技术条件、合金种类，首先选择浇注系统的类型、形式、引入位置，然后计算浇注系统各单元截面尺寸。

计算时先确定浇注系统的最小截面（即阻流截面）尺寸。封闭式浇注系统的最小截面在内浇道，开放式浇注系统的最小截面为内浇道前的某个阻流截面。然后，按经验比例关系，确定其他单元的截面尺寸。

浇注系统尺寸随着铸件材质、结构及生产条件的不同而变化。所以，计算结果应结合具体情况和生产经验加以修正。浇注系统的设计、校核主要有三种方法：液面上升速度校核、剩余压力水头高度校核、工艺出品率校核。

3.2 特种铸造

3.2.1 特种铸造的特点和方法简介

除砂型铸造外的所有铸造方法统称为特种铸造。常用的特种铸造方法有熔模铸造、石膏型铸造、陶瓷型铸造、消失模铸造、金属型铸造、压力铸造、低压铸造、差压铸造、真空铸造、挤压铸造、离心铸造、连续铸造等。随着科学技术的发展，新的特种铸造方法不断产生。例如20世纪末出现的快速铸造，是快速成型技术和铸造结合的产物。快速成型技术是计算机技术、CAD（计算机辅助设计）、CAE（计算机辅助工程）、高能束技术、微滴技术等多领域高科技技术的集成。快速铸造使铸件能够被快速生产出来，满足科研和生产的需要。

（1）特种铸造的特点

与砂型铸造相比，特种铸造有以下三个特点：

① 生产铸型使用的模样不同。砂型铸造使用的是木模或金属模，造型后模样必须取出，所以铸型必须分为两箱或多箱，以便开箱起模，但铸型合箱时易造成错箱、合箱处有毛刺等而影响铸件精度。有些特种铸造方法用易熔（蜡）模或可消失的泡沫塑料模，模样不必取出，铸型为一个整体，从而提高了铸件精度。

② 铸型制造材料和工艺不同。砂型铸造的铸型采用型（芯）砂制作，表面粗糙，精度较

低。而特种铸造采用陶瓷浆料或石膏浆料灌注成铸型，或用金属铸型，铸型尺寸比砂型更精确，所制铸件精度更高。

③ 改善液体金属充填铸型和随后冷凝的条件。砂型铸造多用冷砂型和重力浇注成型；在这样的条件下，薄壁铸件成型困难，铸件冷却速度较慢，其力学性能较差。一些特种铸造方法利用压力或离心力将金属液压入铸型，大幅改善充填条件。另外，有的方法改变了铸型材料和冷却条件，如使用金属型，使铸件冷却速度加快，或使铸件在压力下凝固而改善了铸件补缩，从而提高了铸件性能，例如挤压铸件的力学性能就可以与锻件相媲美。但并不是每种特种铸造方法都同时具有以上特点。

特种铸造的优点如下：

① 铸件尺寸精确、表面粗糙值低，更接近零件的最后尺寸，从而减少机械加工量或者不需要机械加工；铸件内部质量好，力学性能高，从而可使铸件壁厚减小。

② 降低金属消耗量和铸件废品率，简化铸造生产工序（除熔模铸造外），便于实现生产过程机械化、自动化。

③ 改善劳动条件，提高劳动生产效率。

但每种特种铸造方法都存在一些缺点和局限性，有其各自的应用范围。

(2) 特种铸造方法简介

① 消失模铸造。消失模铸造是指将涂有涂料的泡沫塑料模型组放入砂箱，用干砂或自硬砂造型，浇注时高温金属液使泡沫塑料模样热解“消失”，并占据模样所退出的空间，从而获得铸件的铸造方法，其工艺流程如图 3-12 所示。消失模铸造是一种近净成型工艺，适用于生产复杂的各种大小的较精密铸件，合金不限。其生产过程污染少，是一种绿色铸造方法，适合各种生产批量。

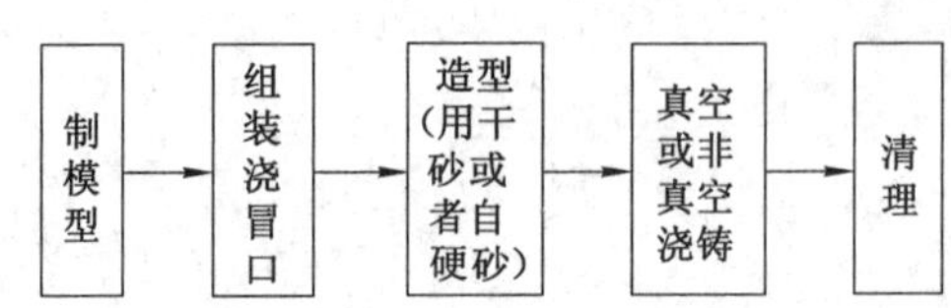

图 3-12　消失模铸造工艺流程

② 石膏型铸造。石膏型铸造是使用石膏浆料灌注成铸型，生产铸件的铸造方法。模型可用木模、金属模或熔(蜡)模。前者模样需造型后取出；后者造型后不必取出模样，可生产更精密的铸件，又称为石膏型精密铸造。石膏型铸造可生产以铝合金为主的精密、复杂铸件，特别适合生产各种批量的中、大型复杂薄壁铝合金铸件。

③ 陶瓷型铸造。陶瓷型铸造又称为陶瓷型精密铸造，是一种利用陶瓷浆料灌注成铸型型腔表面的铸造方法，所生产铸件尺寸精度高于砂型铸件，其工艺流程如图 3-13 所示。陶瓷型铸造可生产各种合金较精密的铸件，主要用来生产各种精密铸件、模具及工装零件等，适合于单件、小批量生产。

④ 压力铸造。压力铸造是一种将液态或半液态金属在高压作用下，以极高的速度充填铸型的型腔，并在压力下快速凝固获得铸件的铸造方法，是一种近净成型工艺。它适用于生产中、小型复杂精密铸件，主要生产各种有色合金件，以铝镁合金为主，适合大批量生产。

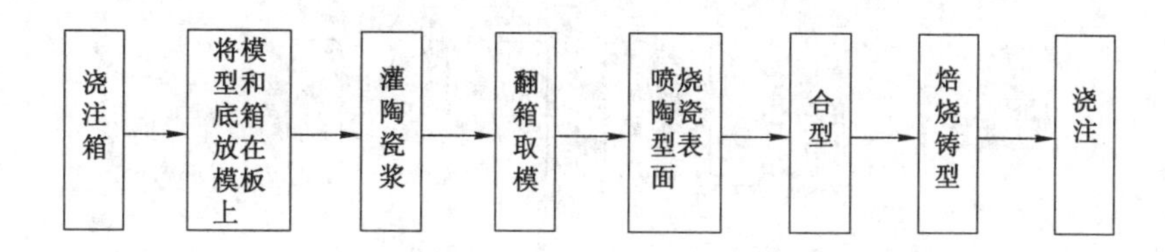

图 3-13　石膏型铸造工艺流程

⑤ 低压铸造。低压铸造是一种利用气体压力将金属液压入铸型，使铸件在一定压力下结晶凝固的铸造方法。该方法主要用于生产较精密、复杂的中大和小铸件，以铝镁合金为主，适合于小、中、大批量生产。

⑥ 金属型铸造。金属型铸造是一种在重力作用下使金属液充填金属铸型获得铸件的铸造方法。由于金属型可浇注几百次至数万次，所以又称为永久型铸造。采用该方法生产的铸件尺寸精度比砂型铸造高，力学性能好。金属型铸造适用于生产形状不太复杂的中、小型较精确的铸件，以铝镁合金为主，适合大批量生产。

⑦ 连续铸造。连续铸造是一种将金属液连续浇入水冷金属型(结晶器)，又不断从金属型的另一端拉出已凝固或具有一定结晶厚度铸件的铸造方法。该方法适宜用于生产形状固定的长铸件，适合大批量生产。

⑧ 离心铸造。离心铸造是一种将金属液浇入旋转的铸型中，使之在离心力的作用下，完成铸件充填成型和凝固的铸造方法。它主要用于生产形状对称或近似对称的铸件，合金不限，批量生产。

⑨ 挤压铸造。挤压铸造是一种对进入铸型型腔的液态或液-固态金属施加较高压力使其成型和凝固，从而获得铸件的铸造方法，又称为“液态模锻”。该方法适宜用于生产力学性能要求高、气密性好的厚壁小、中型铸件，中批量或大批量生产。

3.2.2　熔模铸造

熔模精密铸造(简称熔模铸造)是用可熔性一次性模样生产铸件的铸造方法，又称为失蜡铸造。熔模铸造所生产铸件精度高，可不经加工直接使用或只经很少加工后使用，是一种近终成型工艺。

(1) 熔模铸造简介

图 3-14 所示为现代熔模铸造工艺流程。与其他铸造方法和零件成型方法相比较，该工艺有下列特点：① 使用易熔模，不用开箱起模。② 采用液体涂料制壳，型壳能很好复印熔模。③ 热壳浇注，金属液能很好复印型壳。所以，熔模铸造所生产的铸件尺寸精度达 CT4、CT5、CT6 级，表面粗糙度 Ra=0.8～3.2 μm。④ 可铸造形状十分复杂的铸件。⑤ 可铸造最小壁厚和最小铸孔直径为 0.5 mm，尺寸从几毫米至上千毫米，质量从 1 g 到 1 000 kg 的铸件。⑥ 合金材料不受限制，如碳素钢、不锈钢、合金钢、高温合金、铸铁、铝合金、铜合金、镁合金、钛合金等都可用于熔模铸造。⑦ 生产灵活性高，适应性强，既可以用于大批量生产，也可以用于小批量或单件生产。但是熔模铸造工艺流程烦琐、生产周期长、铸件尺寸不能太大、铸件冷却速度较慢等也使该工艺具有一定局限性。

熔模铸件主要有两类：一类是航空、航天及军工用高质量件，如飞机发动机用高温定向或单晶叶片、工业涡轮叶片、铝合金的主屏蔽罩和坦克显示器框架、钛合金的飞机发动机前

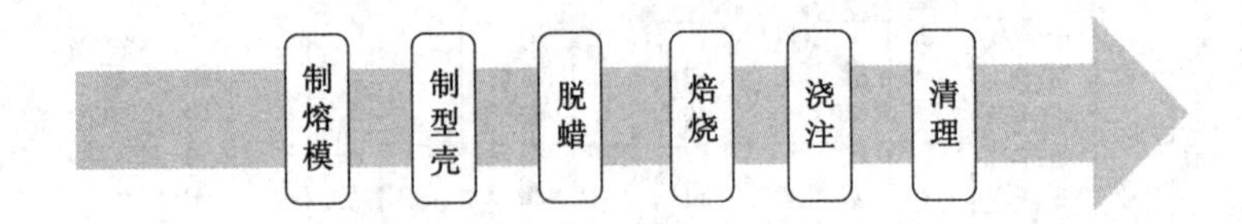

图 3-14　熔模铸造工艺流程

机匣等。另一类是商品零件，如一般机器零件、摩托车车架换向接头、阀门零件、高尔夫球等。

近年来，熔模铸造发展的特点是能生产更“大”、更“精”、更“薄”、更“强”的铸件，主要依靠技术发展和进步。对熔模铸造发展有较大影响的新材料、新工艺、新技术有很多，如水溶型芯、陶瓷型芯、金属材质改进、大型铸件铸造技术、钛合金精铸、定向凝固和单晶铸造、过滤净化、热等静压、快速成型、计算机技术、机械化、自动化等。

(2) 熔模模样制造

熔模制造是熔模铸造生产中的重要环节，优质熔模是获得优质铸件的前提。模样材料、压型及制模工艺是影响熔模质量的主要因素。

熔模铸造的模样一般采用蜡料或塑料注射成型。液状石蜡和微晶蜡是最常见的模样基本材料。其低熔点和低黏度使得石蜡很容易融进模样，装配成模组，并在不毁坏模型的情况下熔化后流出模壳。石蜡可以在低压低温条件下注射成型，因此具有损耗低和工具成本低等特点。模样蜡的强度和韧性可以通过加入合成树脂来改善。可以通过加入树脂和粉状固体填充物来减少模样的凝固收缩。石蜡混合时还可以加入其他添加剂使之具有不同的用途。例如，通过加入染色剂来区分不同配方的石蜡；抗氧化剂用以减少热降解；油和增塑剂可以用来调节注射性能。除石蜡以外，合成树脂也已成为另一种广泛应用的模样材料，尤其是聚苯乙烯，最为常用。当要求零件截面非常薄时，树脂基模样比蜡基模样具有更高的强度和更好的抗磨损性能，但是树脂基模样的工装费用比蜡基模样的工装费用高。

将模料压注成型是生产熔模最常用的方法，一般将模料制成蜡膏后压注成型。压蜡机有气动压蜡机、气动活塞压蜡机和液压压蜡机几种，其中液压压蜡机压射压力大、整机体积小、结构紧凑，应用较广。影响熔模质量的主要工艺参数有：压蜡温度、压射压力、充型速度、压型温度和保压时间。压蜡温度对熔模尺寸影响明显，如图 3-15 所示，蜡基模料和树脂基模料均是如此，两者相比，对蜡基模料影响更大。压射压力和保压时间对熔模尺寸也有影

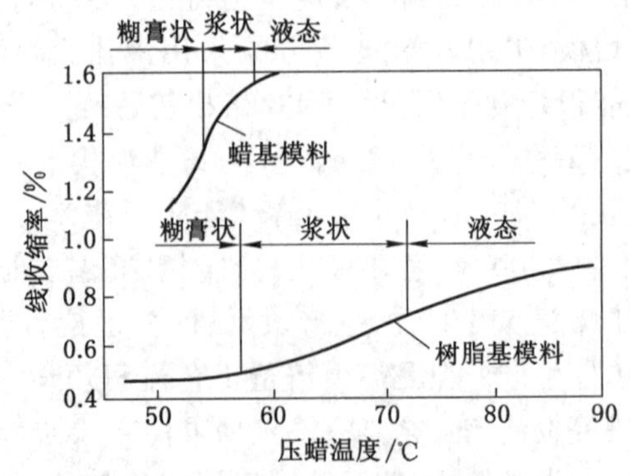

图 3-15　压蜡温度对线收缩率的影响

响，随着压力和保压时间增加，熔模的线收缩率减小。充型速度、压型温度等对熔模尺寸也有影响。因此，为了得到质量好且稳定的熔模，必须严格控制压射工艺参数。

(3) 型壳制造

熔模铸造采用的铸型常称为型壳。目前普遍采用多层型壳，即将模组浸到涂料中，取出、滴去多余涂料，撒砂，干燥硬化，如此反复多次，使型壳达到一定厚度为止。优质型壳是获得优质铸件的前提。

为保证铸件质量，型壳应具有良好的下列性能：型壳强度、抗变形能力、透气性、线量变化、导热性、热振稳定性、热化学稳定性等。型壳材料不同，制壳工艺不同，型壳性能可能有很大的差距。最常见的分类方法是将型壳分为水玻璃型壳、硅溶胶型壳和硅酸乙酯型壳三类，从型壳性能来看后两类均为优质型壳，可用于高精度铸件生产中。对两者进行比较，硅溶胶型壳制造利于环保，故应用越来越多，主要应用于低精度铸件生产中。

制壳耐火材料占型壳质量的90%以上，其性能对铸件质量有影响。制壳耐火材料应具有下列性能：足够的耐火度、小且均匀的热膨胀系数、热化学稳定性好、能保证型壳具有足够的强度、粒度合适、价廉、无毒等。

黏结剂是熔模铸造用的主要原材料，直接影响型壳及铸件质量、生产周期和成本。醇基硅酸乙酯水解液和水基硅溶胶长期以来是美国、英国等国家熔模铸造用黏结剂。虽然自20世纪90年代随着对环保要求更严格，水基硅溶胶有了进一步发展，但是水玻璃黏结剂仍被用于部分低精度铸件上。

(4) 脱蜡及焙烧

熔失熔模的过程称为脱蜡。因模料的热膨胀系数大于型壳的热膨胀系数，当脱蜡慢而时间长时，会造成模料将型壳胀裂，所以脱蜡的要点是高温快速脱蜡。常用的脱蜡方法有高压蒸汽脱蜡法和热水脱蜡法。

蒸汽脱蜡时使用0.6～0.75 MPa的蒸汽，并要求在极短时间(如14 s)内达到0.6 MPa高压，防止型壳开裂。浇口杯朝下，整个型壳的脱蜡应在6～10 min内完成。蒸汽脱蜡的型壳质量较好，蜡料回收率较高，但设备费用较高。

热水脱蜡的水温宜控制在95～98 ℃，脱蜡水中加入质量分数为3%～8%的氯化铵、质量分数为4%～6%的结晶氯化铝或质量分数为1%的工业盐酸，使型壳脱蜡时得到补充硬化。浇口杯朝上，脱蜡时间以20～30 min为宜。热水脱蜡设备简单，费用低，蜡料回收率高，但是会使型壳强度降低，同时易形成砂眼等缺陷。

焙烧是熔模铸造的重要工序之一。它能烧去残余蜡料、水分和挥发物，使型壳具有低发气量、良好的透气性和较高的强度，并可以使型壳温度和合金浇注温度差减小，从而提高合金液的充型能力。不同型壳的强度不同，焙烧的工艺参数也不同。硅溶胶型壳和硅酸乙酯焙烧温度为950～1 100 ℃(或更高)，保温时间30 min以上。水玻璃型壳焙烧温度为850～950 ℃(氯化铵硬化的型壳用850 ℃)，保温时间为0.5～2 h。型壳焙烧可采用油炉、煤气炉或电炉。

(5) 浇铸及清理

重力浇注是应用最广泛的浇注方法，适用于各种合金，应尽量选用该方法。此外，可根据铸件结构特点及合金流动性选择真空吸铸、离心浇注、差压浇注和低压浇注。薄而精细的小型铸件宜采用真空吸铸。采用真空熔炼的钛合金、高温合金等难成型的铸件，宜采用离心浇注。质量要求高的薄壁铝合金熔模和石膏型精铸件宜采用差压浇注。难成型的铝合金熔模件宜采用低压浇注。

熔模铸件清理包括清除铸件组上的型壳,切除浇冒口和工艺肋,磨去浇冒口余根,清除铸件表面和内腔的粘砂、氧化皮、表面毛刺等。当模具被清理后,必须去除冒口和浇口。对于模组零件而言,每个零件从模组浇口处去除。然后切去任何单独的冒口。例如,铝、镁合金和一些铜合金等材料,通常使用带锯切除。砂轮可以用来去除其他的铜合金、钢、球墨铸铁和超级合金。如果脆性合金的浇口上有槽口,可以使用锤子来敲除。当浇口不接近时,可以使用火焰切割器,切完之后可以使用砂轮或砂带来打磨浇口的残余物。

3.2.3 离心铸造

(1) 离心铸造特点

将液态金属浇入高速旋转(通常为 250～1 500 r/min)的铸型中,使其在离心力作用下充填铸型和凝固形成铸件的液态成型工艺称为离心铸造。离心铸造主要用来大量生产管筒类铸件,如铁管、铜套、缸套、双金属钢背铜套、耐热钢辊道、无缝钢管毛坯、造纸机干燥滚筒等,还可用来生产轮盘类铸件,如泵轮、电机转子等。

离心铸造工艺流程较简单,由铸型准备、开机调速、将定量金属液浇入旋转铸型、随机冷却、铸件出型等组成。根据铸型旋转轴线在空间的位置,离心铸造可分为卧式离心铸造和立式离心铸造。卧式离心铸造铸型的旋转轴处于水平状态或与水平线交角很小(小于 15°),如图 3-16 所示,主要用于生产长度大于直径的套筒类或管类铸件。立式离心铸造铸型的旋转轴处于垂直状态,如图 3-17 所示,主要用于生产高度小于直径的圆环类铸件。有时不仅可以采用金属型,也可以采用砂型、熔模铸造型等非金属型生产异形铸件。

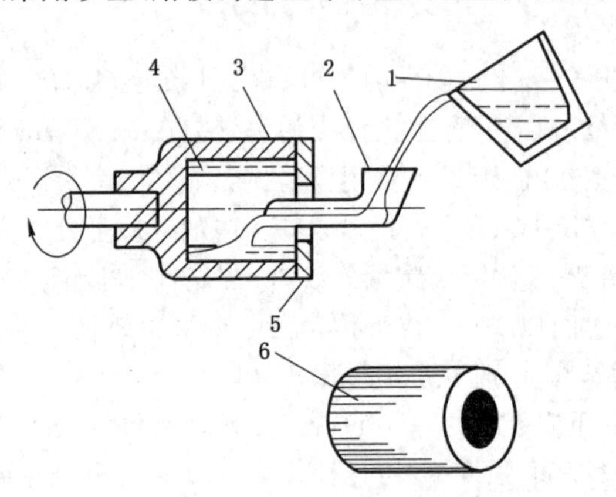

1—浇包;2—浇注槽;3—铸型;4—液体金属;5—端盖;6—铸件。

图 3-16 卧式离心铸造机示意图

离心铸造时液体金属是在旋转情况下充填铸型并进行凝固的,因而离心铸造具有下述特点:① 液体金属能在铸型中形成中空的圆柱形自由表面,这样便可以不用型芯就能铸出中空的铸件,大幅简化了套筒、管类铸件的生产过程;② 由于旋转时液体金属所产生的离心力作用,离心铸造工艺可提高金属充填铸型的能力,因此一些流动性较差的合金和薄壁铸件都可以用离心铸造法生产;③ 由于离心力的作用改善了补缩条件,气体和非金属夹杂也易

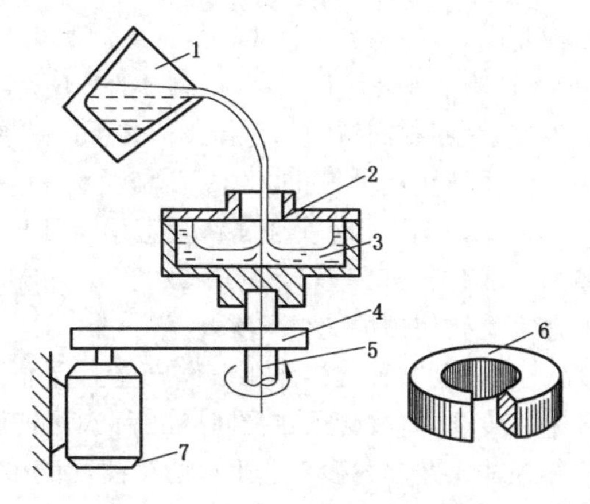

1—浇包；2—铸型；3—液体金属；4—皮带轮和皮带；5—旋转轴；6—铸件；7—电动机。

图 3-17　立式离心铸造机示意图

从液体金属中排出，因此离心铸件的组织较致密，缩孔（缩松）、气孔、夹杂等缺陷较少；④ 消除或大幅节省浇注系统和冒口方面的金属消耗；⑤ 铸件易产生偏析，铸件内表面较粗糙，内表面尺寸不易控制。

（2）离心铸造工艺

在铸造熔炼各种金属时，要求金属液具有合适的成分、适当的浇注温度和高纯净度。除一些小批量铸件外，离心铸管、缸套等铸件的离心铸造属于大批量流水生产，这种生产方式要求：① 熔炼设备具有大容量以满足规模生产要求，离心球墨铸铁管的年产量一般为几万吨至几十万吨，每天需要几百吨的铁液。② 熔炉的熔化时间长，要保证生产的连续性，一般离心球墨铸铁管厂都采用三班连续生产。为了平衡熔炼与离心机的生产，必须在高炉（冲天炉）与无芯电炉之间设置混铁炉或大吨位的铁液保温炉，以保证离心机生产的连续性。③ 熔炼设备应具有迅速升温能力。由于离心球墨铸铁管壁较薄，要求铁液的出铁温度大于或等于 1 500 ℃，为了保证生产效率，要求感应电炉有较大的升温能力，以便在短时间内迅速达到要求温度。

① 浇注工艺。离心铸造时，浇注工艺有其自身特点。由于铸件内表面是自由表面，而铸件厚度由所浇注液体金属的数量控制，故离心铸造浇注时，对所浇注金属的定量要求较高。此外，由于浇注是在铸型旋转情况下进行的，为了尽可能消除金属飞溅现象，要很好地控制金属进入铸型时的方向。液体金属的定量有质量法、容积法和定自由表面高度（液体金属厚度）法等。其中，容积法是指用一定体积的浇包控制所浇注液体金属的数量，该方法较简便，但受金属温度、熔渣等影响，定量不太精确，在生产中用得较多。

② 涂料工艺。金属型离心铸造时，常在金属型工件表面喷刷涂料。对离心铸造金属型用涂料的要求与一般金属型铸造时相同。为防止铸件与金属型腔的表面粘合，或铸铁件产生白口，离心铸造用涂料大多数以水作为载体。铸件白口，指在结晶过程中没有石墨析出，铸件中的碳全部以渗透碳体形式存在，断口呈银白色。有时也用固态涂料，如石墨粉，以使铸件能较易从模型中取出。喷刷涂料时应注意控制金属型的温度。在生产大型铸件时，如果铸型本身的热量不足以将涂料烘干，可以将铸型放在加热炉中加热，并保持铸型的工作温度，等待浇注。生产小型铸件时，尤其是采用悬臂离心铸造机生产时，希望尽可能利用铸型

本身的热量烘干涂料，等待浇注。

③ 铸型衬砂工艺。在金属铸型内表面衬 3～5 mm 厚的砂层，可以有效提高绝热能力，降低铸型的热冲击和峰值温度，大幅提高铸型的寿命。但其生产效率较低，适用于一些高熔点合金和大件的离心铸造。为了防止产生气孔，要求覆膜砂的发气量小于或等于 12 mL/g，酚醛树脂的质量分数为 1.4%～1.5%，同时在金属铸型上均匀开出直径小于或等于 3 mm 的排气孔。衬树脂覆膜砂的金属型温度一般为 160～220 ℃。布砂时间一般为 2～3 min，布完砂后金属型以更高的速度旋转使砂层变得紧实。

④ 铸件脱型及后处理。从铸型中取出铸件在操作原理上有推出法和拔取法两种。铸管等细长铸件都有圆度和平直度要求，故管子在凝固拔出后必须正确接取，使它们处于滚动或合适的支撑状态。采用热模法工艺和衬砂工艺生产的铸件，由于铸件表面有砂子和涂料，故一般都要进行清理。对于大批量生产，应配置抛丸或喷砂工艺。

3.3 自由锻造

3.3.1 锻前加热

在锻造生产中，金属坯料锻前加热的目的是提高金属塑性，降低变形抗力，即增加金属的可锻性，从而使金属易成型，并使锻件获得良好的组织和力学性能。随着新材料和锻造新工艺的不断出现，对金属加热技术的要求越来越高，锻前加热逐渐成为锻造生产过程中的一个极其重要的环节。

(1) 锻前加热技术要求

加热火次应根据锻造工序中锻造工作量，坯料(钢锭)冷却速度，坯料出炉、运输和更换工具所需用的时间及所用设备、工具以及设备配合使用情况来综合考虑。

加热规范根据锻件的材质，坯料种类、规格、质量、状态(热态或冷态、退火或未退火)以及火次和工艺要求等，再按工厂加热规范中的加热温度、始锻温度、终锻温度和加热规程或绘制的加热曲线进行确定。

锻后冷却方法及热处理规范是根据锻件的技术要求、材质、尺寸(形状)、质量和锻造情况来确定的。因此各类锻件和钢坯的冷却可根据有关图表来确定。采用钢锭为坯料的锻件，通常将锻件的冷却和初次热处理相结合，可按热处理规范确定。

(2) 锻前加热方法

金属坯料的加热方法按所采用的热源不同可分为火焰加热和电加热。

火焰加热是指利用燃料燃烧时所产生的热量，通过对流、辐射将热量传至坯料表面，然后由表面向中心热传导，对整个坯料加热。火焰加热的优点是：燃料来源广、加热炉修理改造容易、加热费用较低、加热的适应性强等。因此，该类加热方法广泛用于各种坯料的加热。其缺点是：劳动条件差、加热速度慢、加热质量差、热效率低等。

电加热是指将电能转换为热能对金属坯料进行加热的方法。电加热具有加热速度快、炉温控制准确、加热质量好、工件氧化少、劳动条件好、易实现自动化操作等优点。但是因为设备投资大和加热成本高，电加热应用受到一定限制。按电能转换为热能的方式，电加热可分为电阻炉加热、接触电加热和感应电加热。

① 电阻炉加热。电阻炉加热利用电流通过炉内的电热体产生的热量,加热炉内的金属坯料,其原理如图 3-18 所示。在电阻炉内,辐射传热是加热金属的主要方式,其次为炉底同金属接触的传导传热,自然对流传热可忽略不计,但是在空气循环电炉中,对流传热是加热金属的主要方式。这种方法的加热温度受电热体的使用温度限制,热效率也比其他电加热方法低。但是对坯料加热的适用范围较大,便于实现加热机械化、自动化,也可用保护气体进行少、无氧化加热。

② 接触电加热。接触电加热的原理图如图 3-19 所示,将被加热坯料直接接入电路,当电流通过坯料时,坯料自身电阻产生电阻热对坯料加热。因为坯料电阻值很小,要产生大量的电阻热,必须通入很大的电流。因此,在接触电加热中采用低电压大电流,变压器的副端空载电压一般为 2～15 V。接触电加热具有加热速度快、金属烧损少、加热范围不受限制、热效率高、耗电少、成本低、设备简单、操作方便、适用于长坯料的整体或局部加热等优点。但是对坯料的表面粗糙度、形状、尺寸要求严格,特别是坯料端部,下料时必须规整,不得产生畸变。此外,加热温度的测量和控制也比较困难。

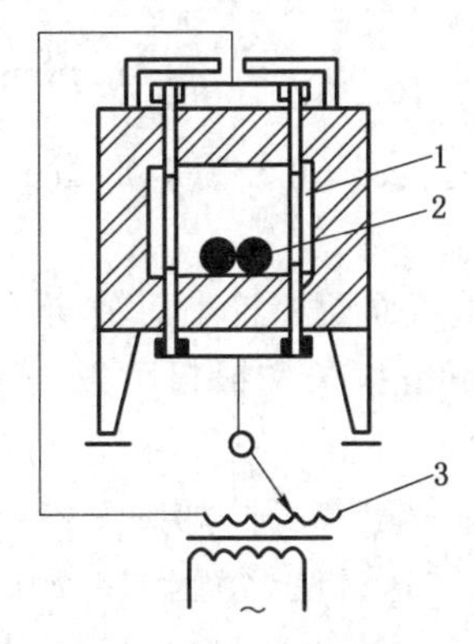

1—电热体(碳化硅棒);2—坯料;3—变压器。

图 3-18 电阻炉加热原理图

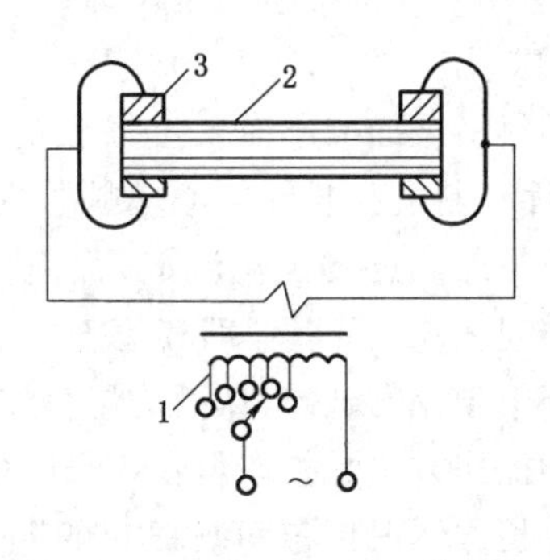

1—变压器;2—坯料;3—触头。

图 3-19 接触电加热原理图

③ 感应电加热。感应电加热近年来应用越来越广泛,特别是大量用于精密成型的加热。这是因为其具有加热速度快、加热质量好、温度易控制、金属烧损少、操作简单、便于实现机械化和自动化等优点,这些都有利于提高锻件质量。另外,感应电加热劳动条件好,对环境没有污染。其缺点是:设备投资大、每种规格感应器加热的坯料尺寸范围小、电能消耗大(大于接触电加热,小于电阻炉加热)。

感应电加热的原理图如图 3-20 所示,在感应器中通入交变电流产生的交变磁场作用下,金属坯料内部产生交变电势并形成交变涡流。金属毛坯电阻引起的涡流发热和磁滞损失发热,使坯料得到加热。

由于趋肤效应,感应电加热时热量主要产生于坯料表层,并向坯料芯部热传导。对于大直径坯料,为了提高加热速度,选用较低电流频率,增大电流透入深度。而对于小直径坯料,可采用较高电流频率以提高加热效率。

3.3.2 基本工序及特点

自由锻造的目的是获得所需形状和尺寸的锻件,并使其性能和组织符合一定的技术要求。为了使生产合格锻件更经济，就要根据锻造时金属流动的规律，正确确定有关工序的工艺参数和操作规则。在自由锻造中，使坯料发生较大量金属流动和变形的工序称为锻造的基本工序，包括镦粗、拔长、冲孔、扩孔、弯曲等。

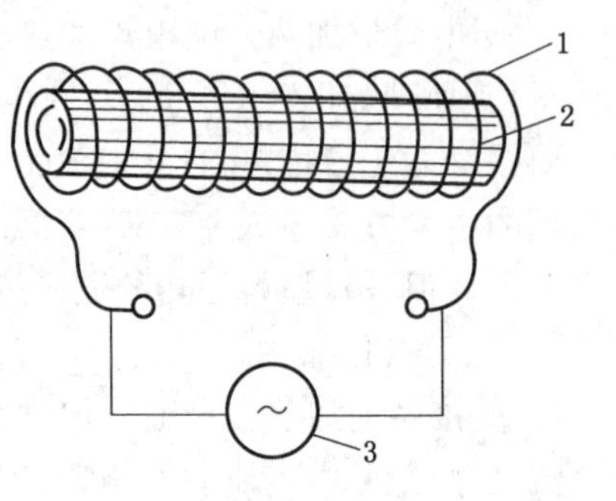

1—感应器；2—坯料；3—电源。

图 3-20 感应电加热原理图

(1) 镦粗

使坯料高度减小、横截面增大的成型工序称为镦粗。在坯料上某一部分进行的镦粗称为局部镦粗。镦粗的目的：① 由横截面面积较小的坯料得到横截面面积(或轴向某个部位局部横截面面积)较大而高度较小的锻件或中间坯；② 冲孔前增大坯料的横截面面积以便于冲孔和冲孔后端面平整；③ 反复镦粗、拔长，可提高坯料的锻造比，使合金钢中碳化物破碎，从而均匀分布；④ 提高锻件的横向力学性能以减弱力学性能的异向性。一般将镦粗分为平砧镦粗、垫环镦粗和局部镦粗三类。

(2) 拔长

使环料横截面减小而长度增大的成型工序称为拔长。拔长可分为矩形截面坯料的拔长、圆截面坯料的拔长和空心坯料的拔长。

拔长工序的意义：① 由横截面面积较大的坯料得到横截面面积较小而轴向较长的轴类锻件或中间坯；② 可以辅助其他工序进行局部变形；③ 反复拔长和锻粗可以提高锻造比，使合金钢中碳化物破碎，从而均匀分布，提高其力学性能。

拔长操作方法是指坯料在拔长时的送进与翻转方法，一般有三种，如图 3-21 所示(图中数字对应长方体锻件各面被锻打的顺序)。① 螺旋式翻转送进法，每压下一次，坯料翻转 90°，每次翻转为同一个方向，如图 3-21(a)所示。采用这种方法时坯料各面温度均匀，因此变形也较均匀。用于锻造阶梯轴时，可以减小各段轴的偏心。② 往复翻转送进法，每次翻转 90°，如图 3-21(b)所示。采用这种方法时坯料只有两个面与下砧接触，而这两个面的温度较低。该种方法常用于中小型锻件的手工操作中。③ 单面压缩法，即沿整个坯料长度方向压缩一遍后再翻转 90°压缩另一面，如图 3-21(c)所示。这种方法常用于锻造大型锻件。因为这种操作易使坯料发生弯曲，在拔长另一面之前应先翻转 180°将坯料平直后再翻转 90°拔长另一面。

(3) 冲孔

在坯料上锻制出透孔或不透孔的工序称为冲孔。

冲孔工序常用于：① 锻件带有大于 ϕ30 mm 以上的盲孔或通孔；② 需要扩孔的环形锻件应预先冲出通孔；③ 需要拔长的空心件应预先冲出通孔。一般冲孔分为开式冲孔和闭式冲孔两大类。但是在实际生产中使用最多的是开式冲孔。开式冲孔包括实心冲子冲孔、空心冲子冲孔和在垫环上冲孔 3 种，实心冲子冲通孔如图 3-22 所示。

冲孔操作注意事项：① 坯料在冲孔前应预先锻粗以减小高度，增大直径，使端面平整；② 应将冲头放正，使其端面与打击方向垂直；③ 初冲出浅孔后应在孔内撒上煤粉再继续冲孔；④ 在冲孔过程中应经常拔出冲头放入冷水中冷却，并使坯料绕冲头轴线转动。

(4) 扩孔

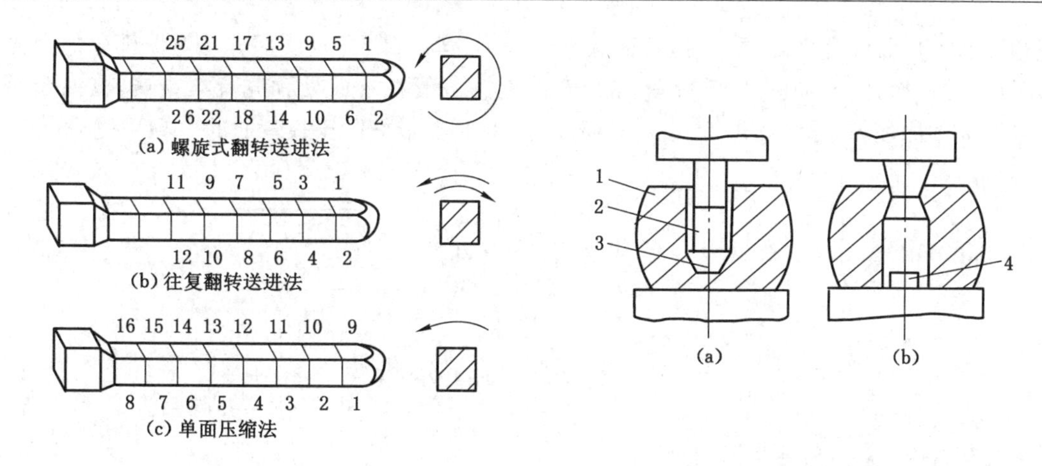

1—坯料；2—冲垫；3—冲子；4—芯料。

图 3-21　拔长操作方法　　图 3-22　实心冲子冲通孔

减小空心坯料壁厚而增大其内、外径的锻造工序称为扩孔。扩孔工步用于锻造各种带孔锻件和圆环锻件。在自由锻中，常用的扩孔方法有冲子扩孔和芯轴扩孔。另外，还有在专门扩孔机上碾压扩孔、液压扩孔和爆炸扩孔等。以下只介绍冲子扩孔和芯轴扩孔。

冲子扩孔时，坯料径向受压应力、切向受拉应力、轴向受力很小(图 3-23)。坯料尺寸的相应变化是壁厚减薄，内、外径增大，高度有较小变化。冲子扩孔所需的作用力较小，这是由于冲子的斜角较小，较小的轴向作用力可产生较大的径向分力，并在坯料内产生数值更大的切向拉应力。另外，坯料处于异号应力状态，较易满足塑性条件。

芯轴扩孔的应力、应变情况与冲子扩孔不同，而近似于拔长(图 3-24)。但是，它与长轴件的拔长不同，是环形坯料沿圆周方向的拔长，是局部加载、整体受力、局部变形。芯轴扩孔时，变形区金属沿切向和宽度(高度)方向流动。

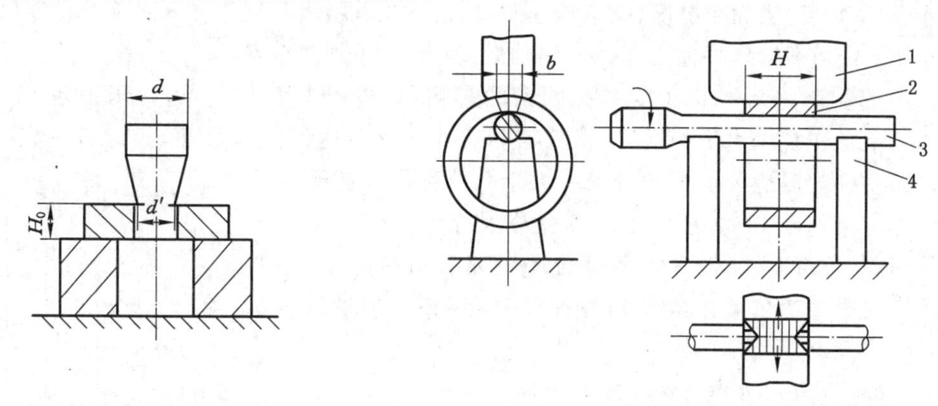

1—扩孔砧子；2—锻件；3—芯轴；4—支架。

图 3-23　冲子扩孔　　图 3-24　芯轴扩孔

(5) 弯曲

将坯料沿轴线弯折成规定外形的锻造工步称为弯曲，该方法可用于锻造各种弯曲类锻件，如起重吊钩、弯曲轴杆等。变形区的内侧金属受压缩容易产生折叠，外侧金属受拉伸容易产生裂纹，并随着弯曲半径的减小、弯曲角度的增大趋于严重。因此，弯曲时应该注意如下事项：① 当锻件有多处弯曲时，弯曲次序一般为：弯端部、弯直线部分与弯曲部分的交界段处、弯曲其余部分，如图 3-25 所示。② 弯曲前一般要在弯曲处预先聚集金属，或取断面尺寸稍大的原坯料（通常约增大 10%～15%）。③ 加热最好限于被弯曲的一侧。

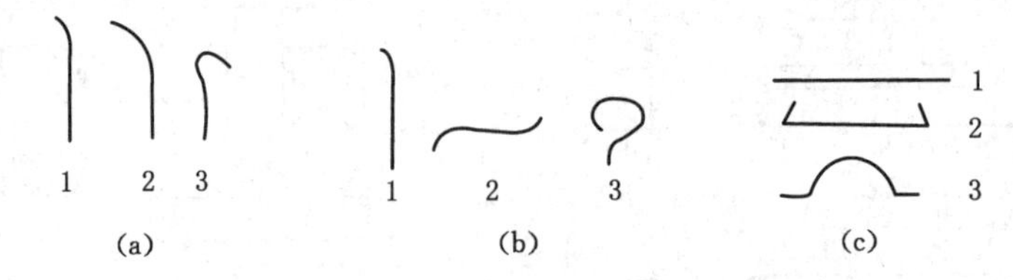

图 3-25　锻件弯曲的操作顺序示意图

3.3.3　工艺流程制定

不同类型锻件的锻造工艺方案，应根据自由锻造变形特点及锻件的形状、尺寸和技术要求，参考典型锻造工艺，同时结合设备条件、原材料情况、生产批量、工模具以及工人的技术水平和经验来制定。工艺方案的选定主要是选择锻造工序和安排工序的顺序。自由锻造工艺流程包括：根据零件图绘制锻件图；确定坯料质量和尺寸；确定变形工艺和锻造比；选择锻压设备；确定锻造温度范围及加热和冷却规范；确定热处理规范；填写工艺卡片等。

（1）锻件图的绘制

自由锻锻件图是编制锻造工艺、设计工具、指导生产和验收锻件的主要依据，也是与后续机械加工工艺有关的技术资料。它是在零件图的基础上考虑了加工余量、锻件公差、锻造余块、检验试样及工艺夹头等因素绘制而成的。

一般锻件的尺寸精度和表面粗糙度达不到零件图的要求，锻件表面应留有供机械加工用的金属层，称为机械加工余量（以下简称余量）。余量的大小主要取决于：零件的形状、尺寸、加工精度、表面粗糙度、锻造加热质量、设备工具精度和操作技术水平等。零件的公称尺寸加上余量即锻件公称尺寸，对于非加工表面，无须加放余量。

在锻造生产中，由于受各种因素的影响，如终锻温度的差异，锻压设备、工具的精度和工人操作技术水平的差异，锻件实际尺寸不可能达到公称尺寸，允许有一定的偏差，这种偏差称为锻造公差。锻件尺寸大于其公称尺寸的部分称为上偏差（正偏差），小于其公称尺寸的部分称为下偏差（负偏差）。锻件上各部位不论是否机械加工，都应注明锻造公差。锻件的各种尺寸和公差、余量关系如图 3-26 所示。

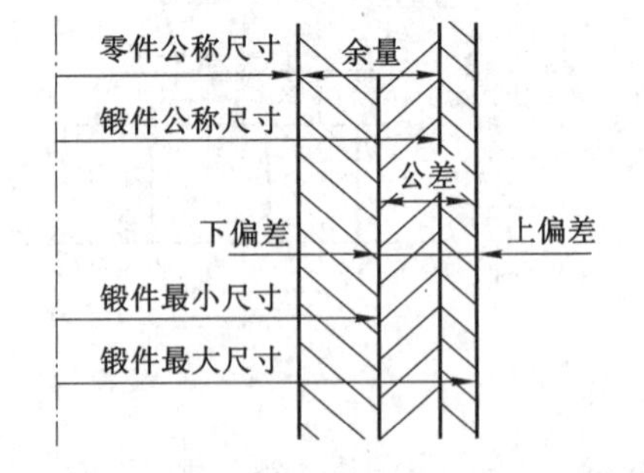

图 3-26　锻件的尺寸和公差、余量

（2）工序尺寸设计和工序的选择

工序尺寸设计和工序的选择是同时进行的，因此确定工序尺寸时应注意以下几点：① 工序尺寸必须符合各工序的规则，例如镦粗时坯料高径比应小于 2.5；② 必须估计各工序变形时坯料的尺寸变化，例如冲孔时坯料高度会略减小，扩孔时高度会略增大；③ 必须保证各部分有足够的体积，这在采用分段工序时应特别注意；④ 多火次锻打时应考虑中间各火次加热的可能性；⑤ 必须保证最后的修整余量，估计坯料在压痕、错移、冲孔等工序时的拉缩量；⑥ 对于长轴类零件，要求长度方向尺寸很准确时，必须考虑修整时长度会略微延伸。

(3) 锻造设备与工具的确定

自由锻造中选择锻造设备和锻造工具也是确定锻造工艺的必要工作。如果选择不当的设备与工具，不但会影响生产效率，而且会影响锻件质量，致使锻件加工成本有所提高。因此，正确、合理选择锻造工具及设备是十分重要的。

自由锻造常用设备为锻锤和水压机。该类设备虽无过载损坏问题，但是如果设备吨位选得过小，则锻件内部锻不透，而且生产效率低；反之，如果设备吨位选得过大，不仅浪费动力，还由于大设备的工作速度低而影响生产效率和锻件成本。自由锻造所需设备吨位主要与变形面积、锻件材质、变形温度等有关。自由锻造时变形面积根据锻件大小和变形工步性质确定。锻粗时锻件与工具的接触面积比其他变形工步大得多，而且很多锻造过程均与锻粗有关，因此，常以锻粗力大小来选择自由锻设备。确定设备吨位的方法有理论计算法和经验类比法两种。

在自由锻造生产中，对于一般单件和小批量的锻件，通常采用现有的工具；对于大批量及系列化的锻件，根据实际需要和经济合理性原则设计、制作专用工具；对于特殊形状的锻件，则尽可能结合使用通用工具和辅助工具来成型。

(4) 锻造比的确定

锻造比(简称锻比)用以表示锻件变形程度，也是保证锻件质量的一个重要指标。锻造比能反映锻造对锻件组织和力学性能的影响。其一般规律为：随着锻造比增大，由于内部孔隙的焊合，铸态树枝晶被打碎，锻件的纵向和横向力学性能均得到明显提高；当锻造比超过一定数值时，由于形成纤维组织，其垂直方向(横向)的力学性能(塑性、韧性)急剧下降，锻件出现各向异性。因此在制定锻造工艺规程时，应合理地选择锻造比。用钢材锻制锻件(莱氏体钢锻件除外)时，由于钢材经过了大变形的锻或轧，其组织与性能均已得到改善，一般无须考虑锻造比。用钢锭(包括有色金属铸锭)锻制大型锻件时，就必须考虑锻造比。

3.4 模锻

3.4.1 锤上模锻

锤上模锻是在自由锻、胎模锻基础上发展起来的一种模锻生产方法，适合成批或大批量锻件锻制。它是将上、下模块分别固紧在锤头与砧座上，将加热透的金属坯料放入下模型腔中，借助上模向下的冲击作用迫使金属在锻模型槽中塑性流动和充填，从而获得与型腔形状一致的锻件。

(1) 锤上模锻的特点

利用模锻锤的特点，锤上模锻可以实现锻粗、压扁、拔长、滚挤、弯曲、卡压、成型、预锻和终锻等工步。锤上模锻有多种方式：① 带飞边的开式模锻和无飞边的闭式模锻；② 单型槽模锻和多型槽模锻；③ 单件模锻和多件模锻等。无飞边模锻最大的优点是减少飞边金属损耗，但要求锻件坯料的体积十分精确，工艺适应性一般，锻模寿命也短，所以应用并不广泛。

模锻时所用的锻模由上、下两块组成。模块借助燕尾和楔铁紧固在锤头和下模座的燕尾槽中。燕尾能使模块挂住，撞击楔铁，使模具紧固，如图 3-27 所示。模锻锻模之所以不能像其他锻压设备的模具一样既可用螺钉和压铁来紧固，又能采用燕尾配合楔铁来紧固，是因为锤上锻造冲击力大，螺钉容易松动和折断。使用楔铁时虽然有时也会松动，但撞紧后很快就能正常工作，而且是生产实践中较为方便和安全的紧固方法。此外，安装键块是用来定位模块的。锻锤的打击能量来自运动的落下部分，即锤头、锤杆、活塞及上模块。模锻时，每个工步都需一次或多次撞击，尤其是终锻工步，锤击最猛烈，所以模块尺寸要求较大，使之具有足够的承击面积。

尽管各种模锻新设备、新工艺不断出现，锤上模锻在模锻生产中仍占据重要地位，这是由于锤上模锻具有如下工艺特点：① 工艺灵活，适应性广，可以生产各种形状复杂的锻件，如盘形件、轴类件等。② 可单型槽模锻，也可以多型槽模锻。③ 可单件模锻，也可以多件模锻或一料多件连续模锻。④ 锤头的行程、打击速度或打击能量均可调节，能实施轻重缓急不同的打击，因而可以实现镦粗、拔长、滚挤、弯曲、卡压、成型、预锻和终锻等各种工步。⑤ 锤上模锻靠锤头多次冲击坯料使之变形，因为锤头运动速度快，金属流动有惯性，所以充填型槽能力强。⑥ 模锻件的纤维组织是按锻件轮廓分布的，机械加工后仍基本保持完整，从而提高锻制零件的使用寿命。⑦ 单位时间内的打击次数多，1～10 t 模锻锤为 40～100 次/min，故生产效率高。⑧ 模锻件机械加工余量小，材料利用率高，锻件生产成本较低。

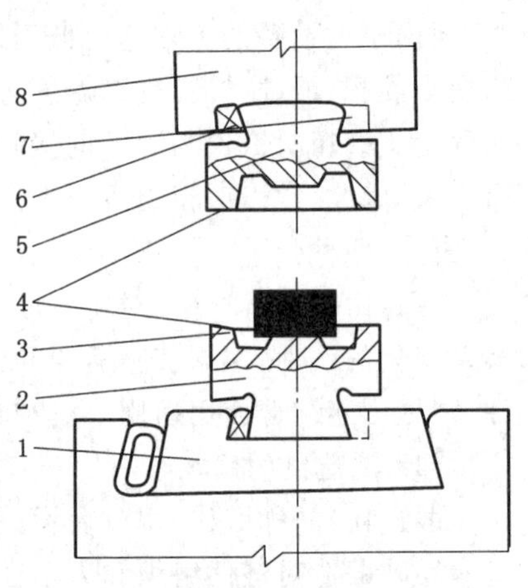

1—下模座；2—下模；3—坯料；4—分模面；5—上模；6—楔铁；7—键块；8—锤头。

图 3-27　锤锻模的安装

(2) 锤上模锻的工艺路线

为了得到合格的锻件所进行的全套工艺一般情况下包括下列工序：① 下料：将原材料切割成所需尺寸的坯料。② 加热：为了提高金属的塑性和降低变形抗力，便于模锻成型。③ 模锻：得到锻件的形状和尺寸。④ 切边或冲孔：切去飞边或冲掉连皮。⑤ 热校正或热精压：使锻件形状和尺寸准确。⑥ 在砂轮上磨毛刺(切边所剩的毛刺)。⑦ 热处理：保证合适的硬度和合格的机械性能，常用的方法是正火和调质。⑧ 清除氧化皮：得到表面光洁的锻件，常用的方法有喷砂、喷丸、滚筒抛光、酸洗。⑨ 冷校正或冷精压：进一步提高锻件的精度，减小表面粗糙度。⑩ 检验锻件质量。

3.4.2　热模锻压力机上模锻

由于采用模锻锤模锻，锻件的结构和工艺存在不少缺点，且满足不了锻件精度、结构和工艺等的发展要求，因此成批、大量生产的中小型模锻件，越来越广泛地采用热模锻压力机(简称锻压机)生产自动线进行模锻，这是模锻生产的发展方向。曲柄压力机的结构和工作原理如图 3-28 所示。电动机通过飞轮释放能量，曲柄连杆机构带动滑块作往复运动，进行锻压工作。

(1) 热模锻压力机上模锻的工艺特点

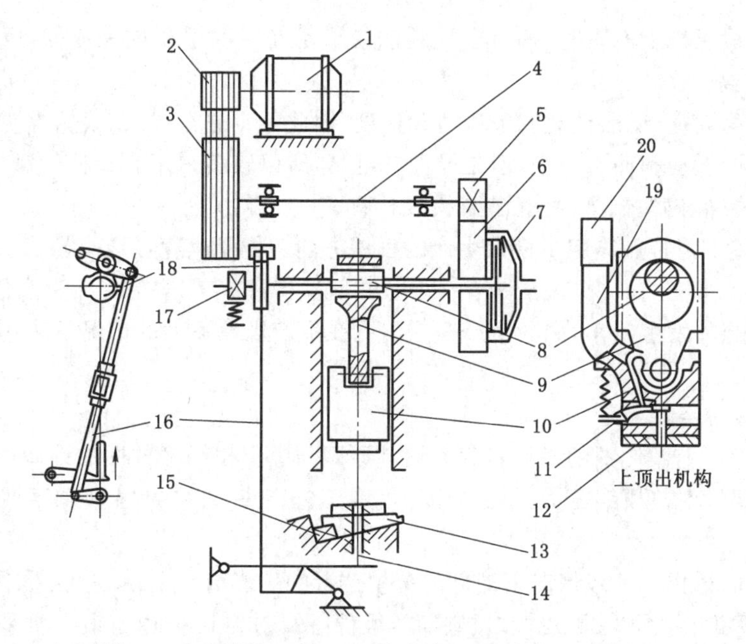

1—电动机;2—小皮带轮;3—大皮带轮(飞轮);4—传动轴;5—小齿轮;6—大齿轮;7—圆盘摩擦离合器;
8—偏心主轴(曲柄);9—连杆;10—象鼻形滑块;11—上顶出机构;12—上顶杆;13—楔形工作台;
14—下顶杆;15—斜模;16—下顶出机构;17—带式制动器;18—凸轮;19—象鼻形滑头;20—附加导向。

图 3-28　曲柄压力机的结构

曲柄锻压机的结构和工作特点使之具有如下模锻工艺特点:

① 锻件精度较锤上模锻精度高,这是由于机架结构封闭、刚性大、变形小,因此,上、下模闭合高度稳定、精确;同时因为滑块导向精度高,锻模又可以采用导柱、导套进一步辅助导向,所以锻件水平方向尺寸精确。另外,可利用上、下顶出机构从上、下模中自动顶出锻件,故模锻件的模锻斜度比锤上模锻件小,个别情况下,甚至可以锻出没有模锻斜度的锻件。曲柄压力机上模锻的锻件尺寸稳定,质量一致性好(即各锻件的性能指标与工艺要求指标吻合度高,锻件产品质量稳定),余量变化范围为 0.4～2 mm,公差为 0.2～0.5 mm,较锤上模锻件小 30％～50％,因此常被用来热精压、精锻。

② 曲柄压力机上模锻的锻件内部变形深透且均匀,流线分布均匀且合理,保证了力学性能均匀一致。图 3-29 为坯料在锤上及曲柄压力机上自变形开始至变形终了时金属充填型槽情况。

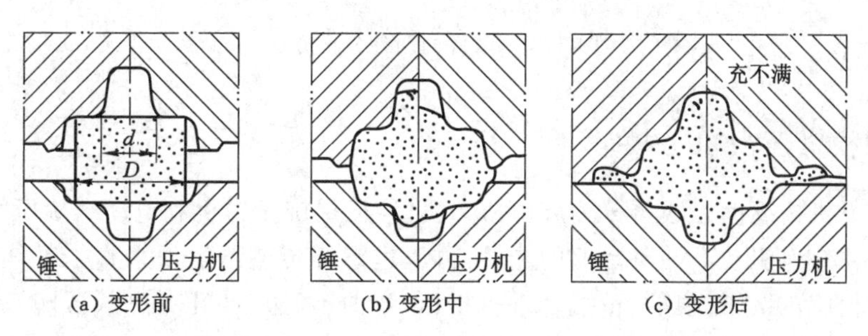

(a) 变形前　(b) 变形中　(c) 变形后

图 3-29　金属在锤上及曲柄压力机上充填型槽的情况

③ 金属在锻压机上模锻时，每一个模膛的变形是在一次锻压内完成的，因而变形比较均匀，锻件质量高。

④ 由于行程固定，无法任意调节压力和速度，因此不宜进行拔长、滚压等制坯操作。

⑤ 锻压机的振动和冲击力小，但是导向精度高，所以较多采用有导柱的镶块式组合模，从而提高模具寿命、缩短制模时间、节省模具材料。

锻压机上述工艺特点决定了模锻生产的发展方向。但是其存在以下缺点：① 设备价格昂贵，而且坯料在模膛中一次锻压成型，氧化皮不易清除；② 进行拔长和滚压比较困难；③ 模具调整不当易发生闷车，中断生产等。因此在生产规模不大的情况下采用锻压机显然是不合适的。

（2）锻件图的绘制

热模锻压力机上锻件图的设计过程和设计原则与锤上模锻锻件图的设计过程和设计原则相同。但需要针对热模锻压力机的结构和模锻工艺特点，在参数选择和某些具体问题上作不同考虑。

① 分模面的选择。一般情况下锻件的分模位置的选择与锤上模锻是相同的，但是对于带粗大头的杆类锻件[图 3-30(a)]和矮圆筒类锻件[图 3-30(b)]，由于锻压机采用了模锻方式和顶料装置，可选择 B-B'为锻件的分模面，而锤上模锻选取 A-A'为分模面。

② 模锻斜度。无顶料装置需手工将模膛中锻件取出时，模锻斜度与锤上的相同；若采用顶杆将锻件顶出，其模锻斜度将大幅度减小。

曲柄压力机模锻件的余量和公差目前尚无统一标准。一般来说，曲柄压力机上模锻件余量比锤上模锻件小 30%～50%，公差相应减小，通常变化范围为 0.2～0.5 mm。当挤压变形时，杆部径向余量可以更小，一般只有 0.2～0.8 mm。当模具上采用精密的导向柱、导板以及吻合板时，可使余量和公差达到 0。

因为压力机上模锻惯性作用小和金属充填型槽能力差，所以圆角半径比锤上模锻件大。圆角半径和冲孔连皮的确定方法以及锻件图绘制规则等均可参照锤上模锻件处理。

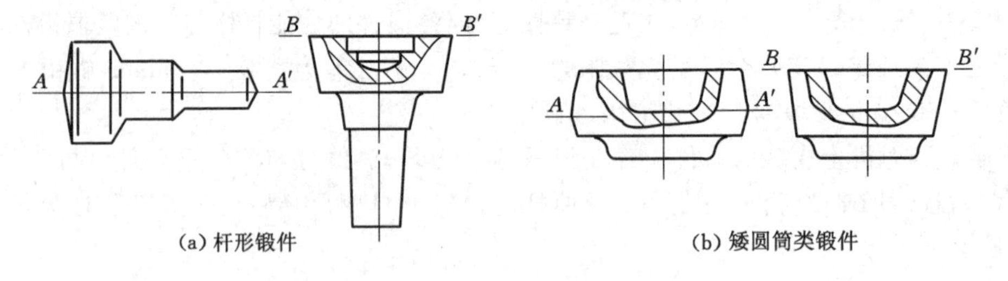

图 3-30　锻件的两种分模方法

3.4.3　热模锻压力机上模锻

螺旋压力机按驱动方式可分为摩擦压力机、液压螺旋压力机和电动螺旋压力机，其共同特点是飞轮在外力驱动下储备足够的能量，再通过螺杆传递给滑块来打击毛坯做功。该模锻工艺用途较广，可进行模锻、精锻、镦锻、挤压、弯曲、切边、冲孔、精压、压印、冷矫正、热矫正等，特别是在中、小批量生产条件下，其优越性更突出。

3.4.3.1　螺旋压力机上模锻特点

螺旋压力机具有锻锤和曲柄压力机的双重工作特性。螺旋压力机在工作过程中具有一定的冲击作用，滑块行程不固定，这是锤类设备的工作特点。但它是通过螺旋副传递能量的，当坯料发生塑性变形时，滑块和工作台之间的作用力由压力机封闭框架承受，并形成封闭式力系，这是螺旋压力机的工作特点。

其工艺用途广，能在螺旋压力机上实现的锻压工序有：普通模锻、精密模锻、镦粗、挤压、精整、压印、弯曲、切边、冲孔和校正等。锻件精度高，因为螺旋压力机的行程不固定，锻件精度不受自身弹性变形的影响。同时螺旋压力机上一般装有下顶出器，可采用特殊结构组合模，可减小或消除锻件上的模、斜度和余块，尤其配上无氧化加热设备，可得到精化毛坯甚至成品零件。可以采用整体模具和组合模具，特别是组合模具，可根据设备吨位和锻件种类设计和制造系列通用模架和不同尺寸的锻件，只需更换凸、凹模镶块，可简化设计和制造过程，缩短周期，降低成本。设备结构比较简单，使用和维修比较方便。

其缺点：① 螺旋压力机的螺杆和滑块间非刚性连接，滑块承受偏心荷载的能力差，不适用于多模膛模锻。但是近年来所研制的新型液压螺旋压力机，采用加长滑块或附带导轨的象鼻滑块，提高了导向精度，也提高了承受偏载的能力。② 螺旋压力机每分钟行程次数少、打击速度低，所以生产效率不高，且不宜用于拔长类制坯工序。但是近年来新研制的螺旋压力机，在该方面也有较大的改进。

3.4.3.2　锻件图设计

螺旋压力机滑块速度比锤头小，比曲柄压力机滑块大，因此金属坯料在加压条件下与模具的接触时间长，比锤上长 10～20 倍，一般一次加热只能打 2～3 次。对于形状复杂的锻件，需要自由锻制坯或者在专用设备(辊轧机、电镦机)上制坯。因此，螺旋压力机上模锻锻件图设计具有如下特点：

① 分模面的选择。顶镦类锻件和长轴类锻件多采用小飞边锻造或无飞边锻造。分模面的位置一般设在金属最后充满处。顶镦类锻件可采用组合凹模，并有两个分模面。长轴类锻件分模面的选择原则与锤模锻相同，但是在压力机上采用的开式模锻大多数为钳口模具，当不采用顶杆装置时，应特别注意减小下模膛的深度，以便锻件出模。

② 确定机械加工余量和公差。在一些参考资料中，将摩擦压力机上模锻件的余量和公差定得比吨位相当的模锻锤上锻件的大一些，其原因有二：一是摩擦压力机上模锻多数为无钳口单模膛模锻，坯料放入模膛前其表面氧化皮未除净，模锻过程中也不易从模膛中吹去氧化皮，所以锻件表面粗糙度比锤上模锻高。二是复杂锻件要加热两次以上才能锻成，所以氧化皮厚，脱碳层深。其实现在一般工厂都可以通过改变加热方法来减少坯料的氧化，将摩擦压力机和其他模锻设备组成模锻生产线，以减少复杂锻件的加热火次，保证锻件达到标准要求。

3.4.3.3　锻模结构设计

常用锻模包括开式锻模与闭式锻模。模具大多数设有导向装置，同时根据锻造的需要，模内可设置顶出装置。

(1) 开式锻模

① 整体式：该锻模与锤锻模相似，将燕尾固定在模座上，如图 3-31 所示。

② 镶块式：按镶块紧固形式可分为楔铁紧固式、压圈紧固式和螺钉紧固式三种。

a. 楔铁紧固式：镶块分为矩形和圆形两种，前者主要用于长杆类锻件，后者主要用于圆形或不太长的小型锻件。模块尺寸应根据锻件尺寸确定，按企业具体条件，应尽可能使其标准化、系列化。模架根据镶块不同分为矩形模架和圆形模架。因压力机冲击力较小，所以安装镶块的模架孔腔的深度一般为 50 mm 左右。锻模模架是主要零件，设计时力求制造简单、装卸方便、经久耐用。图 3-32 为通用模架，既可安装圆形镶块模，又可安装矩形镶块模，减少了模架种类，便于生产管理。

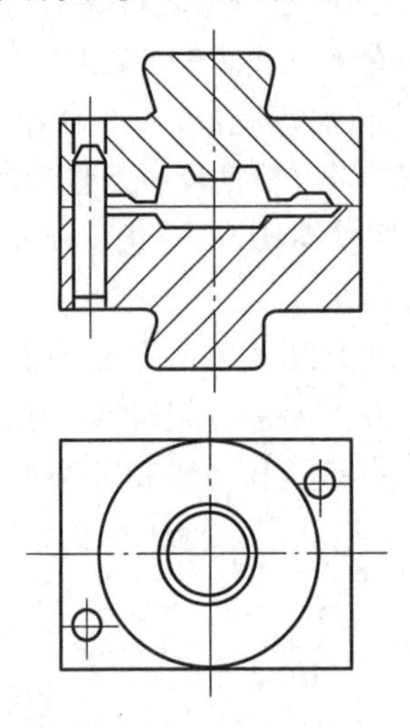

图 3-31　整体式锻模

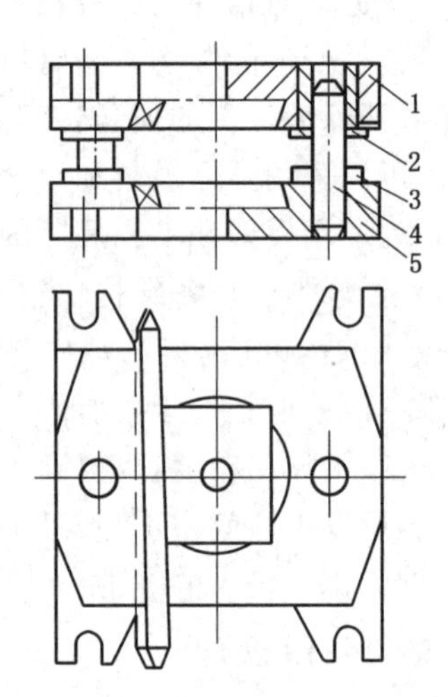

1—上模座；2—导套；3—限位环；4—导柱；5—下模座。

图 3-32　通用镶块式模架

b. 压圈紧固式：该紧固形式只适用于圆形镶块模，紧固牢靠。模具中有顶杆装置时多采用这种方法紧固，如图 3-33 所示。

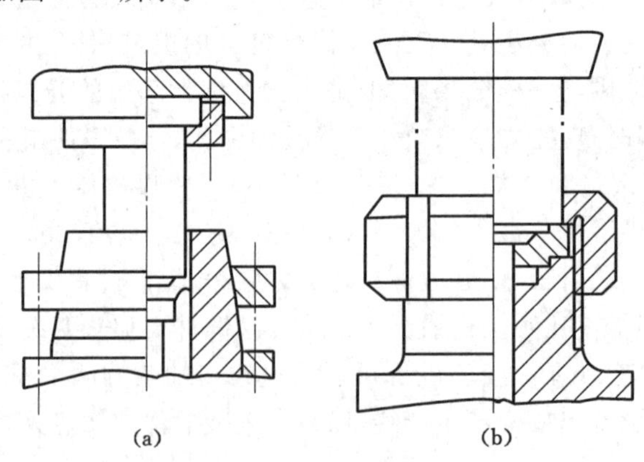

图 3-33　压圈紧固式锻模

c. 螺钉紧固式：该紧固方式较为简单，由于工作中螺栓易松动和螺纹易变形，装卸模具困难，一般仅用于小型的镶块模具结构，如图 3-34 所示。

(2) 闭式锻模

闭式锻模大多数是由镶块组成的结构，用于回转体和局部镦粗的锻件无飞边模锻。按其凹模的数量可分为整体式和拼分式。

① 整体式：如图 3-35 所示，整体闭式锻模的主要工作零件为凹、凸模。设计压力机整体闭式锻模时应特别注意设备的多余能量问题。当金属充满模膛时，如果滑块还有多余的能量，必然还要继续向下移动，其多余的能量主要被锻模和设备的弹性变形所吸收。根据能量转换原理，可以算出此时滑块的打击力是很大的，远远超过锻件变形所需的力。所以，在冲击荷载作用下采用闭式锻模时，锻模尺寸不取决于模锻零件的尺寸，而取决于压力机的吨位。

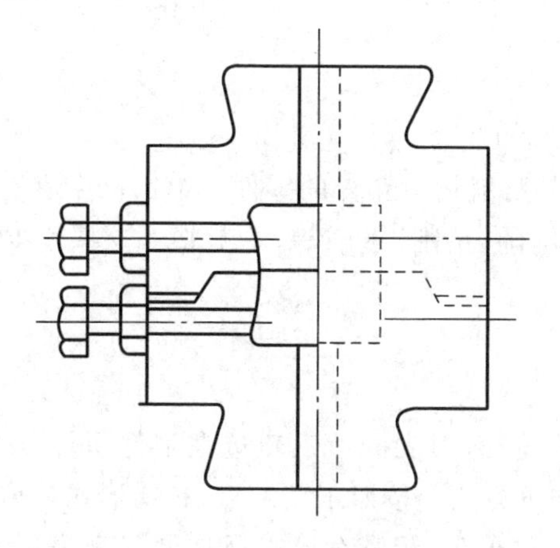

图 3-34　螺钉紧固式锻模

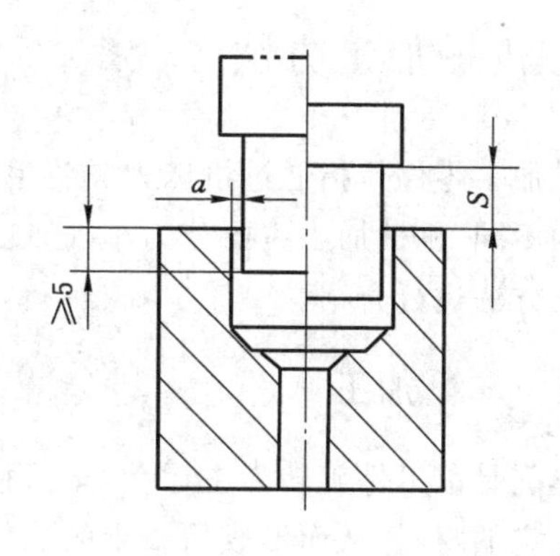

图 3-35　整体闭式锻模(单位：mm)

② 拼分式：如图 3-36 所示，拼分模是由两个半凹模和凸模组成的结构。设计时应考虑：两个半凹模的接合面应接触紧密，其表面粗糙度应达到相应的等级，凹模与模套的配合面要有一定锥度；凹模底面与模套底面之间应有 1～2 mm 的间隙。这样的设计在模锻时凹模底面与模套底面接触(由于凹模受力后下沉)时得到支承，又可使左、右凹模相互贴紧，使间隙减至最小。

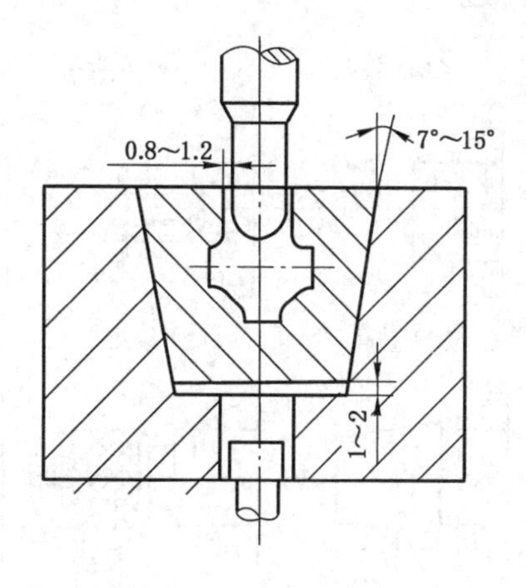

图 3-36　拼分模(单位：mm)

第 4 章　机加工零件设计

4.1　机械加工方法

机加工零件是指通过机床刀具将毛坯上多余的材料切除获得的零件。根据机床运动和刀具的不同，机械加工主要分为车削、铣削、磨削、刨削、钻削、镗削等，本节将对这些主要的机加工方法进行介绍。

4.1.1　车削加工

车削是以工件旋转为主运动，车刀移动作进给运动，刀尖的运动轨迹在工件回转面上，切除一定的材料，从而形成所要求的工件形状的加工方法。按照工艺特点、布局形式和结构特性等，车削机床可以分为卧式车床、落地车床、立式车床、转塔车床以及仿形车床等，其中大部分为卧式车床。

如图 4-1 所示，车削过程中工件旋转，进行主切削运动。刀具沿平行于旋转轴线方向运

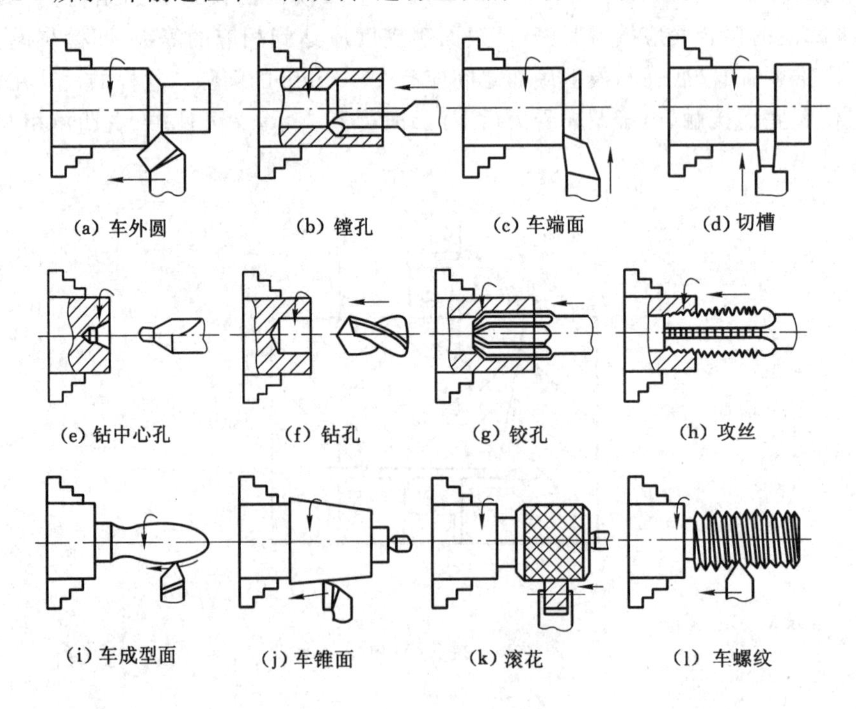

图 4-1　车床加工基本类型

动时在工件上形成内、外圆柱面。刀具沿与轴线相交的斜线运动，形成锥面。仿形车床或数控车床可以控制刀具沿着一条曲线进给，形成特定的旋转曲面。采用成型车刀横向进给，也可以加工出旋转曲面。车削还可以加工螺纹面、端平面及偏心轴等。普通车削加工精度一般为 IT8、IT7，表面粗糙度 *Ra* 为 1.6～6.3 μm。精车时，精度可达 IT6、IT5，粗糙度 *Ra* 为 0.1～0.4 μm。

车外圆是车削工作中最常见、最基本、最具代表性的加工，如图 4-2 所示。根据车刀的几何角度、切削量及车削达到的精度，车外圆分为粗车、半精车和精车。粗车时主要考虑提高生产效率，对尺寸精度、形位精度和表面粗糙度无太高要求。粗车直径相差较大的台阶轴时，一般从直径最大的部位开始加工，直径最小的部位最后加工，以使整个车削过程中台阶轴具有较好的刚性。

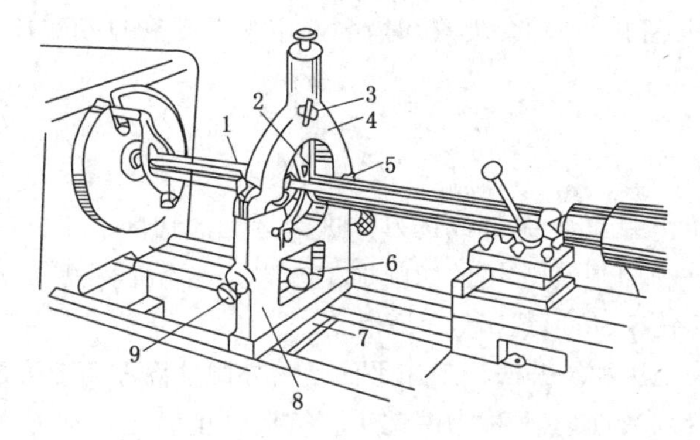

1，2—螺栓支爪；3—固定支爪的螺钉；4—中心架上部；5—铰链；6—螺栓；
7—压板；8—中心架下部；9—调整螺钉。

图 4-2　车外圆示意图

粗车时加工余量不均匀，切削力大，若粗、精车在不同的车床上加工，则粗车应选用精度低、功率大的车床。粗车刀一般采用负刃倾角、小前角加负倒棱，过渡刃及小后角，生产中常选用主偏角为 75°（刀头强度最高）的外圆粗车刀，主偏角为 90°的偏刀可用于粗车或精车，最适合车削台阶轴。

粗车的公差等级为 IT13、IT12，表面粗糙度 *Ra* 为 12.5～50 μm。对精度要求不高的表面，粗车时可最后加工。一般粗车常作为精加工的准备工序。半精车是在粗车基础上进一步提高精度和减小表面粗糙度值，可作为中等精度表面的终加工，也可作为精车或磨削前的预加工。其公差等级为 IT10、IT9，表面粗糙度 *Ra* 为 3.2～6.3 μm。精车时要保证质量，为此应选用较大的前角、后角和正刃倾角的精车刀，切削刃要光洁、锋利。

精车一般有高速精车和低速精车两种。高速精车是指采用硬质合金车刀（45°弯头车刀或 90°偏刀），在较高切削速度（$v \geqslant 100$ m/min）下进行的精车；低速精车是指采用高速钢宽刃精车刀，在低速（$v=2 \sim 12$ m/min）下进行的精车。车刀角大于 20°，以保证切削刃锋利，前、后面的 *Ra* 值要小于 0.4 μm。精车要合理使用切削液。精车的公差等级为 IT8、IT7、IT6，表面粗糙度 *Ra* 为 0.8～1.6 μm。

车削工艺有以下几个特点：首先，加工精度高且易保证各加工面之间的位置精度。这是因为车削加工连续进行，切削层公称横截面面积不变，切削力变化小，切削过程平稳，所以加工精度高。此外，在车床上经一次装夹能加工出外圆面、内圆面、台阶面和端面，依靠机床的精度能够保证这些表面之间的位置精度。其次，生产效率高，应用范围广。除了车削断续表面之外，一般情况下在加工过程中车刀与工件始终接触，基本无冲击现象，可采用很高的切削速度和很大的背吃刀量、进给量，所以生产效率高，而且车削加工能适应多种材料、表面、尺寸和精度，因此其应用范围广。最后，车削加工所用的刀具结构简单，制造、刃磨和安装较方便。

车削常用来加工单一轴线的零件，如直轴和一般盘、套类零件等。若改变工件的安装位置或将车床适当改装，还可以加工多轴线的零件(如曲轴、偏心轮等)或盘形凸轮。单件小批量生产中，各种轴、盘、套等类零件多选用适用性广的卧式车床或数控车床加工；直径大而长度短(长径比为 0.3～0.8)的大型零件，多采用立式车床加工。成批生产外形较复杂的具有内孔和螺纹的中小型轴、套类零件时，应选用转塔车床加工。大批量生产形状不太复杂的小型零件(如螺钉、螺母、管接头、轴套类等)时，多选用半自动和自动车床加工，其生产效率很高但精度较低。

4.1.2 铣削加工

铣削是铣刀旋转作主运动，工件或铣刀作进给运动的切削加工方法。铣削是加工平面的主要方法，也是机械加工中最常用的切削加工方法。铣床种类很多，常用铣床有升降台式铣床、工具铣床、龙门铣床、仿形铣床等。

铣削可以分为周铣法和端铣法。工作平面是由外圆柱面上的刀刃形成的平面称为周铣法；由铣刀的端面刃形成的加工面称为端铣法。按照铣削时主运动方向与工件的进给方向相同或相反，可将周铣法分为顺铣和逆铣，如图 4-3 所示。顺铣时，铣削力的水平分力与工件的进给方向相同，而工作台进给丝杠与固定螺母之间一般有间隙存在，因此切削力容易引起工件和工作台一起向前窜动，使进给量突然增大，容易引起打刀。逆铣可以避免这一现象，故生产中多采用逆铣。当铣削铸件或锻件等表面有硬皮的工件时，顺铣刀齿首先接触工件的硬皮，加剧了铣刀的磨损。逆铣则无该缺点，但逆铣时切削厚度从 0 开始逐渐增大，因此刀刃开始切削时将经历一段在切削硬化的已加工表面上挤压滑行过程，加速了刀具的磨损。同时，逆铣时铣削力将工件上抬，易引起振动，这是逆铣的缺点。

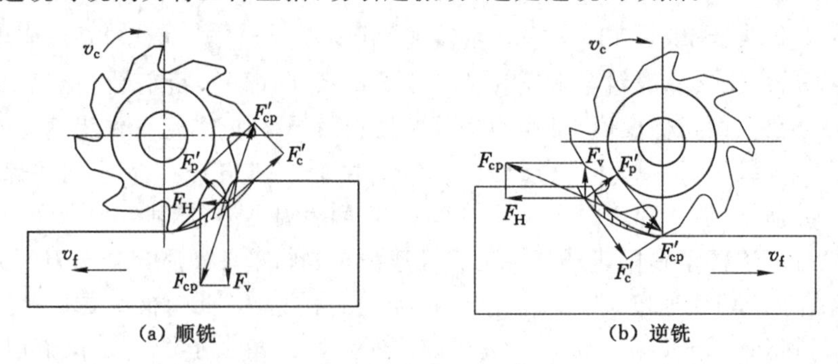

图 4-3　顺铣和逆铣

铣削加工广泛应用于机械制造和修理，可以加工平面(水平面、垂直面、斜面等)、圆弧面、台阶、沟槽(键槽、T 形槽、V 形槽、燕尾槽、螺旋槽等)、成型面、齿轮等。铣削基本加工类型如图 4-4 所示。

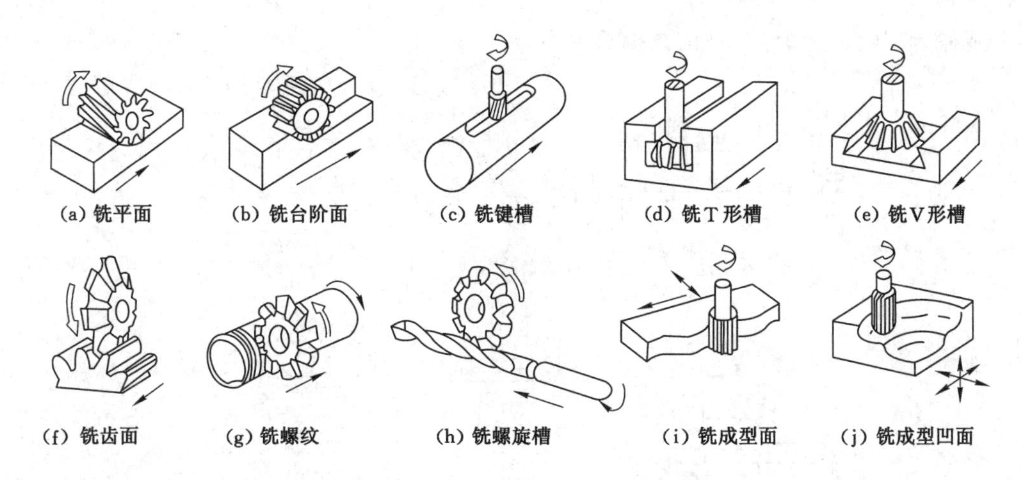

图 4-4　铣削基本加工类型

铣削加工具有以下特点：铣床功能强，铣刀种类多，因此铣削适应性好，能够对多种表面进行加工。例如可铣削周围封闭的内凹平面、圆弧形沟槽、具有分度要求的小平面或沟槽等。铣削加工无空行程，所以铣削加工的生产效率较高。铣削在金属切削加工中的应用仅次于车削，除加工狭长平面外，其生产效率均高于刨削。刀具寿命长，铣刀为多刃刀具，铣削时各刀齿轮流承担切削，故铣刀的散热性较好，冷却条件好，可进行较高速度的切削加工。铣削力变化较大，易产生振动，切削不平稳。铣床的铣刀比刨床的刨刀结构复杂，铣刀制造与刃磨比刨刀困难，故铣削成本比刨削高。铣削与刨削的加工质量大致相当，经粗、精加工后都可以达到中等精度。但是在加工大平面时，刨削后无明显的接刀痕，而用直径小于工件宽度的端铣刀铣削时，各次走刀间有明显的接刀痕，影响表面质量。粗铣后两平面之间的尺寸公差等级可达 IT13、IT12、IT11，表面粗糙度 Ra 为 12.5 μm；精铣后尺寸公差等级可达 IT9、IT8、IT7，Ra 为 3.2～1.6 μm。用硬质合金铣刀铣削大平面时，直线度可达 0.08～0.04 mm/m。铣削既适用于单件小批量生产，也适用于大批量生产。

4.1.3　磨削加工

用磨具以较高的线速度对工件表面进行加工的方法称为磨削。为适应不同形状的工件表面和生产批量的要求，磨削机床种类很多，根据用途和工艺不同可分为内圆磨床、外圆磨床、平面磨床、工具磨床、刀具磨床及其他各种专用磨床。

常用的磨削加工方法一般有以下几种。

(1) 外圆磨削

外圆磨削是对工件外圆柱、圆锥、台阶轴外表面和旋转体外曲面进行的磨削。磨削一般作为外圆车削后的精加工工序，能消除淬火等热处理后的氧化层和微小变形。外圆磨削常在切入式外圆磨床和万能外圆磨床上进行，也可以在无心外圆磨床上进行。外圆磨削一般有 5 种方法，如图 4-5 所示，分别为纵磨法、横磨法、深磨法、综合磨法和无心外圆磨削。在单件、小批量生产以及精磨时，一般都采用纵磨法；深磨法只适用于大批量生产，加工刚度较大的工件，且被加工表面两端要有较大的距离，允许砂轮切入、切出；综合磨法综合了横磨法和纵磨法的优点，生产效率比纵磨法高，精度和表面质量比横磨法高；无心外圆磨削多用于细长光轴、轴销和小套等零件的大批量生产。

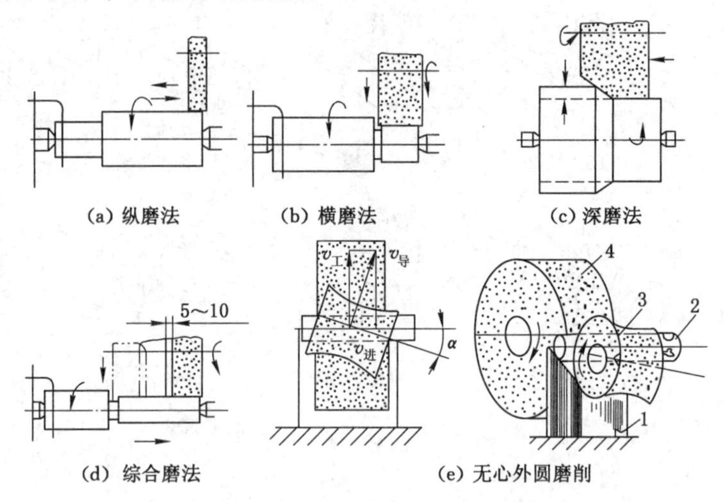

1—托板；2—工件；3—导轮；4—砂轮。

图 4-5　外圆磨削加工(单位：mm)

(2) 内圆磨削

内圆磨削除了在普通内圆磨床或万能外圆磨床上进行以外，对于大型薄壁零件，还可以采用无心内圆磨削。对于质量大、形状不对称的零件，可采用行星式内圆磨削，此时工件外圆应先经过精加工。内圆磨削时由于砂轮轴刚性差，一般采用纵磨法。只有在孔径较大、磨削长度较短的特殊情况下，内圆磨削才采用横磨法。

与外圆磨削相比，内圆磨削具有以下特点：① 磨内圆时受工件孔径的限制，只能采用较小直径的砂轮，内圆磨削砂轮需要经常修整和更换，同时降低了生产效率；② 砂轮线速度低，工件表面不能磨光，而且限制了进给量，使磨削生产效率降低；③ 内圆磨削时砂轮轴细长，刚性很差，容易振动，因此只能采用很小的切入量，既降低了生产效率，又使磨削所得孔的质量不高；④ 内圆磨削砂轮与工件接触面面积大，发热多，而切削液又很难直接浇注到磨削区域，故磨削温度高；⑤ 内圆磨削的条件比外圆磨削差，所以磨削用量要选得小些，另外应该选用较软的、粒度号小的、组织较疏松的砂轮，并注意改进操作方法。

(3) 平面磨削

平面磨削主要有两种：周磨(用回转砂轮周边磨削)和端磨(回转砂轮端面磨削)。工件随工作台做直线往复运动，或随圆工作台做圆周运动，磨头做间歇进给运动。平面磨削可以切槽，同时磨削双端面，或者用成型砂轮磨削成型面、齿条，还可以磨削导轨面等。工件多用电磁吸盘装夹在工作台上或用专门夹具夹持。

磨削加工应用很广，主要用于加工内、外回转表面，平面，成型面及刃磨刀具等，如图 4-6 所示。

磨削加工具有以下几个特点：

① 加工精度高。砂轮表面磨粒相当于具有负前角的微小刀刃，随着砂轮高速旋转，以极高的速度从工件表面切下无数条极细微的切屑。磨削加工能获得高加工精度和低表面粗糙度值。加工精度通常可达 IT8、IT7、IT6、IT5，表面粗糙度 Ra 一般为 0.32～1.25 μm，若

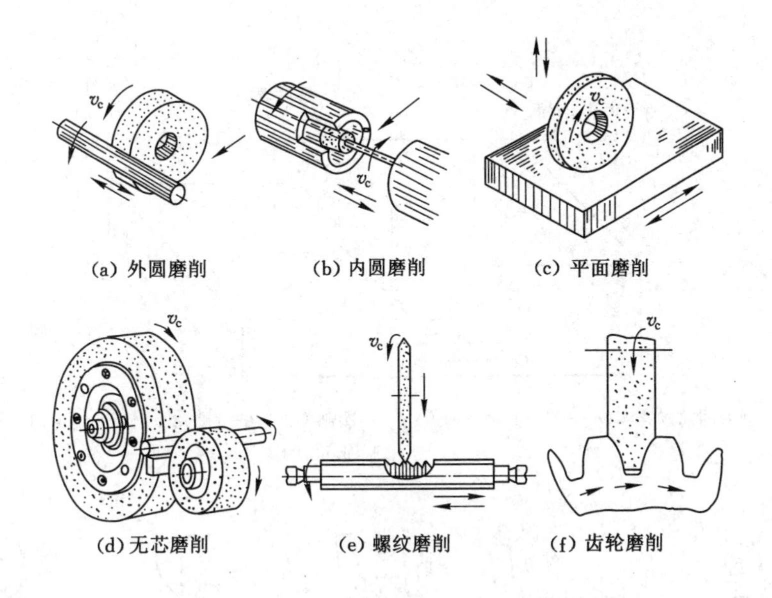

图 4-6　磨削加工类型

采用精磨、超精磨，可获得更低的表面粗糙度。

② 砂轮磨料具有很高的硬度和耐热性，因此能够磨削一些硬度很高的金属和非金属材料，如淬火钢、硬质合金、陶瓷材料等。这些材料用一般的车、铣等很难加工，但是由于磨屑易堵塞砂轮表面的孔隙，所以不宜磨削软质材料，如纯铜、纯铝等。

③ 磨削温度高。因为磨削速度大，磨削时磨削区温度可高达 800～1 000 ℃，容易引起零件热变形，表面产生烧伤、内应力等缺陷，所以在磨削过程中需要进行充分冷却，以降低磨削温度。

④ 砂轮在磨削时具有“自锐性”。在磨削力作用下部分磨钝的磨粒能自动崩碎脱落，从而形成新的切削刃口，使砂轮保持良好的磨削性能。

4.1.4　刨削加工

刨削是指用装夹在作水平直线往复运动的滑枕上的刨刀对工件切削加工。刨削可以加工出由直线组成的表面。刨削加工常用的机床有牛头刨床、龙门刨床、插床、拉床和刨齿机。牛头刨床在金属切削加工中应用较广，适合刨削长度不超过 1 000 mm 的中小型工件。在大批量生产中，刨削逐渐被铣削和拉削代替，但是因其操作简单、调整方便、价格较低，在单件生产和维修中仍然采用。

刨削时刀具的往复直线运动为切削主运动，如图 4-7 所示。由于刨削速度不可能太高，所以刨削生产效率较低。但是刨削比铣削平稳，其加工精度一般可达 IT8、IT7，表面粗糙度 Ra 为 1.6～6.3 μm，精刨平面度可达 0.02/1 000，表面粗糙度 Ra 为 0.4～0.8 μm。

刨削是加工平面的主要方法之一。刨削主要用于单件、小批量生产，在维修车间和模具车间应用较多。刨削主要用来加工平面(包括水平面、垂直面和斜面)，也广泛用于加工直槽，如直角槽、燕尾槽和 T 形槽等。如果进行适当调整和增加某些附件，刨削还可以用来加工齿条、齿轮、花键和母线为直线的成型面等，如图 4-8 所示。

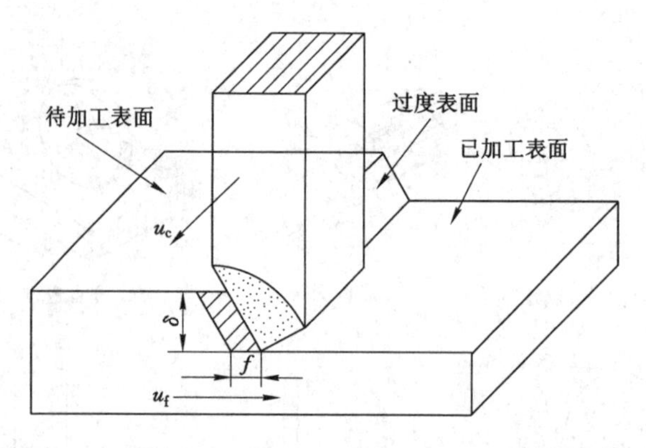

u_c—刨刀的前进速度；u_f—工件的进给速度；f—一次刨削进给的宽度；δ—刨削的设定切削厚度。

图 4-7　刨削加工范围

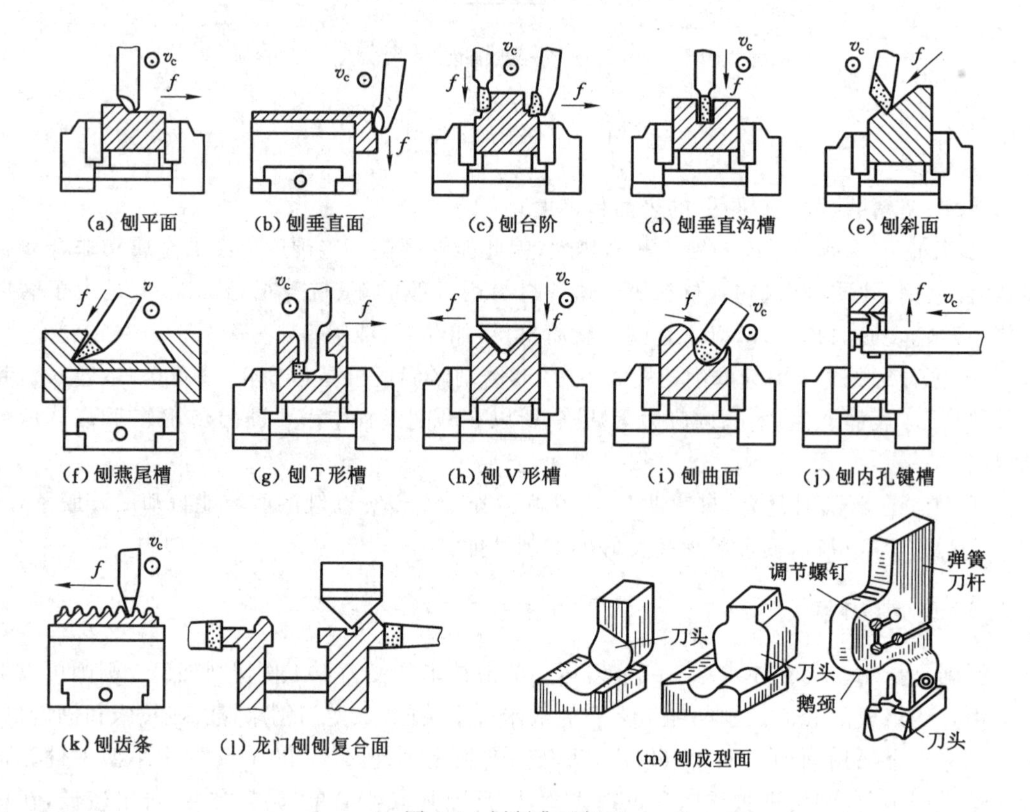

图 4-8　刨削典型加工

刨削的工艺特点：① 加工成本低。刨床结构简单，调整和操作方便，刨刀和车刀基本相同，制造、刃磨和安装也很方便，因此加工成本低。② 通用性好，更换各种刨刀可加工各种表面，在龙门刨床上用多把刨刀同时加工几个不同的表面。③ 生产效率低。刨削时，主运动在工作行程时切削，回程时不切削，增加了辅助时间。刨刀切入和切出时有冲击和振动，限制了切向用量的提高。为了提高刨削加工生产效率，有时采用多件或多刀加工。一般情况下，刨削的生产效率低于铣削，但是在加工窄长平面时其生产效率高于铣削，因此，在加工窄长平面（如机床导轨）等时常选用刨削。

4.1.5　钻削加工和镗削加工

（1）钻削加工

钻削加工是指用钻头或扩孔钻等刀具在工件上加工孔。用钻头在实体材料上加工孔的方法称为钻孔。用扩孔钻扩大已有孔的方法称为扩孔。此外，还可以进行锪孔、锪埋头孔和攻螺纹等工作，如图 4-9 所示。

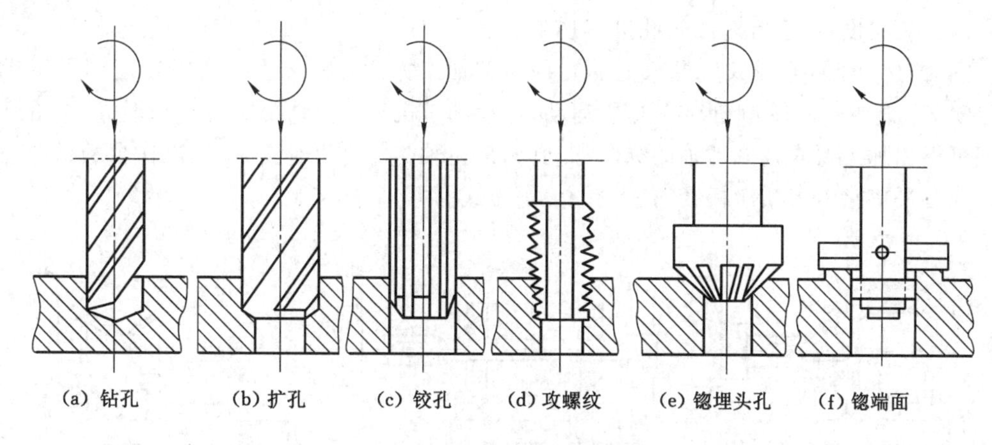

图 4-9　钻削加工范围

钻削加工常用的机床按照结构形式可以分为立式钻床、台式钻床、摇臂钻床等。

在立式钻床上加工完成一个孔后再钻另一个孔时需要移动工件，使刀具与另一个孔对准，这对于大而重的工件，操作很不方便。因此，立式钻床仅适用于加工中、小型工件。此外，立式钻床的自动化程度往往不高，所以在大批量生产中通常被组合钻床代替。加工时需经常改变切削用量，因此摇臂钻床通常具有操作方便、节省时间的操纵机构，可快速改变主轴转速和进给量。摇臂钻床广泛应用于单件和中、小批量生产中，加工大、中型零件。

钻削加工具有以下特点：① 钻头的刚性差，定心作用也很差，因而易导致钻孔时孔轴线歪斜，钻头易扭断。② 易出现孔径扩大现象。这不仅与钻头引偏有关，还与钻头的刃磨质量有关。钻头的两个主切削刃应磨得对称一致，否则钻出的孔径大于钻头直径，产生扩张量。③ 钻孔加工是一种半封闭式切削，由于切屑较宽且变形大，容屑槽尺寸又受到限制，所以排屑困难，表面加工质量不高。④ 切削热不易扩散。钻削时，高温切屑不能及时排出，切削液难以注入切削区，因此切削温度较高，刀具磨损加快，这就限制了切削用量和生产效率的提高。

由上述特点可知：钻孔的加工质量较差，尺寸精度一般为 IT13、IT12、IT11，表面粗糙度 Ra 为 12.5～50 μm。钻孔直径一般小于 80 mm。钻孔是一种粗加工。对精度要求不高的孔，可采用终加工方法，如螺栓孔、润滑油通道孔等。对于精度要求较高的孔，由钻孔预加工后再扩孔、绞孔或镗孔。

（2）镗削加工

镗削加工刀具结构简单且径向尺寸可以调节，用一把刀具就可以加工直径不同的孔；在一次安装中，既可以粗加工，又可以半精加工和精加工；可加工各种结构类型的孔，如盲孔、阶梯孔等，因而适用范围广，灵活性高，能校正原有孔的轴线歪斜与位置误差；由于镗床的运动形式较多，工件放在工作台上可方便、准确地调整被加工孔与刀具的相对位置，因而能保证被加工孔与其他表面间的相对位置精度；镗孔质量主要取决于机床精度和工人的技术水平，因而对操作者技术水平要求较高；与绞孔相比较，由于单刃镗刀刚性较差，且镗刀杆为悬臂布置或支撑跨距较大，使切削稳定性降低，因此只能采用较小的切削用量，以减少镗孔时镗刀杆的变形和振动，同时参与切削的主切削刃只有一个，因而生产效率较低，且不易保证稳定的加工精度，不适宜对细长孔进行加工。

图 4-10 为工件在卧式铣镗床上的几种典型加工方法。机床主轴的旋转运动是主运动（n 轴）或平旋盘的旋转运动（$n_{盘}$）是主运动，主运动是机床产生切削力的运动形式；进给运动方式可根据加工要求选取镗轴的纵向移动（f_1）、主轴箱的垂直进给（f_2）、工作台的纵向进给（f_3）或者平旋盘上刀架滑板径向进给（f_4）等方式。

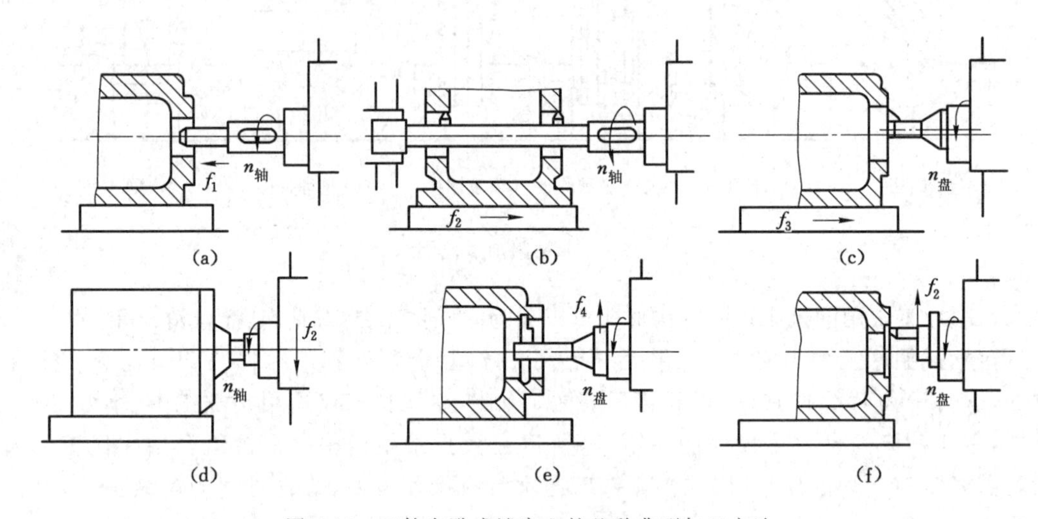

图 4-10 工件在卧式镗床上的几种典型加工方法

综上所述，镗孔特别适用于单件小批量生产中对复杂的大型工件上的孔系进行加工。这些孔除了有较高的尺寸精度要求以外，还有较高的相对位置精度要求。镗孔精度一般可达 IT9、IT8、IT7，表面粗糙度 Ra 可达 0.8～1.6 μm。此外，对于直径较大的孔（直径大于 80 mm）、内成型表面、孔内环槽等，镗孔是唯一合适的加工方法。

4.2 零件结构工艺性设计

零件结构工艺性是指所设计的零件结构在满足使用要求的前提下制造的可行性和经济性，是用以评价零件结构设计质量的主要技术经济指标之一。零件结构工艺性好，就是指零件结构便于加工、装配和维修，能以较快的速度、较少的劳动量和材料消耗、较低的成本加工完成。

4.2.1 零件加工工艺性

产品及零件的制造一般要经过毛坯生产、切削加工、热处理和装配等环节。零件结构设计应尽量使零件在各个生产环节中都具有良好的工艺性。在机械制造过程中，切削加工时间最长和成本最高，因此，改善零件结构的切削加工工艺性极其重要。一般情况下，零件结构设计应遵循下述原则。

(1) 便于装夹

零件结构应便于准确定位和可靠夹紧，同时尽量减少装夹次数。

① 保证装夹方便且稳定可靠。

在刨削或铣削大型工件时，往往将工件直接装夹在工作台上。为了切削上表面，工件装夹时必须使加工面水平。图 4-11(a)所示零件则较难装夹。如果在零件上设计一个辅助装夹结构，其平面 C 与平面 B 在同一水平面上，如图 4-11(b)所示，便容易装夹找正，精加工后再将凸台去除。

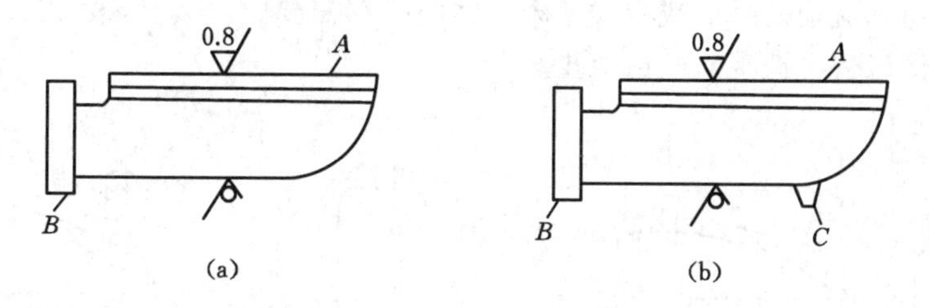

图 4-11　铣床床身结构

图 4-12(a)所示曲柄零件，平面 D 面积较小，以此面定位装夹不稳定。图 4-12(b)所示结构由于多设计了 2 个工艺凸台 G、H，增大了定位面积，保证夹紧稳定性。此外，将 3 个平面 A、B、C 设计在同一个平面位置，可一次加工完成，减少调整刀具的次数，有利于提高生产效率。

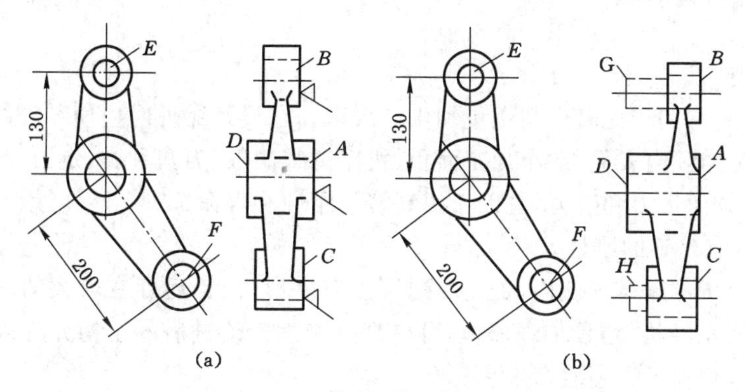

图 4-12　曲柄零件结构(单位:mm)

车床通常用三爪卡盘和四爪卡盘装夹工件。图 4-13(a)所示轴承盖，要加工 ϕ120 mm 的外圆及端面，如果夹在 A 处，则一般卡爪伸出的长度不够，夹不到；如果夹在 B 处，因为是圆弧面，与卡爪点接触，不能将工件夹牢。因此，将工件改为图 4-13(b)所示结构，使 C 处为一圆柱面，便容易夹紧；或者在毛坯上设计一个辅助装夹面，如图 4-13(c)中 D 处，用它进行装夹，比较方便。零件加工完成后再将辅助装夹面切除。

② 减少工件装夹次数。

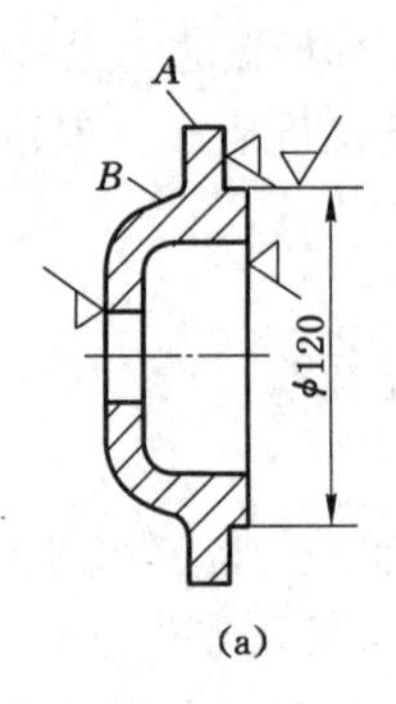

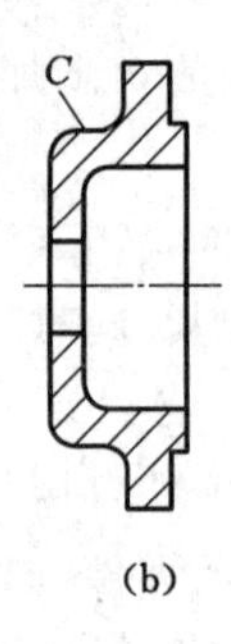

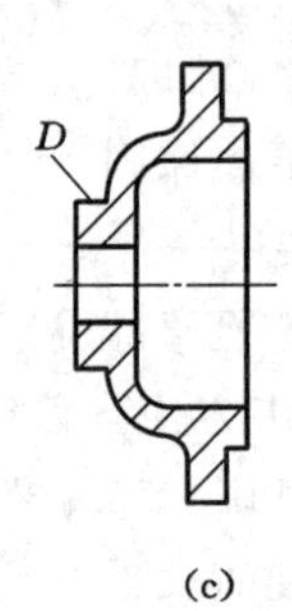

(a) (b) (c)

图 4-13 轴承盖的结构

图 4-14(a)所示铣削两平面或立式钻床上钻两孔都需要两次装夹，改成图 4-14(b)所示结构，一次装夹便可依次铣平面或钻两孔。

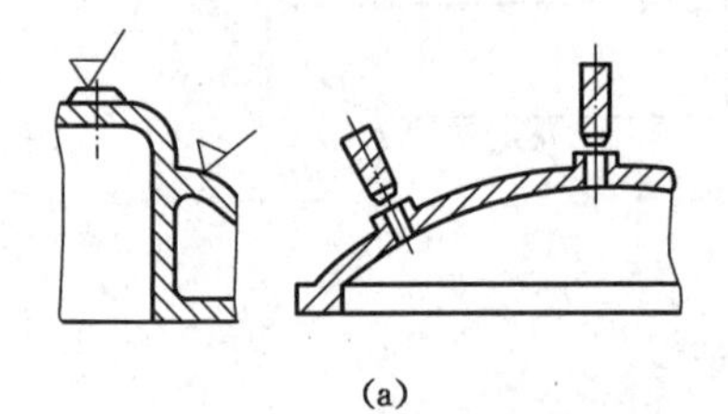
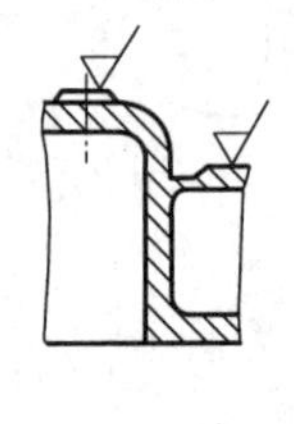
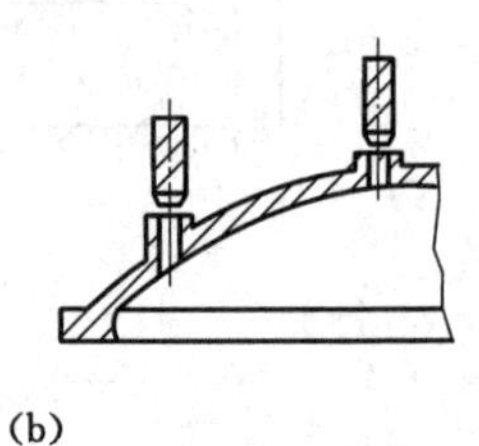

(a) (b)

图 4-14 铣平面和钻孔工艺中减少工件夹装次数的设计

图 4-15 所示轴套零件，两端的内孔同轴度精度要求高，按图 4-15(a)所示结构需分别从两端进行加工，改进后如图 4-15(b)所示，一次装夹就可以加工两孔，而且容易保证两孔之间位置的精度。

(2) 便于加工

零件结构应有利于提高切削用量和生产效率。在设计零件时应使零件结构具有足够的刚度，尽量避免加工内表面，减小加工面积、机床调整次数、刀具种类、走刀次数、刀具切削时的空行程以及方便进刀和退刀，有助于提高刀具刚性和寿命等。

① 零件应有足够的刚性。

图 4-16(a)所示床身导轨面，加工时边缘让刀变形，加工后存在较大的平面误差。若改成图 4-16(b)所示结构，增设加强筋板，可提高其刚性。改进后的结构允许采用较大的切削用量进行加工，有利于提高生产效率。

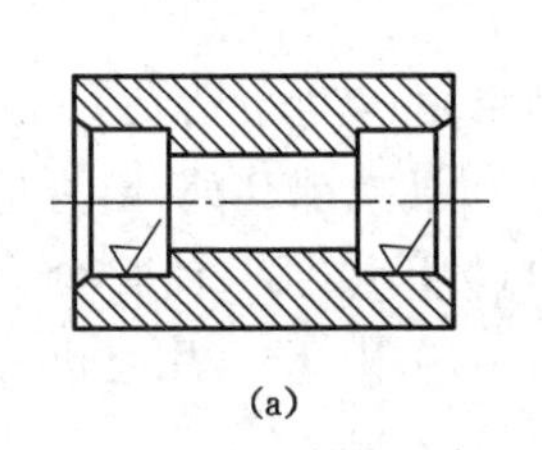
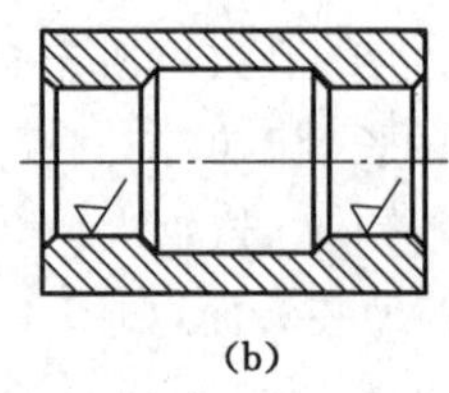

(a) (b)

图 4-15 轴套结构

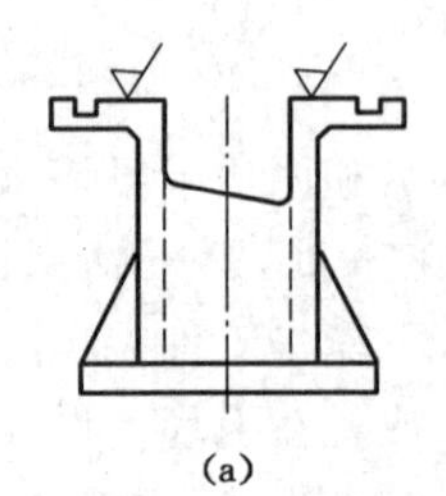
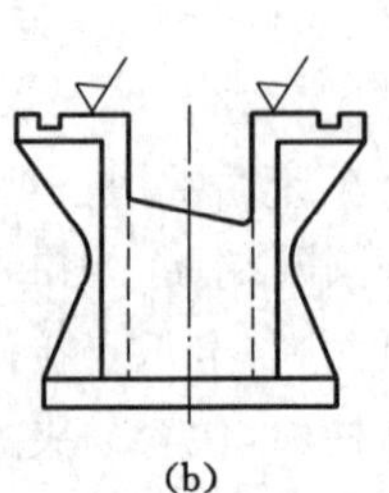

(a) (b)

图 4-16 床身导轨结构

② 尽量避免加工内表面。

图 4-17(a)所示箱体内部需要安装轴承座，若将安装面设计在内部，加工不方便，装配也困难。改成图 4-17(b)所示结构，使箱体内表面的加工变为外表面的加工，不仅加工方便，装配也容易进行。

③ 减小加工面积。

图 4-18(a)所示支座底面，若设计为中凹[图 4-18(b)]，减小了加工面积且不会影响装配时的稳定性，节省了加工时间，提高了经济性，也有利于保证底面精度。

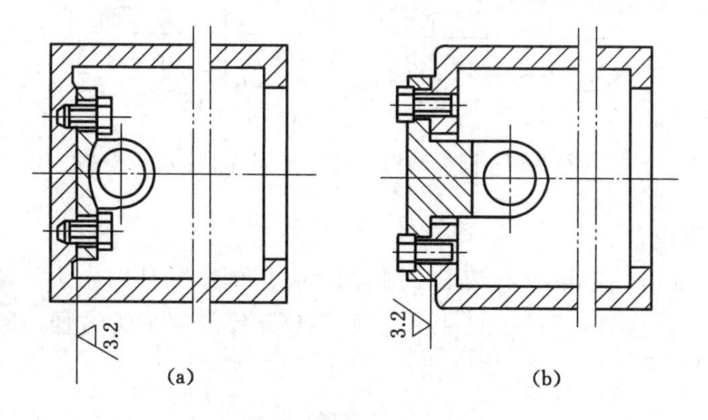

图 4-17　箱体内装夹轴承座结构(单位：μm)

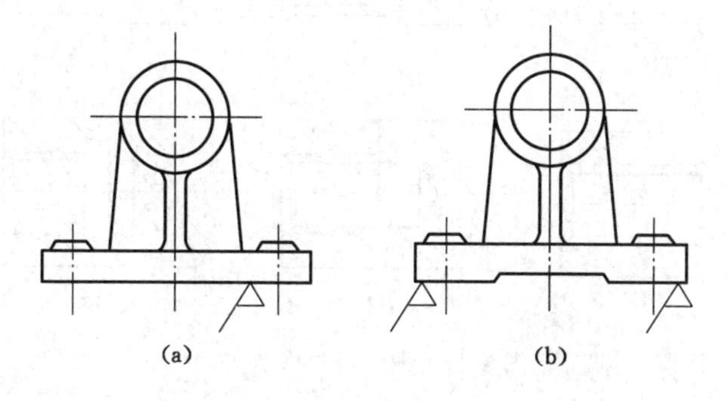

图 4-18　支座底面结构

④ 减少机床调整次数。

如图 4-19(a)所示，铣削不同高度的凸台需要多次对刀调整。如果将凸台设计成等高，如图 4-19(b)所示，仅一次对刀即可加工所有凸台表面，且能多件加工，提高了生产效率。

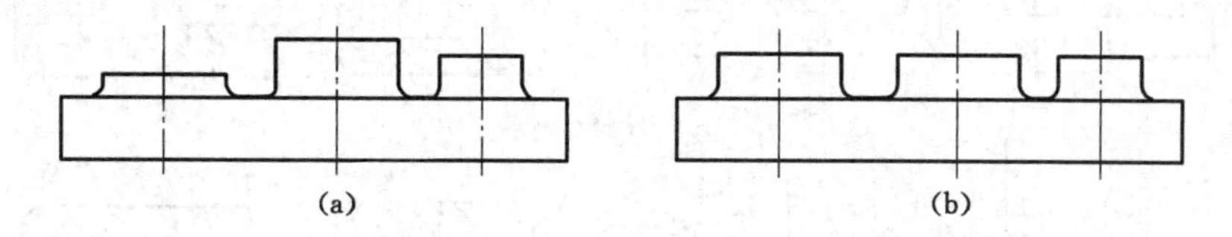

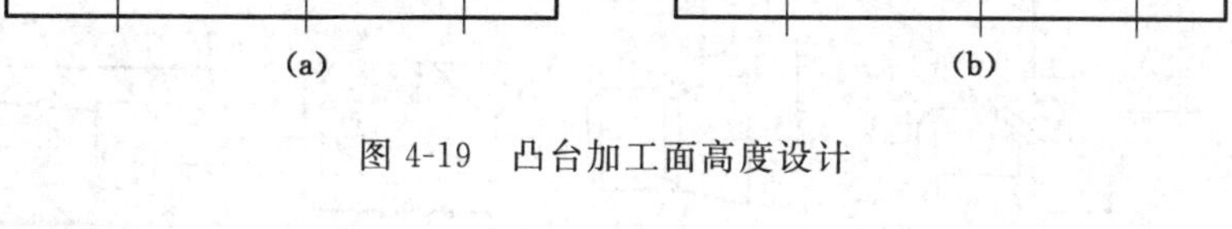

图 4-19　凸台加工面高度设计

⑤ 减少刀具种类。

图 4-20(a)所示阶梯轴，因退刀槽或过渡圆角尺寸设计得不同，需要准备多把宽度不同

的车槽刀或不同半径的圆弧车刀，增加了换刀次数和刀具种类。改为图 4-20(b)所示结构，既减少了刀具种类，又节省了换刀辅助时间。

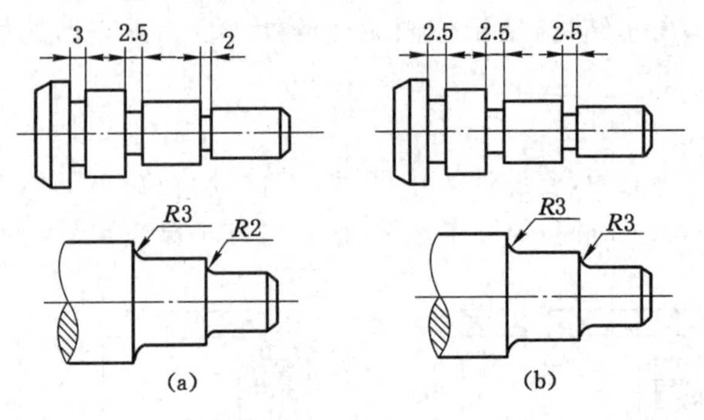

图 4-20 同类结构要素应统一(单位：mm)

⑥ 便于进刀和退刀。

加工内、外螺纹时，应设计退刀槽，图 4-21(c)和图 4-21(f)的设计较图 4-21(a)、图 4-21(b)、图 4-21(d)、图 4-21(e)的设计合理，不仅车螺纹时退刀方便，还可以在螺纹的全长上获得完整的牙形。

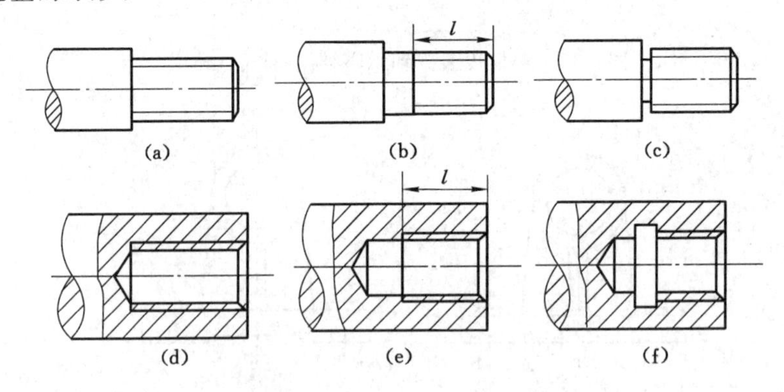

图 4-21 螺纹退刀槽结构

磨削外圆柱面、外圆锥面、内圆柱面、内圆锥面及台阶面时，其根部应有砂轮越程槽，图 4-22(a)结构不合理，图 4-22(b)所示结构合理。

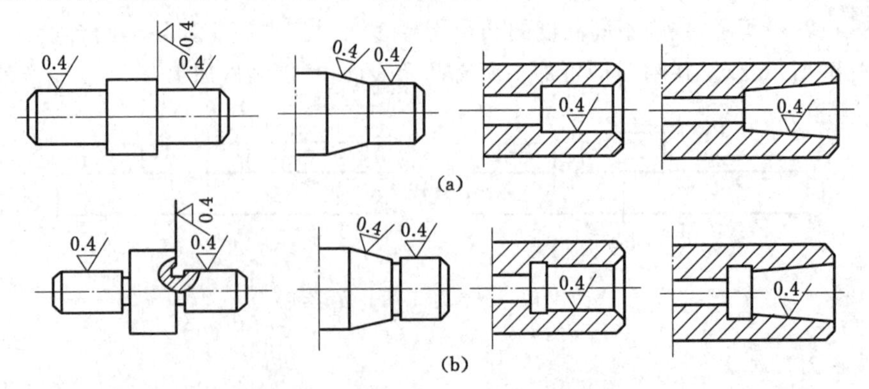

图 4-22 砂轮越程槽结构(单位：mm)

⑦ 提高刀具刚性和寿命。

图 4-23(a)所设计孔距机架壁太近，造成钻夹头与机架干涉，只能采用非标准加长麻花钻，刀具刚性差，按图 4-23(b)改进后可采用标准麻花钻。

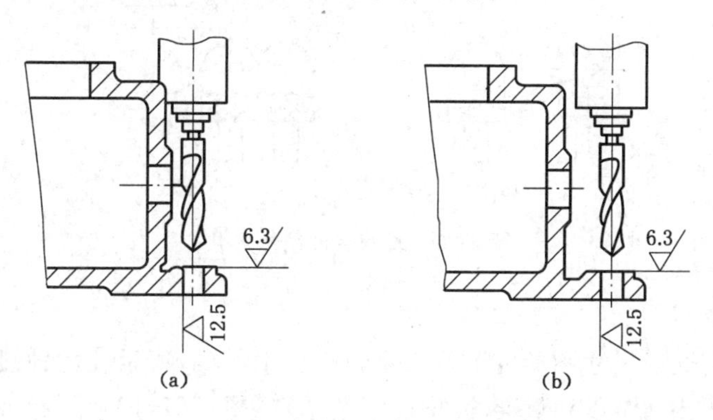

图 4-23　避免刀具与工件干涉

图 4-24(b)所示设计较图 4-24(a)合理，减小了孔的加工长度，避免深孔加工排屑和冷却困难，并能提高生产效率。

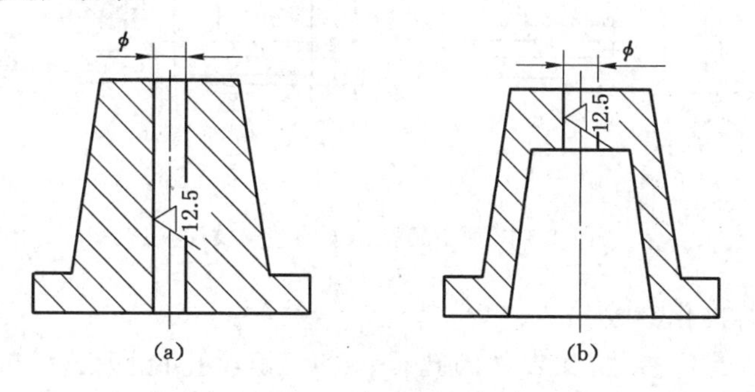

图 4-24　避免深孔加工

麻花钻切入和切出表面应与孔的轴线垂直，否则形成麻花钻单边切削，引偏麻花钻，使孔的轴线倾斜，甚至造成麻花钻折断。图 4-25(a)不合理，图 4-25(b)合理。

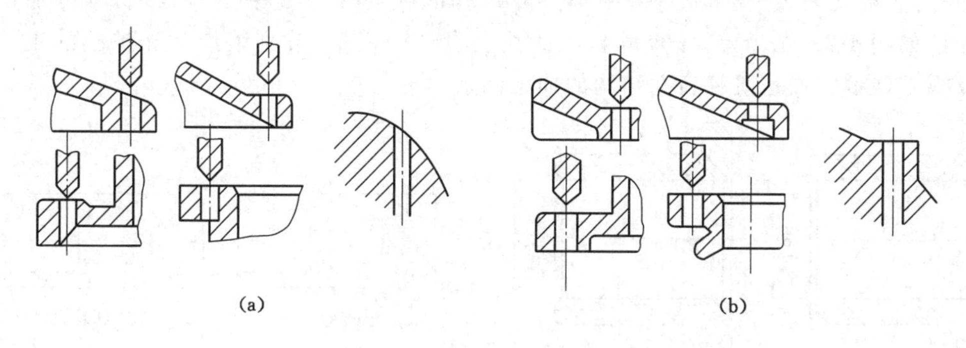

图 4-25　麻花钻进、出表面结构

⑧ 有利于集中多件加工。如图 4-26(a)所示叉形件，槽底设计为圆弧面，只能选择与圆弧半径相同的铣刀进行加工。图 4-26(b)改槽底为平面，则对铣刀直径没有严格要求，可在

较大范围内选择，且可多件加工，提高了生产效率。

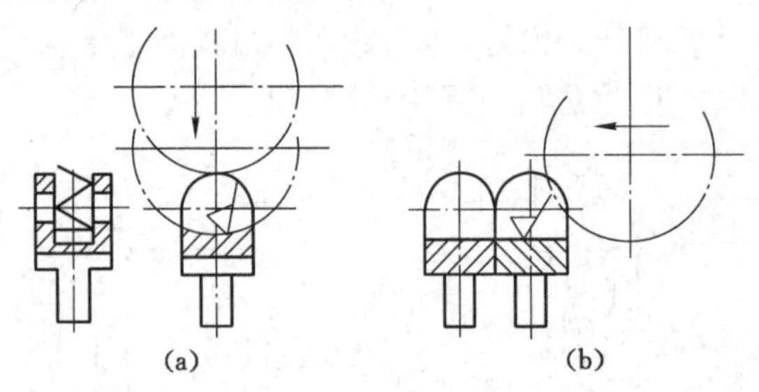

图 4-26　改变零件结构形状

(3) 便于测量

零件的结构应便于尺寸和形位误差等检验。图 4-27(a)所示孔的轴线与基准面的平行度误差由于底面积小而难以测量准确，增设工艺凸台[图 4-27(b)]后，扩大了测量基准面的面积，测量精度容易得到保证，也便于加工时工件的装夹。

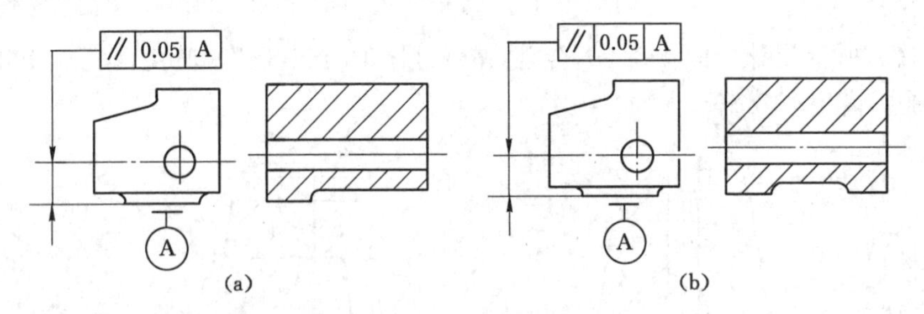

图 4-27　便于精度测量的结构设计

(4) 尽量采用标准化参数

在设计零件时，有些参数，如零件的孔径、锥度、螺纹孔径、齿轮模数和压力角等，应尽量圆整和选用标准化参数，以便使用标准的刀具、夹具和量具。如图 4-28(a)所示，改进前孔径的基本尺寸和公差都是非标准值，需要采用非标准刀具；改进后采用标准化参数，上述问题就不存在了，最后一道工序使用标准铰刀可大幅提高生产效率，并保证加工质量。对于盲孔来说，图 4-29(a)中小尺寸盲孔的孔底设计成平面不合理，难以加工获得；应该如图 4-29(b)所示，小尺寸盲孔的孔底设计为锥形，分别采用钻和扩孔的工艺加工，可很方便地完成该阶梯盲孔结构的加工制造。

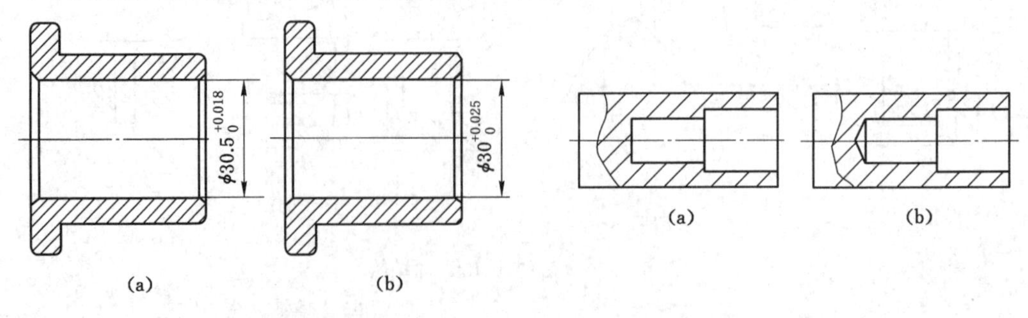

图 4-28　采用标准化参数图

图 4-29　盲孔结构

(5) 采用合理零件组合

有些零件结构复杂或不便于加工,为了满足使用要求,可以采用组合件,使加工简化,既减少了劳动量,又保证了加工质量。图 4-30(a)所示零件孔底的内球面,加工困难,将零件分为两件,采用先分开加工后再组合的方法,如图 4-30(b)所示,则内球面的加工变为外表面加工,加工方便,易保证质量。

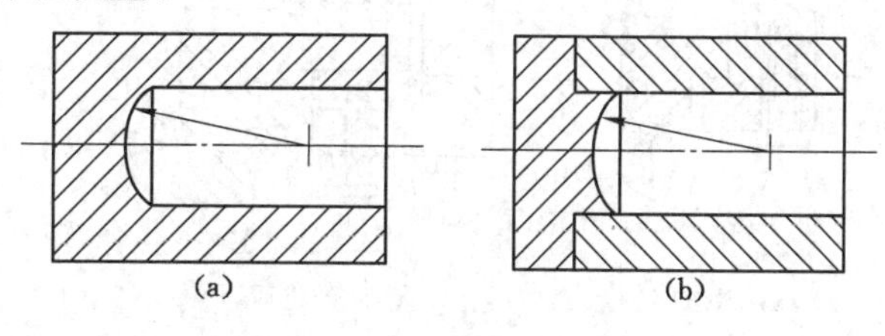

图 4-30 零件组合结构

4.2.2 零件装配工艺性

零件结构的装配工艺性,是指所设计的零件在满足使用性能要求的前提下其装配连接的可行性和经济性,或者机器装配的难易程度。所有机器都是由一些零件和部件装配调试而成的。装配工艺性对机器的制造成本、使用性能以及维修都有很大的影响。零部件在装配过程中应该便于装配和调试,以便提高装配效率,此外还要便于拆卸和维修。改善零、部件结构的装配和维修的工艺性,应遵循下述原则:

(1) 将机械拆分为若干个独立装配单元。各独立装配单元可组织平行装配作业,且能使装配按流水线组织生产,以缩短装配周期和降低成本。此外,各装配单元可预先调整和试验,确保合格后进入总装,有利于保证机械质量和总装顺利进行。

(2) 应避免装配时进行切削加工,因为装配中的切削加工使装配周期增加,且增加装配车间切削设备,若切屑处理不当,还会影响装配质量。如图 4-31 所示,改进前,轴(轴套)装上后,需钻孔、攻螺纹,增加了装配工作量;改进后,轴或轴套用卡在槽里的压板固紧。压板可用冲压方法制出,机体上的螺孔可在加工车间加工。

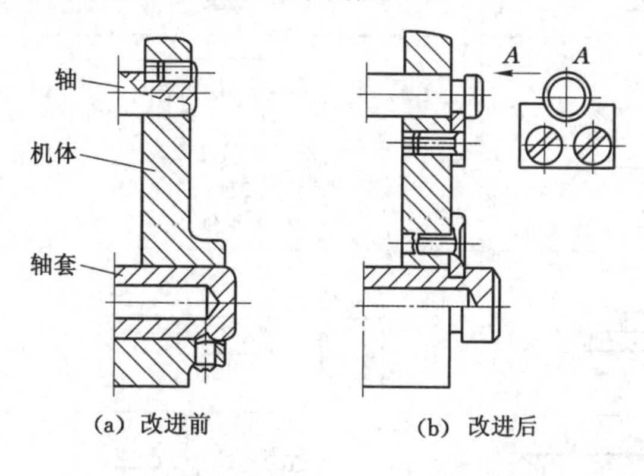

图 4-31 将轴或轴套固紧在机体上的设计

(3) 尽量避免装配时的手工修配。手工修配费工费力,应尽量避免。除改进工艺方法(如用精磨、宽刃细刨代刮)外,结构设计时也应注意。在不影响使用性能的前提下,刮削应尽量减少，一般用调整法代替修配法，这样可提高装配工作效率。由图 4-32 可以看出改进后(调整法)的装配效率要比改进前(修配法)的高。

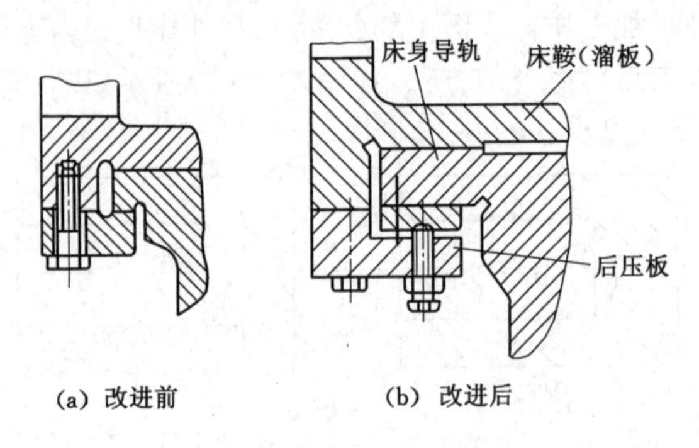

(a) 改进前　　(b) 改进后

图 4-32　车床后压板结构

(4) 应使装配和拆卸方便，有同轴度要求的两个零件连接时应有装配基准面。

(5) 应考虑零件起吊、安装、运输方便，大型零部件必须设置起吊孔。

改进零、部件结构的装配工艺性示例见表 4-1。

表 4-1　改进零部件结构的装配工艺性示例

要求	改进前结构	改进后结构	备注
应使装配和拆卸方便		(a)　(b)	改进前装配困难，旁开工艺孔稍好
			打入销子时应有空气溢出口，便于装配
	$d_1=d_2$	$d_1>d_2$	为装卸方便，确保轴承位置，轴径 d_2 应小于轴颈 d_1，以免装拆轴承时擦伤轴表面
		45°　15°～30°	配合件应倒角，有导向部分，便于装配
	过盈配合		为便于过盈配合零件拆卸，应在零件上设计拆卸螺孔

表 4-1(续)

要求	改进前结构	改进后结构	备注
应使装配和拆卸方便	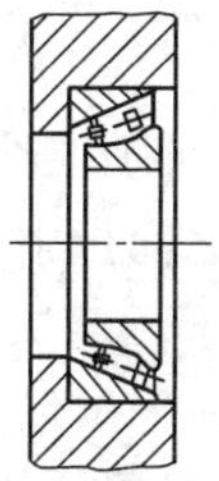	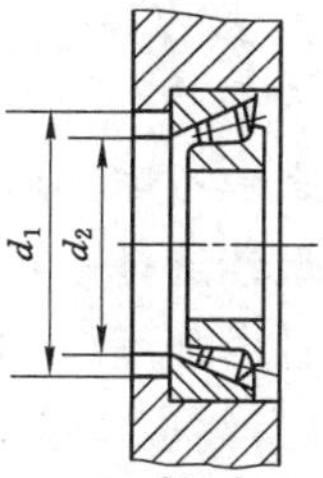 $d_1>d_2$	为便于拆下轴承，套筒(或机体)孔台肩处的直径 d_1 应大于轴承外环的内径 d_2
	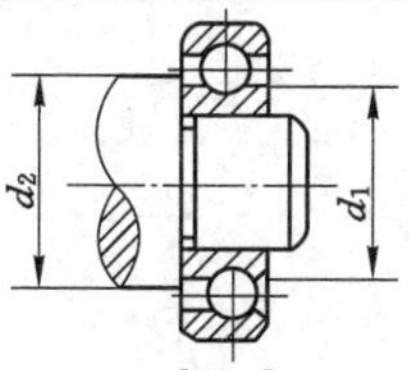 $d_2>d_1$	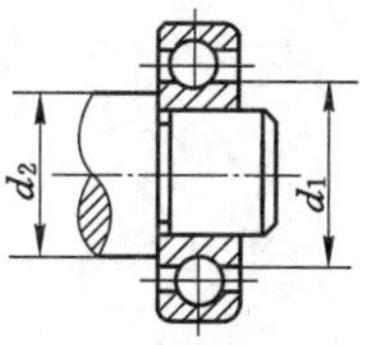 $d_1>d_2$	改进前轴承内环不易拆卸，应使轴承内环的外径 d_1 大于轴肩直径 d_1
应有正确的装配基准面	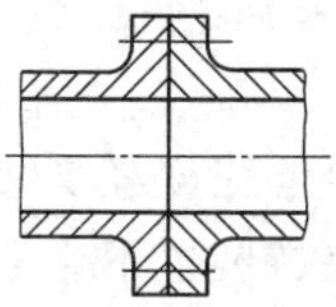	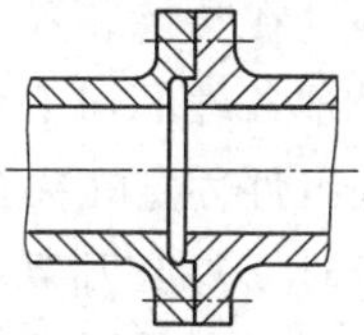	有同轴度要求的零件连接时应有装配定位基准面
	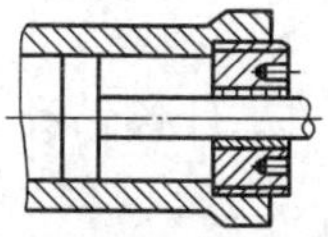 (气缸盖用螺纹与缸体连接)	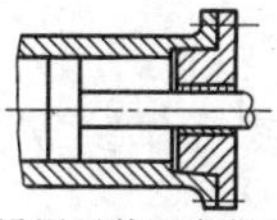 (设置了装配定位基准面，用螺钉连接)	螺纹连接有间隙，气缸盖内孔不能保证与缸体内孔的同轴度，活塞杆易偏移；改进后克服该缺点

4.3　机加工零件设计准则

4.3.1　零件标准化准则

在面向加工的设计中要遵循的准则：

① 尽可能地利用标准件。许多小零件，诸如螺母、垫片、螺栓、螺钉、密封、轴承、齿轮以及链轮等都是大批量制造的，能采用的地方就应该采用。因为标准件的成本比类似的非标准件的成本低得多。

② 工件尽量预先成型，最大限度减少加工量。预先成型方法有多种，可以采用铸造、焊接或者金属变形工艺(挤压、拉深、冲压或锻造等)。很明显，工件是否应该预先成型取决于所要求生产的数量。而工件预先成型时标准化会再次扮演一个重要的角色。设计人员能够利用以前类似工作所设计的预先成型的工件，这时可以采用现成的铸模、刀具或者金属成型的硬模等。

③ 即使不能使用标准件或者标准的预先成型工件，设计人员设计时应该尝试将加工特征标准化。将加工特征标准化的意思是可以采用现有的刀具、夹具以及固定装置等，可以有

效降低制造成本。标准化的加工特征的有关例子有：钻孔、螺钉螺纹、键槽、轴承座、花键等。有关标准特征的信息可以查阅各种参考书。

4.3.2 材料选择准则

设计人员选择零件材料时，必须考虑其适用性、成本、实用性、可加工性以及加工量等。这些因素都受其他因素的影响，最佳选择一般在相互冲突的要求之间折中。各种材料的适用性取决于零件的最终功能，并且由强度、抗磨性、外表、抗腐蚀性等因素决定。设计人员必须考虑那些能最大限度降低零件最终成本的因素。例如，不应认为采用最廉价的工件材料就可以使零件成本最低，实际上如果选择一种购买成本较高、加工费用低的材料(可加工性更好)可能更经济。

4.3.3 零件设计准则总结

零件设计一般准则：

(1) 尽可能使设计的零件只用一台机床加工。

(2) 尽可能使设计的零件固定在夹持装置中时不需要加工未暴露的工件表面。

(3) 避免采用公司不具备处理条件的加工特征。

(4) 设计零件时要考虑保证工件固定在夹持装置中时，有足够强度经受加工力作用。

(5) 注意检查特征在被加工时，刀具、刀架、工件以及工件夹持装置不会相互干涉。

(6) 保证辅助孔或者主孔是圆柱形的，并且有适当的长径比，这样可以用标准的钻头或者刀具对其进行加工。

(7) 保证辅助孔与工件的轴线或者参考面相平行或者垂直，并且各钻孔分布采用一种模式。

(8) 保证盲孔以锥面结束，在需要对盲孔进行攻丝时，螺纹离孔底要有一定距离。

(9) 避免弯孔或者之字形孔。

回转零件加工准则：

(1) 尽量保证各圆柱面同心，各平面与零件轴垂直。

(2) 尽量保证外部特征的直径从工件的外露面开始依次增大。

(3) 尽量保证内部特征的直径从工件的外露面开始依次减小。

(4) 零件上的内角半径和标准刀具圆角的半径相等。

(5) 避免在长零件中增加内部特征。

(6) 避免零件的长径比过大或者过小。

非回转零件加工准则：

(1) 提供基础面用于工件夹持和作为参考面。

(2) 保证零件的外表面由一系列相互垂直的平面组成，与基础面平行或垂直。

(3) 保证零件上与基础面垂直的内角的半径和标准的刀具半径相等。加工凹坑时与基础面垂直的内角半径尽可能大。

(4) 尽量将平面加工(开槽、开沟等)限定在零件的一个平面上。

(5) 避免在长零件中增加深孔。

(6) 避免在长零件上加工表面，采用所需截面形状的预成型的工件材料。

(7) 避免太长或者太薄的零件。

(8) 在扁平或者方块零件中,保证主孔与基础面垂直,其各个圆柱面的直径从工件的外露面开始依次减小。

(9) 避免在大型方块零件中增加盲孔。

(10) 避免在方块箱状零件中增加内部加工特征。

零件装配准则总结:

(1) 保证装配可行。

(2) 尽量避免装配时的手工修配。

(3) 避免装配时的切削加工。

(4) 保证零件上的内角和配合零件上相应的外角互相不干涉。

4.4　机加工零件成本估算

零件的机械加工是指将不需要的材料去除,因此加工成本主要由库存材料的成本和形状、加工过程中材料去除量和形状以及去除的精度决定。这三个方面还可以继续细分成 7 个重要因素:

(1) 所加工零件的材料。材料以三种方式影响成本,即原材料成本、废料量、材料去除的难易程度。前两项是直接材料成本,后一项影响投入的劳动力和时间,以及选择加工零件所需的机器。

(2) 生产零件所用机器类型。加工零件所用的不同机床会影响加工成本。机床的类型,如普通车床、数控车床和数控加工中心等,选用不同机床,零件加工成本不同。因为不同的机床加工同一零件,其机加工时间不同,所用工具和夹具不同,从而加工成本不同。

(3) 零件主要尺寸。它有助于确定加工零件所选用机器,工厂每一台机器的使用成本是不同的,取决于机器的最初成本和寿命。

(4) 加工面数量和材料去除量。加工面数量与材料去除量之比(零件的最终体积与初始体积之比)可以用以估计加工零件所需时间,更准确的估计还需要知道加工时采用何种加工方法。

(5) 加工零件数量。加工零件数量对成本有很大的影响。比如加工一个零件时,使用夹具最少,但需要的安装与调试时间长;加工几个零件时,需要使用简单的夹具;加工大批量零件时,生产过程是自动化的,需要大量的夹具和数控加工。

(6) 公差与表面粗糙度。公差与表面粗糙度要求越高,加工时间和加工次数越多。

(7) 机械师的薪酬。

以图 4-33 所示加工零件为例分析这 7 个因素对零件加工成本的影响:

① 材料为 1020 低碳钢。

② 主要加工机床为车床,此外还需要磨床和钻床,分别用于磨表面和钻孔。

③ 主尺寸:直径 57.15 mm,长 100 mm。原料尺寸必须大于零件主尺寸。

④ 有 3 个旋转面和 7 个其他类型面需要加工。加工完成的零件的体积大约为毛坯体积的 32%。

⑤ 不同零件表面的公差不同。绝大多数平面采用一般公差,但直径是配合公差。表面

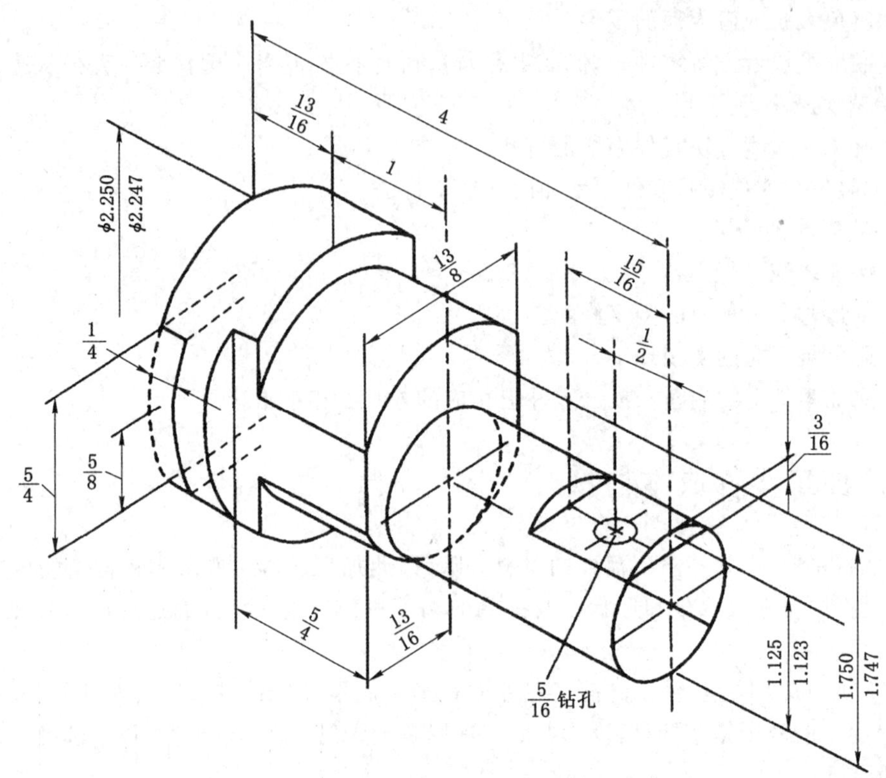

图 4-33　估计机加工成本的典型零件尺寸

粗糙度为 0.8 μm，中等要求。

⑥ 劳动力成本为每小时 35 元，包括一般管理费用和额外福利。

影响制造成本的其他因素，如公差和表面粗糙度，见表 4-2。表 4-2 展示了采用图 4-33 中的低碳钢材料，不同公差等级和表面粗糙度对制造成本的影响。图 4-34 所示曲线为采用精细公差条件下表 4-2 中第 1 行的数据，随着公差等级降低到一般要求和粗糙要求，成本随之降低。

表 4-2　公差、表面粗糙度对制造成本的影响

控制参数		制造成本/元
公差	表面粗糙度	
1. 精细	中等	11.03
2. 一般	中等	8.83
3. 粗糙	中等	7.36
4. 精细	抛光	14.85
5. 精细	车削	8.17

注：生产零件 1 000 件。

表 4-2 中第 4 行和第 5 行，表示表面粗糙度对制造成本的影响。随着光洁程度提高，成

本上升，反之则下降。变为高碳钢时，因为材料成本和加工时间增加了，与低碳钢材料相比生产成本变为原来的 2 倍。

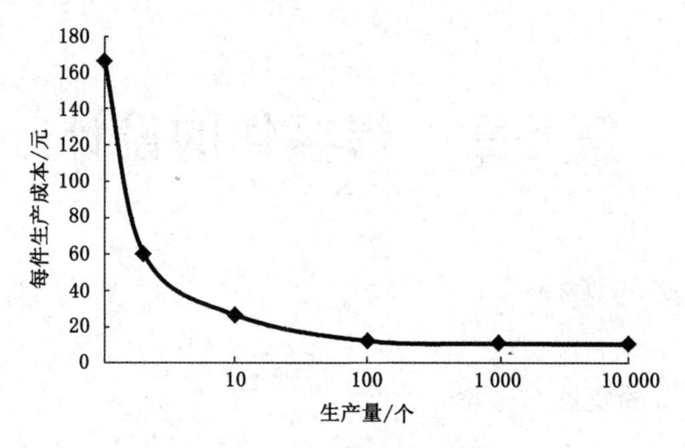

图 4-34　批量生产对价格的影响

第5章　焊接件的设计

5.1　焊接方法的选择

5.1.1　焊接方法的发展与分类

焊接作为一种实现永久性连接的方法，被广泛地应用于各个领域，已成为现代机械制造工业中不可缺少的加工工艺。

据考证，在所有的焊接方法中钎焊和锻焊是人类最早使用的加工方法。从19世纪80年代开始，随着近代工业的发展，焊接技术进入了飞快发展时期。新的焊接方法伴随着新的焊接热源的出现竞相问世。近年来，焊接方法正朝着高效化、自动化、智能化的方向发展。在诸多高效焊接方法中，复合焊具有突破性，既能发挥钎焊和锻焊的优点，又能弥补各自的不足，具有独特的优势和良好的应用前景。焊接的另一项重要发展是伴随着计算机技术的引进，自动化控制由原来的模拟控制向数字化控制发展。焊接装备自动化、智能化的水平也不断提高。计算机技术、传感技术、自适应技术以及信息技术相继引进焊接领域，使得焊接生产自动化、智能化程度日新月异。

焊接方法的种类较多，可以从不同角度对其进行分类。例如，按照电极焊接时是否熔化可以分为熔化极焊和非熔化极焊；按照自动化程度可以分为手工焊、半自动焊、自动焊。另外还有族系法、一元坐标法、二元坐标法等分类方法。其中，最常用的分类方法是族系法，是根据焊接工艺特征进行分类的，即按照焊接过程中母材是否熔化以及对母材是否施加压力进行分类。按照这种方法，可以将基本焊接方法分为熔焊、压焊和钎焊三大类。

(1) 熔焊。熔焊是在不施加压力的情况下，将待焊处的母材加热熔化以形成焊缝的焊接方法。根据焊接热源的不同，熔焊又可分为：① 以电弧作为主要热源的电弧焊，包括焊条电弧焊、埋弧焊、钨极惰性气体保护焊、熔化极氩弧焊、CO_2 气体保护电弧焊、等离子弧焊等；② 以化学热作为热源的气焊；③ 以熔渣电阻热作为热源的电渣焊；④ 以高能束作为热源的电子束焊和激光焊等。

(2) 压焊。压焊是指焊接过程中必须对焊件施加压力(加热或不加热)才能完成焊接的方法。该类方法有两种形式：① 将被焊材料与电极接触的部分加热至塑性状态或局部熔化状态，然后施加一定的压力使其形成牢固的焊接接头，如电阻焊、摩擦焊、气压焊、扩散焊、锻焊等；② 不加热，仅在被焊材料的接触面上施加足够大的压力，使接触面产生塑性变形而形成牢固的焊接接头，如冷压焊、爆炸焊、超声波焊等。

(3) 钎焊。钎焊是指焊接时采用比母材熔点低的钎料，将钎料和待焊处的母材加热至高于钎料熔点但低于母材熔点的温度，利用液态钎料润湿母材，填充接头间隙，并与母材相互扩散而实现连接的方法。根据使用钎料的熔点，钎焊又可分为硬钎焊和软钎焊，其中硬钎焊使用的钎料熔点高于 450 ℃，软钎焊使用的钎料熔点低于 450 ℃。另外，根据钎焊的热源和保护条件可分为火焰钎焊、感应钎焊、炉中钎焊、盐浴钎焊等。

5.1.2　常用焊接方法

目前在焊接工程中普遍应用的焊接方法有：焊条电弧焊、埋弧焊、熔化极气体保护焊、钨极惰性气体保护焊、等离子弧焊、电渣焊、电子束焊、电阻焊、摩擦焊等。

（1）焊条电弧焊

焊条电弧焊的原理：利用焊条和焊件之间产生的电弧热，将焊条和焊件局部加热至熔化状态，焊条端部熔化后的熔滴和熔化的母材融合在一起形成熔池。随着电弧向前移动，熔池液态金属逐步冷却结晶，形成焊缝。焊条电弧焊焊缝形成过程如图 5-1 所示。

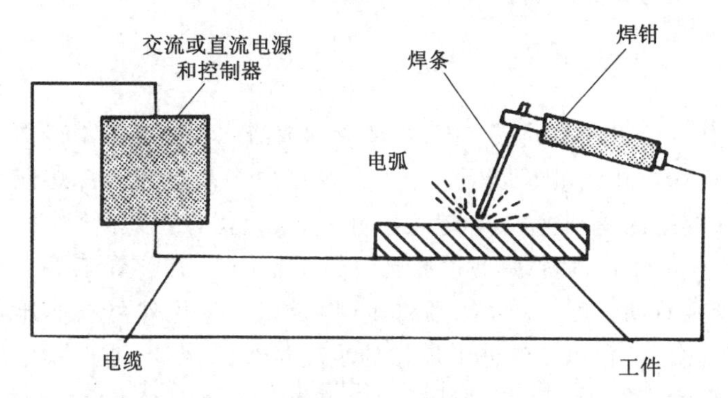

图 5-1　焊条电弧焊工作原理示意图

焊条电弧焊是手工操纵焊条进行焊接的一种电弧焊方法。其特点是：电弧柱的温度高于 3 000 ℃且热量集中，与气焊相比热效率较高。该方法所用的焊条均为优质药皮焊条，品种、规格齐全，其中绝大部分已能标准化生产且供应充足。特别是所焊接头的质量和物理、化学性能，可满足技术要求较高的现代焊接工程。此外，焊条电弧焊还具有所需焊接设备简单、易操作、灵活性好、工艺适应性强等优点。

焊条电弧焊也有较多缺点：焊接效率较低、焊材利用率低、焊工劳动强度大、焊接过程难以实现机械化和自动化、焊接环境污染严重、焊工职业病发病率高。这些已成为焊条电弧焊扩大其应用范围的一大障碍。

（2）埋弧焊

埋弧焊是电弧在焊剂层下燃烧进行焊接的熔焊方法。埋弧焊的工作原理如图 5-2 所示，焊接电源的两极分别接至导电嘴和焊件。焊接时，颗粒状焊剂由焊剂漏斗经软管连续、均匀地堆敷在焊件待焊处，焊丝由送丝机构驱动，从焊丝盘中拉出，并通过导电嘴送入焊接区，电弧在焊剂层下面的焊丝与母材之间燃烧。电弧热使焊丝、焊剂及母材局部熔化和部分蒸发。金属蒸气、焊剂蒸气和冶金过程中析出的气体在电弧周围形成空腔，熔化的焊剂在空腔上形成一层熔渣膜。这层熔渣膜如同一个屏障，使电弧、液体金属与空气隔离，而且将弧光遮蔽在空腔中。在空腔下部，母材局部熔化形成熔池；空腔上部，焊丝熔化形成熔滴，并主要以渣壁过渡的形式向熔池过渡，只有少数熔滴为自由过渡。随着电弧向前移动，电弧力将

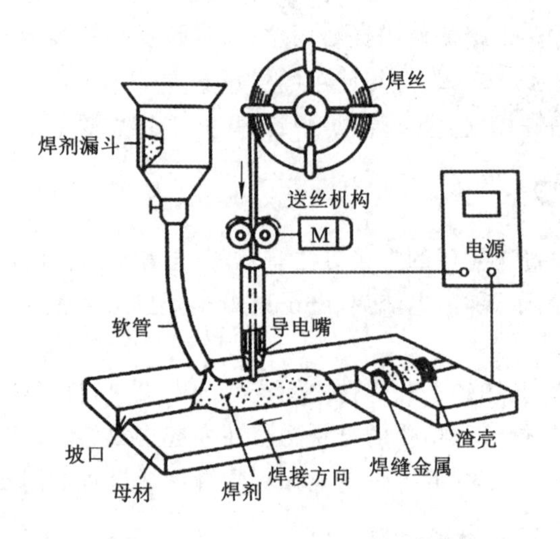

图 5-2 埋弧焊的工作原理示意图

液态金属推向后方并逐渐冷却凝固成焊缝，熔渣凝固成渣壳覆盖在焊缝表面。

埋弧焊与焊条电弧焊相比具有以下优点：① 焊接效率高且具有深熔能力。② 焊接质量好，埋弧焊时电弧焊接区受到保护，焊缝致密性好，质量优异，且焊缝外观平整光滑，焊道成型易控制。③ 劳动条件好，埋弧焊时没有刺眼的弧光，也不需要焊工手工操作，这既能改善作业环境，也能减轻劳动强度。④ 20～25 mm 厚及以下的焊件可以不开坡口焊接，既可节省加工坡口损失的金属，也可使焊缝中焊丝的填充量大幅减少。同时，受到焊剂的保护，金属的烧损和飞溅也大幅减少。由于埋弧焊的电弧热量能被充分利用，单位长度焊缝上所消耗的电能也大幅降低。

埋弧焊的缺点是焊接设备占地面积较大，设备的一次投资费用较高；每层焊道焊接后必须清除焊渣；焊接位置受到限制，通常只能在平焊、横焊及与水平面倾斜度不大于 15°的位置进行焊接。

(3) 熔化极气体保护焊

熔化极气体保护焊又称为熔化极氩弧焊，是使用焊丝作为熔化电极，采用氩气或富氩混合气体作为保护气体的电弧焊方法。当保护气体为惰性气体氩气或氩气＋氦气时，通常称为熔化极惰性气体保护电弧焊(metal inset-gas welding)，简称 MIG 焊；当保护气体以氩气为主，加入少量活性气体(如 O_2、CO_2，或 CO_2+O_2 等)时，通常称为熔化极活性气体保护电弧焊(metal active gas arc welding)，简称 MAG 焊。

熔化极气体保护电弧焊的工作原理示意如图 5-3 所示。焊接时，氩气或富氩混合气体从焊枪喷嘴中喷出，保护焊接电弧和焊接区；焊丝由送丝机构向待焊处送进；焊接电弧在焊丝与焊件之间燃烧，焊丝被电弧加热熔化形成熔滴过渡到熔池中。冷却时由熔化的焊丝和母材金属共同组成的熔池凝固结晶，从而形成焊缝。

熔化极气体保护电弧焊具有以下优点：

① 与焊条电弧焊相比，焊接效率可提高 2～3 倍，高效 MAG 焊的焊接效率甚至可提高 4～5 倍。这主要因为焊丝的熔敷率高和焊缝表面无熔渣，不需要清渣，并且省去了焊条电弧焊中更换焊条的辅助时间。② MIG/MAG 焊可以采用直径很细的焊丝，焊接熔池体积较小，且易于控制。它不仅可焊接薄壁焊件，而且适合于全位置的焊接。③ MIG 焊采用焊丝

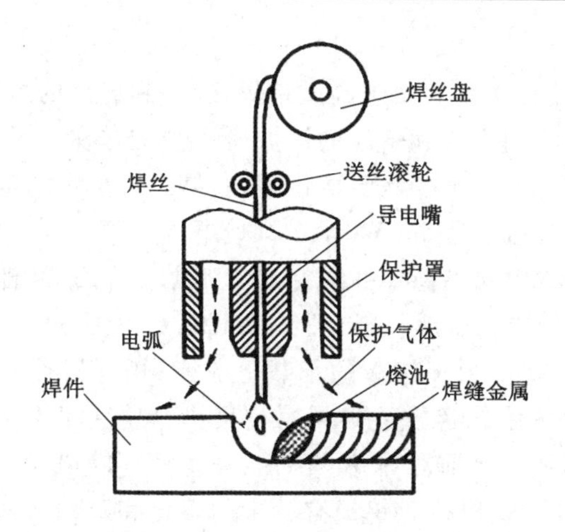

图 5-3　熔化极气体保护焊工作原理示意图

中通过正直流的电弧来焊接铝及铝合金时，对母材表面的氧化膜具有良好的阴极清理作用。④ 焊接热输入低、焊接速度高、焊接变形小，可减少焊后校正工作量。⑤ MIG/MAG 焊的焊材利用率高，能量消耗低，是一种低成本的焊接方法。

熔化极氩弧焊的缺点：① MIG 焊对工件、焊丝的焊前清理要求较高，即焊接过程对油、锈等污染比较敏感。② 用纯氩气保护的熔化极氩弧焊焊接钢铁材料时产生阴极漂移，会造成焊缝成型不良。

(4) 钨极惰性气体保护焊

钨极惰性气体保护焊(tungsten inert gas arc welding)是使用纯钨或活化钨作为非熔化电极，采用惰性气体(如氩气、氦气等)作为保护气体的电弧焊方法，简称 TIG 焊。

TIG 焊工作原理如图 5-4 所示。钨极被夹持在电极夹上，从 TG 焊焊枪的喷嘴中伸出一定长度。在伸出的钨极端部与焊件之间产生电弧，对焊件进行加热。与此同时，惰性气体进入枪体，从钨极的周围通过喷嘴喷向焊接区，以保护钨极、电弧、填充焊丝端头及熔池，使其免受大气侵害。焊接薄板时一般不需加填充焊丝，可以利用焊件被焊部位自身熔化形成焊缝。当焊接厚板和开有坡口的焊件时，可以从电弧的前方将填充金属以手动或自动的方式按一定的速度向电弧中送进。填充金属熔化后进入熔池，与母材熔化金属一起冷却凝固

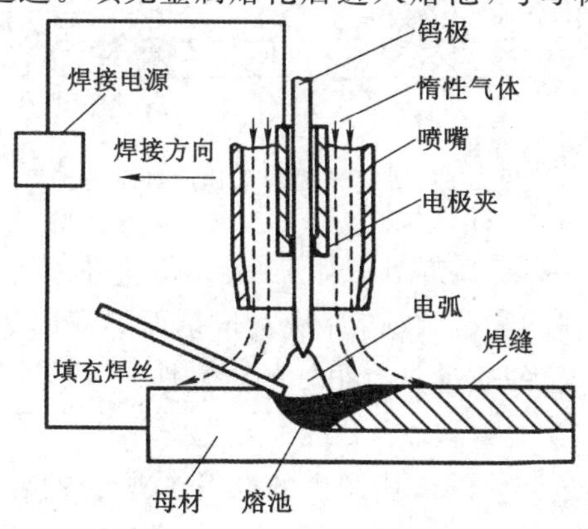

图 5-4　钨极惰性气体保护焊工作原理示意图

形成焊缝。

TIG焊具有以下优点：① 能够实现高质量焊接，得到优良的焊缝。这是因为电弧在惰性气体中极为稳定，保护气对电弧和熔池的保护很可靠，能有效排除氧、氮、氢等气体对焊接金属的侵害。② 焊接过程中钨电极是不熔化的，故易保持恒定的电弧长度和焊接电流，焊接过程稳定。③ 焊接电流通常为5～500 A。即使电流小于10 A，仍能正常焊接，因此特别适合薄板焊接。④ TIG焊电弧是稳定性最好的电弧之一，焊接熔池可见性好，焊接操作容易进行。⑤ 可焊接几乎所有的金属材料，且可靠性高。

TIG也存在一些缺点：① 由于钨极的承载电流能力有限，且电弧较易扩展，所有TIG焊的功率密度受到制约，致使焊缝熔深浅、熔敷速度小、焊接速度不高和生产效率低。② 氩气没有脱氧和去氢作用，所以焊前对焊件的除油、去锈、去水等准备工作要求严格，否则容易产生气孔，影响焊缝质量。③ 焊接时钨极有少量的熔化和蒸发，钨极微粒进入熔池会造成夹钨，影响焊缝质量，电流过大尤其明显。④ 由于生产效率较低和惰性气体的价格相对较高，生产成本较高。

(5) 等离子弧焊

等离子弧焊是以等离子弧为热源，以氩气、氮气或其他气体为喷射气流的喷涂方法。利用等离子弧发生器将阳极和阴极之间的自由电弧压缩成高温、高电离度和高能量密度的电弧。目前焊接领域中应用于焊接的等离子体被称为等离子弧，实际上是一种“压缩电弧”，是由钨极氩弧发展而来的。钨极氩弧是大气压下的“自由电弧”，燃烧于惰性气体保护下的钨极与焊件之间，如图5-5(a)所示。当将一个用水冷却的铜制喷嘴放置在其电弧通道上强迫这个“自由电弧”从细小的喷嘴孔道中通过，利用喷嘴孔道对弧柱进行强制压缩，就可以获得“压缩电弧”，如图5-5(b)所示。

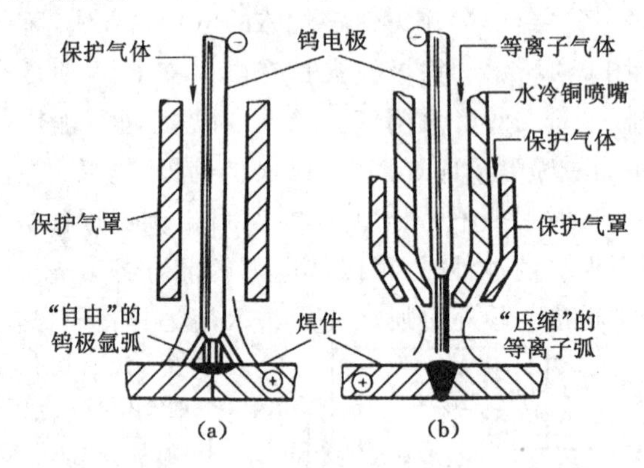

图5-5　等离子弧焊工作原理示意图

与传统TIG焊相比，等离子弧焊具有如下特点：① 能量集中，电弧相对稳定，并具有较强的穿透能力；② 具有良好的收孔效应，容易实现单面焊双面成型工艺；③ 焊缝成型深而窄，热影响区范围小；④ 焊缝的质量具有很好的重复性。

(6) 电渣焊

电渣焊是利用电流通过液体熔渣所产生的电阻热进行焊接的熔焊方法。根据使用的电机形状，电渣焊可分为丝极电渣焊、板极电渣焊、熔嘴电渣焊等，其中丝极电渣焊应用最普遍。

以丝极电渣焊为例，其工作原理如图 5-6 所示。焊接前先将焊件垂直放置，两焊件间预留一定间隙（一般为 20～40 mm），并在焊件上、下两端分别装引弧槽和引弧板，在焊件两侧表面装焊缝强迫成型装置。焊接开始时通常先使焊丝与引弧板短路起弧，然后不断加入适量的焊剂，利用电弧的热量使焊剂熔化形成液态熔渣，熔渣温度通常为 1 600～2 000 ℃，待渣池深度达到一定值时，增加焊丝送进速度并降低焊接电压，使焊丝插入渣池，电弧熄灭，转入电渣焊接过程。高温的液态熔渣具有一定的导电性，焊接电流流经渣池时在渣池内产生大量电阻热，将焊丝和焊件边缘熔化。熔化的金属沉积到渣池下面形成金属熔池。

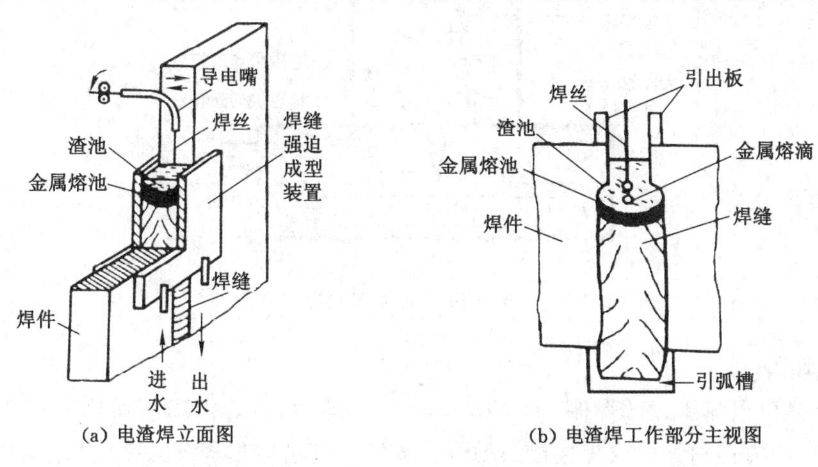

图 5-6　电渣焊工作原理示意图

随着焊丝的不断送运，熔池液体金属表面不断上升并冷却凝固形成焊缝。由于熔渣始终浮在上部，这对金属熔池起到了良好的保护作用，并能保证除渣过程顺利进行。随着熔池液体金属表面的不断上升，焊丝送进装置和焊缝强迫成型装置也随之不断提升，焊接因而得以持续进行。

与其他熔焊相比，电渣焊的主要优点：① 适宜垂直位置焊接；② 可将厚、大焊件一次焊接成型；③ 由于无须开坡口且耗材少，所以经济效益好；④ 可在较大范围内调节金属熔池的熔宽和熔深；⑤ 渣池对被焊件有较好的预热作用。

电渣焊的主要缺点：焊接熔池和近缝区高温停留时间大幅增加，促使该区域的奥氏体晶粒明显粗大，形成过热组织，焊缝金属和近缝区金属的塑性和韧性大幅降低。

(7) 电子束焊

电子束焊是利用聚集的高速电子流轰击焊件接缝表面所产生的热能熔化金属，从而形成焊缝的一种熔焊方法。

其工作原理如图 5-7 所示。电子束发生器中的阴极加热到一定温度时逸出电子，电子在高压电场中被加速，通过电磁透镜聚焦后形成能量密集度极高的电子束，当电子束轰击焊接表面时，电子的动能部分转变为热能，使焊接件结合处的金属熔融，当焊件移动时，在焊件结合处形成一条连续的焊缝。

电子束焊与其他焊接方法相比，具有电子束穿透能力强、焊接速度快、焊缝质量高、焊件可达性好及接缝自动跟踪等优点。但是焊接设备的一次投资费用高，对焊件结合面加工和组装质量的要求高，焊件尺寸受真空室尺寸限制。

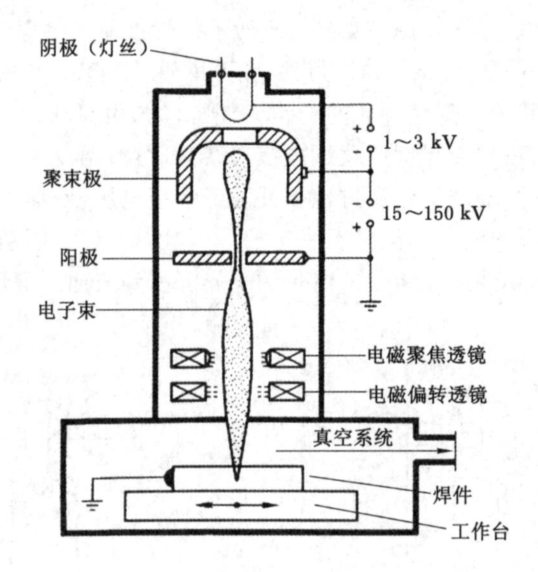

图 5-7　电子束焊的工作原理示意图

(8) 电阻焊

电阻焊是以电流流过的焊件产生的电阻热作为热源，将焊件局部加热至塑性或半融化状态，然后在压力作用下形成焊接接头的焊接方法。其基本过程分为彼此相连的三个阶段，即装配与加压、断电与卸压等。电阻焊具有采用内部热源、热量集中、热影响区范围小、产品变形小、表面加工质量好、易操作、无须外加焊材等特点，其焊接质量稳定，生产效率高，易实现自动化大规模生产。

(9) 摩擦焊

摩擦焊是利用两焊件端面相对高速旋转运动中相互接触摩擦产生的热量，将焊件端部加热至热塑性状态，然后迅速加压顶锻，形成牢固接头的一种压焊方法。摩擦焊与其他压焊相比，具有接头质量可靠、焊接效率高、成本低、可焊接金属范围广及易实现焊接机械化和自动化等优点。摩擦焊也存在焊件横截面局限于圆形、摩擦焊机的功率难以提高和焊接参数控制精度要求高等缺点。

5.1.3　焊接工艺的选择

焊接工艺选择的总原则：以最低的生产成本达到所要求的焊缝质量。生产成本是由众多因素决定的，其中主要包括焊接方法可能达到的最高熔敷率、最高焊接速度、焊接材料消耗量、焊件结构外形、接头壁厚、接头形式和坡口形状、所焊金属材料种类及其焊接性、焊件组装难易程度、焊前清理要求、焊接位置、对焊工技能等级的要求，焊缝焊后清理和处理，以及焊接设备和辅助设施的投资费用和折旧回收期等。因此严格地说，焊接工艺的选择，不仅是一项技术性很强的工作，也是一项经济核算工作。

原则上，对于某项具体的焊接工程适用且经济的焊接工艺，可以从以下五个方面分析对比，做出最终的选择。

(1) 被焊金属种类及其焊接性

选择焊接工艺时，首先从被焊金属种类及其焊接性进行分析。因为对于某些金属材料，焊接工艺是首要决定性因素，例如：对于铝合金和镁合金焊件的焊接，适用的焊接工艺只有TIG焊和MIG焊两种；对于某些超高强度钢、高合金钢及镍基合金等，为保证符合规程要求的接头质量，只能采用热输入量低的焊接工艺；焊接氧化性强的金属材料，如钛及其合金等，只能选用惰性气体保护焊和真空电子束焊。其次从焊件结构，接头形式，填充材料的消耗量、生产批量以及设备投资费用等方面进行综合分析，以最终选择生产成本相对较低且能保证接头质量的焊接工艺。

（2）接头形式和焊接位置

接头形式和焊接位置是选择焊接工艺的重要依据。图5-8为四种典型的接头形式：图5-8(a)为开宽坡口，需填充大量熔敷金属的对接接头和角接接头。焊接该类焊接接头时，首先应考虑采用熔敷率高的焊接方法，如埋弧焊；图5-8(b)则相反，要求焊缝金属的体积很小，焊接速度很快，并保证焊缝成型良好，对于这种接头，应当选用热量高度集中的焊接方法，如高频TIG焊、等离子焊等；图5-8(c)属于难焊位置的接头形式，这些焊接位置包括立焊、仰焊和横焊，能适应全位置焊的焊接工艺有：焊条电弧焊、CO_2气体保护焊、MIG/MAG焊以及钨极氩弧焊等；图5-8(d)为开浅坡口留大钝边，或不开坡口的直边对接接头，为完成全焊透的焊缝，必须采用具有深熔特性的焊接工艺，如埋弧焊、等离子弧焊和电子束焊等。

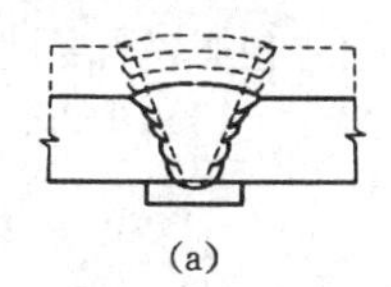
(a)

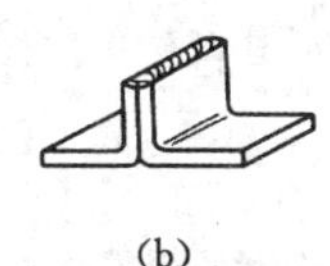
(b)

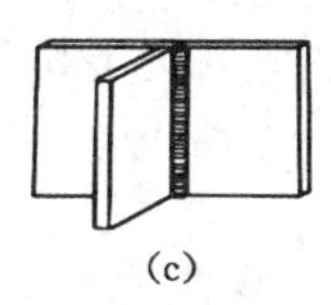
(c)

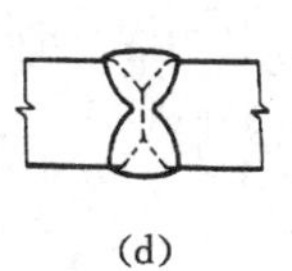
(d)

图5-8 四种典型的接头形式

（3）焊件的结构特点和焊缝的布置

焊件的结构大体上可分为简单和复杂两大类。结构简单的焊件的焊缝，如平板和管子的拼接、压力容器筒体和管道的纵环焊缝、H形钢和箱形梁角焊缝以及各种肋板的角焊缝等，对于该类焊件，可以采用各种高效的易实现机械化和自动化的焊接方法，如单丝、多丝埋弧焊，高效MIG/MAG焊，等离子弧焊及激光束焊等。结构复杂的焊件，如内燃机机体、汽车车身构架、车厢结构、船体结构、工程机械部件和工程建筑构架等，大多数由不同方位的长度不等的短焊缝连接，只能采用操作灵活性较好的焊条电弧焊和半自动MAG焊。

（4）生产模式和产量

焊接结构的生产模式可分为单件、小批量、批量及大批量。焊接结构的产量通常指年产量或月产量。某些焊接结构，如大型船舶、大型电站锅炉和重型容器等，虽然产量较低，但是焊接工作量十分巨大，这种情况下以焊接工作量作为选择焊接工艺方法的依据。对于单件或小批量生产且结构多变的焊件，应采用机动的焊接方法，如焊条电弧焊、半自动MIG/MAG焊；对于批量和大批量生产的焊件，无疑应该选用效率最高、经济性最好的且易实现焊接生产过程机械化和自动化的焊接工艺。

（5）对焊缝性能和质量的要求

现代工业中的焊接结构大多数对焊缝质量具有严格要求。一些重要焊接结构的制造规程，对所应采用的焊接工艺作出明确规定。有的甚至在产品施工图样中规定必须采用的焊接工艺。

5.2 焊接结构材料的选择

5.2.1 待焊接的常用金属材料及其可焊性

焊接结构常用金属材料有碳素结构钢、低合金高强度钢、微合金高强度高韧性钢、超细晶高强度钢、超高强度钢、低合金耐蚀钢、低温钢、耐热钢、不锈钢等。随着新钢种的研制、开发和生产，对于工程用钢中的大型钢结构件，由于受成本和热处理等的制约，选材时不一定选用常用低合金钢，而应考虑选用微合金化、控扎控冷生产、均质洁净、焊接性更好、价格较低的新型工程结构钢材。

(1) 碳素结构钢

碳素结构钢是以铁为基本成分，含有少量碳($w_C \leqslant 1.0\%$)的铁-碳合金，还含有锰和硅等有益元素，并注意控制硫、磷等杂质含量。它有多种分类方法：按含碳量可分为低碳钢、中碳钢和高碳钢；按脱氧程度可分为沸腾钢、镇静钢和半镇静钢；按品质可分为普通碳素结构钢和优质碳素结构钢。

碳素结构钢的焊接性能主要取决于其含碳量，随着含碳量的增加，焊接性能逐渐变差，含碳量的影响见表 5-1。

表 5-1 碳素结构钢的焊接性能

名称	w_C%	典型牌号	焊接性能	典型用途
低碳钢	≤0.25	Q195,Q225,Q215,Q255	好	钢管、钢板、型钢
中碳钢	0.25～0.60	30, 35, 40, 45, 50, 55	中等	机械零件、工具
高碳钢	0.60～1.00	60, 65, 70, 75, 80, 85	差	弹簧、磨具、铁轨

(2) 低合金高强度结构钢

低合金高强度结构钢的合金元素总含量(质量分数)低于 5%，屈服强度高于 295 MPa，具有良好的焊接性、耐蚀性、耐磨性和成型性，通常以钢板、钢带、型钢、钢管等形式直接供用户使用。按合金成分可分为单元素、多元素、微合金元素等；按强度等级可分为 Q295、Q345、Q390、Q420、Q460 等；按热处理可分为非调制钢和调制钢等。

低合金高强度结构钢易产生的焊接问题主要是焊接裂纹和热影响区脆化，抗拉强度大于 800 MPa 的调制钢还存在软化区问题。为了防止产生冷裂纹，要采取预热和后热措施，以及选用低氢型和超低氢型焊接材料。为了弱化热影响区的脆化，限制焊接热输入，此外多道焊接时降低焊道之间的温度。

(3) 微合金控轧控冷高强度高韧性钢

微合金钢的制造过程较复杂，必须严格控制微合金元素的加入量。微合金控轧控冷钢碳当量低，w_C 一般为 0.04%～0.16%，硫、磷和其他杂质元素含量也较低，与一般的热轧结构钢相比焊接性能有很大改善。该类钢材主要应用于要求比较高的焊接结构中，如车辆、桥梁、船舶和采油平台、锅炉与压力容器、油气管线、建筑结构等。

(4) 超细晶高强度钢

超细晶是指晶粒度从传统的几十微米降低一个数量级，达 1～2 μm。只有获得超细晶组织才能使钢的强度值翻倍，并具有良好的强韧性。细晶强化可使屈服强度大幅度提高，同时其韧性也提高或不降低。

对于超细晶高强度钢，焊接过程中出现的主要问题是晶粒长大倾向比传统钢严重，导致低温韧性下降。焊接时通常采用低热输入的焊接工艺和施焊技术，如大功率激光焊、超窄间隙电弧焊、脉冲 MAG 焊等。由于合金元素含量较低，碳当量降低，超细晶高强度钢对冷裂纹的敏感性比传统的高强度钢要低，施焊时可以降低预热温度或不预热。

(5) 超高强度钢

通常将抗拉强度高于 1 500 MPa 或屈服强度高于 1 380 MPa 且具有良好的断裂韧性和加工工艺性能的钢称为超高强度钢。超高强度钢主要有低合金超高强度钢、二次硬化超高强度钢、马氏体时效钢三种。

低合金超高强度钢主要用于直升机部件、飞机机身、起落架、航空航天飞行器、海洋工程结构、压力容器及其他厚壁结构。二次硬化超高强度钢用于制造飞机重要受力构件。马氏体时效钢主要用于航天和航空中对焊接性和强度都有较高要求的部件、火箭发动机壳、导弹壳体、直升机起落架、轴承、齿轮、紧固件、铸件模、冷冲模工具等。

(6) 低合金耐蚀钢

按照使用环境不同，该类钢包含耐大气腐蚀、耐海水腐蚀、耐盐卤腐蚀、耐硫化物应力腐蚀、耐氢腐蚀及耐硫酸露点腐蚀等多个钢种。它是在碳素钢成分的基础上添加适量的一种或几种合金元素，以改善其耐腐蚀性能，所以称为低合金耐蚀钢。

耐大气腐蚀钢中的铜和磷复合能提高耐腐蚀性，但是磷会降低钢的韧性和焊接性能，因此只有要求具有高耐蚀性时才采用含磷钢。在石油及化学工业中，大量的腐蚀是硫和硫化物引起的，特别是 H_2S，其腐蚀性最强。国内已经开发了两种类型耐硫和硫化物腐蚀钢：一类是 Cr-Mo 钢，另一类是含铝钢。含铝钢中的 $15Al_3MoWTi$（$w_{Al}=2\%\sim3\%$）含铝量高，焊接性变差，焊接接头易脆化，要采用特殊焊条 TS607（$4Mn_{23}Al_3Si_2Mo$）和严格的施焊工艺。

(7) 耐热钢

耐热钢是指在高温下具有较高强度和良好化学稳定性的特殊钢，包括抗氧化钢和热强钢。抗氧化钢要求较好的化学稳定性，但承受的荷载较低，抗蠕变和抗蠕变断裂能力不强；热强钢承受应力较大，要求材料具有良好的抗蠕变性、抗破坏性和抗氧化性。耐热钢广泛应用于电站的锅炉和汽轮机、石油化工中的反应塔和加热炉、汽车和轮船的内燃机、航天航空用喷气发动机等。

(8) 低温钢

低温钢是指在 −196～−10 ℃ 温度范围内使用并具有足够的缺口韧性的钢；在 −196 ℃以下的更低温度使用的钢称为超低温用钢，但也属于低温钢。低温钢有低碳铝镇静钢、镍系低温钢和奥氏体低温钢。

(9) 不锈钢

不锈钢是指 $w_{Cr}>11\%$且具有不锈性和耐酸性的一系列铁基合金钢的统称。目前广泛采用的是按钢的组织结构进行分类，可分为马氏体、铁素体、奥氏体、奥氏体＋铁素体双相钢和沉淀硬化不锈钢。

5.2.2 焊接结构选材的基本原则

随着焊接结构向大型化、轻型化、精密化和多参数化发展，焊接结构材料的品种逐渐增加，正确、合理地选用焊接结构材料成为焊接结构设计的重点，焊接材料的选择对保证焊接结构的制造质量和安全运行具有十分重要的意义。

5.2.2.1 母材的选择原则

焊接结构选用的材料(母材)应具有较好的焊接性能。选择焊接结构材料时不仅要熟悉材料的各种性能，还应考虑焊接结构的使用条件、环境条件、体积、刚性与质量要求，工艺性能以及经济性等。

(1) 使用条件

焊接结构的选用首先应符合使用条件。使用条件主要是指工作荷载、工作温度、工作介质和使用寿命等。

焊接结构不仅承受静荷载、疲劳荷载的作用，还会承受冲击荷载及摩擦的作用。因此，所选材料不仅应具有足够的静载强度，还应有足够的抗疲劳断裂性能和抗冲击荷载性能等。对于承受摩擦的构件，材料应具有较高的耐磨性；对于承受动荷载的结构，则材料应具有高冲击吸收功和抗裂纹扩展能力。

焊接结构的工作温度范围较大，可从－296 ℃到 800 ℃。当焊接材料长期在高温下工作时，应依据材料在最高工作温度下高温短时强度和高温持久强度进行选材，其他性能要求的选择应以满足高温强度为前提。当温度低于 0 ℃时，随着温度降低，材料韧性逐渐下降，韧性不足会导致材料产生脆性断裂，致使结构整体失效。因此，在选择低温条件下工作材料时，应首先考虑材料在最低温度下的冲击韧性，其次考虑材料的抗拉强度和塑性等性能。

产品的工作介质，如酸、碱及其水溶液等物质，会对结构造成不同程度的腐蚀，如表面均匀腐蚀、点蚀、缝隙腐蚀、电化学腐蚀、品间腐蚀、应力腐蚀等。某些气体，如 H_2、H_2S 等，在一定应力作用下会导致材料氢脆。当焊接结构的工作介质是腐蚀性物质时，应按腐蚀特性的不同，选择具有一定耐蚀性的材料，其次考虑强度和韧性。

不同产品对焊接结构的寿命要求不同。有的产品寿命极短，例如运载火箭寿命仅为几分钟到几十分钟，此时应考虑最高温度下的短时强度；电热锅炉的运行寿命在 10 年以上，此时应考虑持久强度。

(2) 环境条件

焊接结构的工作环境对其寿命和可靠性的影响也是不可忽视的。工作环境对焊接结构的影响主要包括环境温度和环境介质。

环境温度对材料性能有着重要的影响，温度升高或减低，一方面影响材料的化学稳定性和组织稳定性，另一方面影响材料的强度、延性和韧性。高温下工作的焊接结构，要求材料具有足够的高温强度，良好的抗氧化性与组织稳定性，较高的蠕变极限和持久塑性等。常温下工作的焊接结构，其工作温度为自然环境温度，要求材料在环境温度下具有良好的强度、延性和韧性。低温下工作的焊接结构，要求材料具有优良的低温性能，主要是低温韧性和延性。材料的韧性-脆性转变温度低于材料的工作温度，并且材料应具有足够的低温断裂韧度，以防止产生低温脆性破坏。

焊接结构的环境介质是指焊接结构使用过程中直接接触的周围介质。这些介质以气体、液体、固体或者组合状态存在，对材料有不同性质和不同程度的腐蚀作用。材料的腐蚀程度会影响焊接结构寿命、产品质量、主反应和副反应速度以及安全可靠性等。应力腐蚀裂纹长大到一定尺寸后还会引起脆断和泄露。例如船体结构长期与海水和海洋气候接触，除了进行防腐蚀设计外，还要考虑选择具有一定耐海水腐蚀的材料。

(3) 体积、刚度与重量要求

对体积、刚度和重量有所要求的焊接结构，如车、船、起重机及宇航设备等，选择强度较高的材料，如轻合金材料，以达到减小体积和减轻重量的目的。选用低(微)合金高强度钢代替普通的低碳钢，焊接结构的重量可大幅减少。然而，选用强度较高的材料，有时会导致焊接结构的刚度降低。

(4) 工艺性能

应考虑的工艺性能包括金属的焊接性能，冷、热加工工艺性能，热处理性能等。金属的焊接性能指金属材料对焊接加工的适应性。它包括工艺焊接性能、使用焊接性能和材料对各种焊接工艺的适应性。工艺焊接性能指材料焊接后形成完整焊接接头和结构的能力。通常以材料对形成诸如裂纹、气孔等焊接缺陷敏感性的大小以及所采取的工艺措施的复杂程度来衡量工艺焊接性能的优劣。使用焊接性能指材料经焊接加工所形成的焊接接头和结构能满足产品制造技术条件和安全服役要求的程度，结构及其所用材料不同，具体要求和指标也不同。材料的冷、热加工切割性能包括能够进行各种冷切割加工和热切割加工两个方面。材料的冷、热加工成型性能往往用材料对应变时效脆性倾向和回火脆性倾向的大小来评价。材料自身性能以及加热温度、保温时间、升温温度、冷却温度等都对热处理后的材料性能有很大影响。

(5) 经济性

材料是产品成本重要的组成部分。应按照焊接产品承受荷载的特征、使用条件、寿命要求及制造工艺复杂程度等进行合理选材。强度等级低的钢材，其价格也较低，焊接性能好，但是在重荷载作用下，会导致产品尺寸和重量增大；强度等级较高的钢材，虽然价格较高，但可以节省用料，减小产品尺寸和重量。此外，选材时还应考虑材料强度等级不同时，材料加工、焊接难易程度对制造费用产生影响。

选择结构材料时必须充分考虑焊接结构材料应满足使用性能要求和加工性能要求，经过对其工况条件和各种材料在不同使用条件下的性能数据进行全面分析对比和精确计算，最终确定最适用的、经济性最好的结构材料。

5.2.2.2　焊接材料的选择原则

焊接材料的选择应根据母材的力学性能和化学成分，焊件的工作条件和使用情况，焊件复杂程度、刚度及焊缝位置，操作工艺、设备及施工条件，生产效率和经济性等因素综合考虑。具体原则如下：

(1) 母材的力学性能和化学成分

从等强度观点出发，选择满足机械性能要求的焊缝金属，或者结合母材的焊接性能，改用不等强度但韧性或抗裂性能较好的焊接材料，但需改变焊缝的结构形式，以满足等强度和等刚度的要求。焊缝金属抗拉强度通常等于或稍高于母材，但焊缝强度不能过高。对于刚性大、受力情况复杂的焊接结构，特别是高强钢结构，为了改善施工条件，降低预热温度，可选用比母材强度低一级的焊接材料。对于耐热钢和各种耐腐蚀钢，为了保证焊接接头的高温性能或耐腐蚀性能，要求焊缝金属的主要合金成分与母材相近或相同。当母材化学成分中碳、硫或磷等有害杂质含量较高时，应选用抗裂性和抗气孔性较强的焊接材料，如低氢型焊条。

（2）焊件的工作条件和使用情况

焊件承受动荷载和冲击荷载时，除了要求保证抗拉强度和屈服强度外，对冲击韧性和塑性均有较高要求，此时应选择韧性和塑性较好的焊接材料，如低氢型、钛钙型和氧化铁型焊接材料；在高温或低温条件下工作的焊条，应选用耐热钢或低温钢用焊接材料；焊件在腐蚀介质中工作时，必须分清介质的种类、浓度、工作温度以及腐蚀类型，从而选择合适的不锈钢焊条；焊件在受磨损条件下工作时，必须区分是一般磨损还是冲击磨损、是金属磨损还是磨粒磨损、是常温下磨损还是高温下磨损等，还应考虑是否在腐蚀介质中工作，以选择合适的堆焊焊条。

（3）焊件复杂程度、刚度及焊缝位置

形状复杂或大厚度的焊件，由于其焊缝金属在冷却收缩时产生较大的内应力，容易产生裂纹。因此，必须采用抗裂性能好的焊接材料，如低氢型焊条、高韧性焊条或氧化铁型焊条等。焊接部位为空间任意位置时，必须选用能进行全位置焊接的焊条或药芯焊丝。接头坡口难以清理干净时，应采用氧化性强且对铁锈、油污等不敏感的酸性焊条或焊丝。

（4）操作工艺、设备及施工条件

在保证焊缝使用性能和抗裂性能的前提下，酸性焊条的操作工艺性能较好，可尽量采用酸性焊条。在密闭容器内或通风不良的场所焊接时，应尽量采用低尘、低毒焊条或者酸性焊条。在焊接现场没有直流弧焊机和焊接结构要求必须使用低氢型焊条的情况下，应选用交、直流两用的低氢型焊条，而且要求交流弧焊机的空载电压大于 70 V，才能保证焊接操作的正常进行。

（5）生产效率和经济性

对于焊接工作量大的结构，有条件时应尽量采用高效率焊条，如铁粉焊条、高效率不锈钢焊条、重力焊条或底层焊条等专用焊条。当酸性焊条和碱性焊条均可满足性能要求时，为了改善焊工的劳动条件，应尽量采用酸性焊条。CO_2或 $Ar+CO_2$混合气体保护焊接所用实心焊丝及药芯焊丝，具有自动化程度较高、质量好、成本低、适于现场施工等优点，应尽量优先采用。

5.3 焊接接头的工艺设计

5.3.1 焊接接头的基本类型

焊接接头是连接焊接结构各零部件的基本元件，是焊接结构中不可拆卸的组成部分，由焊缝、熔合区、热影响区和邻近的母材构成。焊接接头的作用是将被焊工件连接成整体，并传递结构所承受的荷载。对于全焊结构来说，焊接接头的性能和质量，是决定结构工作寿命和可靠性的重要因素。正确的接头设计，对于保证结构的整体质量具有重要的意义。焊接接头按所采用的焊接方法可分为熔焊接头、压焊接头、钎焊接头三大类。本节以熔焊焊透为例，介绍焊接接头的基本类型。

熔焊接头按组对的形式，可分为对接接头、T 形接头、直角接头、搭接接头及卷边接头，如图 5-9 所示。其中最常用的是对接接头、T 形接头和直角接头。

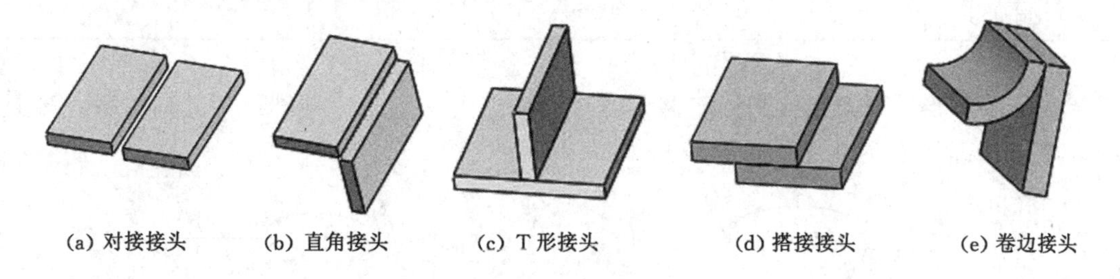

图 5-9　熔焊接头的基本类型

(1) 对接接头

对接接头因为受力均匀，应力集中较小，其强度可以达到与母材基本相等，是焊接结构应用中最广的接头形式。按照焊接的壁厚和所选用的焊接工艺，对接接头可以采用卷边对接、直边对接、V 形坡口对接、X 形坡口对接、U 形坡口对接、J 形坡口对接、双面 T 形坡口对接等各种坡口形式，如图 5-10 所示。

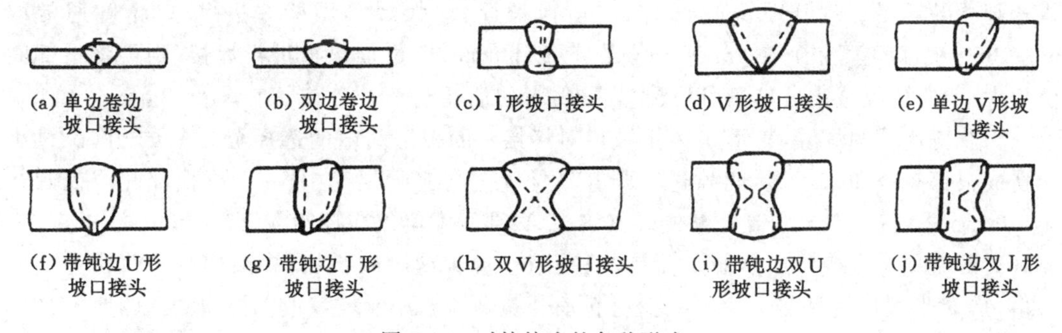

图 5-10　对接接头的各种形式

直边对接接头亦称为 I 形坡口对接接头。其组队方式和装配公差要求如图 5-11 所示。这种接头的特点是利用坯料的切割边缘直接相对或以最少的机械加工量完成坡口制备，并可以最小的填充金属量焊制全焊透的焊缝。因此，它是一种最为经济的对接接头形式。直边对接接头适用的壁厚范围，取决于所选用焊接方法的熔透能力和焊件材质的冶金质量。表 5-2 列出主要焊接方法可焊接的直边对接接头的极限厚度。

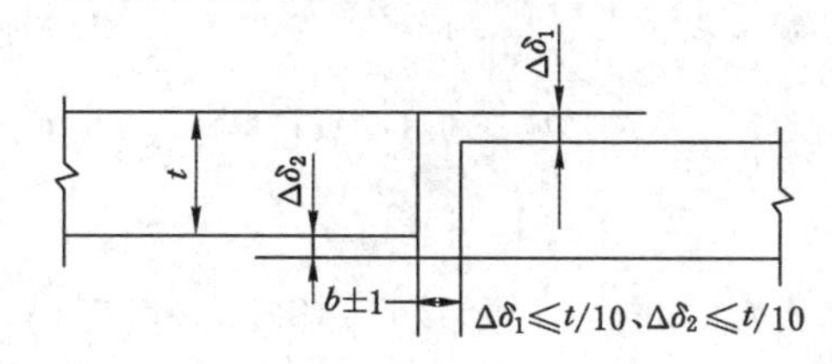

图 5-11　直边对接接头的组队方式和装配公差要求

表 5-2 主要焊接方法可焊接的直边对接接头极限厚度 单位:mm

焊接方法	TIG 焊	脉冲 TIG 焊	焊条电弧焊	MIG 焊	埋弧焊	电渣焊
单面焊	3.0	5.0	4.0	6.0	14	400
双面焊	5.0	8.0	6.0	10	20	—

V 形和 X 形坡口对接接头由于制备容易而被广泛采用。这种坡口的几何参数主要是坡口角 α、根部间隙 b 和钝边高度 p,如图 5-12 所示。

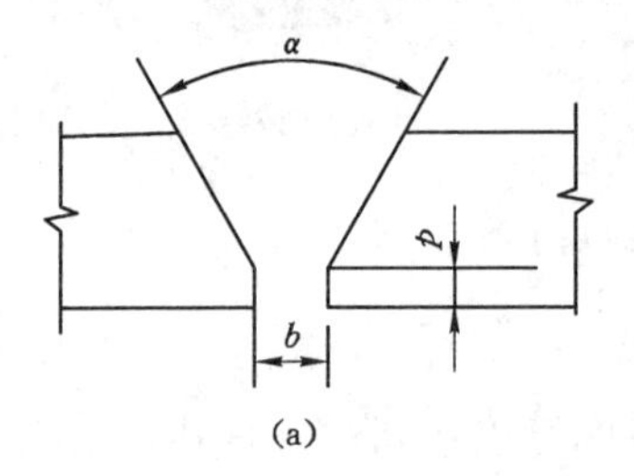

(a)

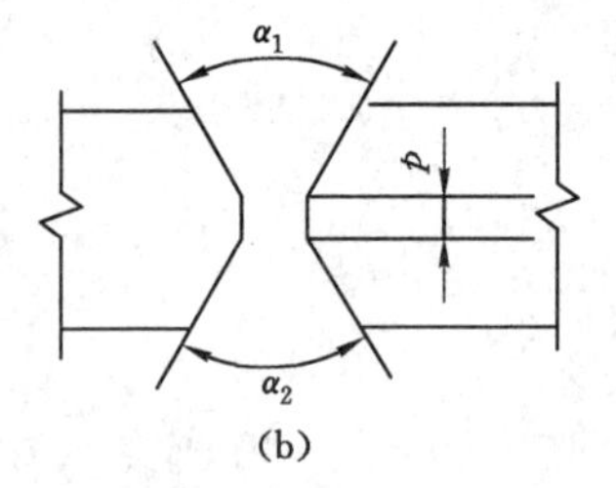

(b)

图 5-12 V 形和 X 形坡口的几何参数

将接缝边缘开 V 形坡口,使焊条或焊嘴可伸入接缝的底部而将其熔透,以达到焊制全焊透焊缝的目的。对于焊条电弧焊、气体保护焊、埋弧焊等焊接方法,坡口角度通常取 60°~65°,根部间隙为 0~3 mm。如果施工条件允许,或可加垫板进行焊接,则可将根部间隙放大,但应相应减小坡口角,以减少焊接材料的消耗量。

为获得优质的焊缝,V 形或 X 形坡口对接接头的根部间隙的选择至关重要。间隙过小会造成根部夹渣和未焊透,间隙过大则容易烧穿。在实际生产中,一般将根部间隙控制在 ±1.0 mm之内;对于要求高质量的焊接接头,根部间隙偏差应控制在 ±0.5 mm 之内。

V 形坡口对接接头虽然制备简易,但是随着接头壁厚的增加,焊接材料的消耗量增加过多,是 X 形坡口的 2 倍。为了减少材料消耗量,可将 V 形坡口改为 X 形坡口,如图 5-13 所示。

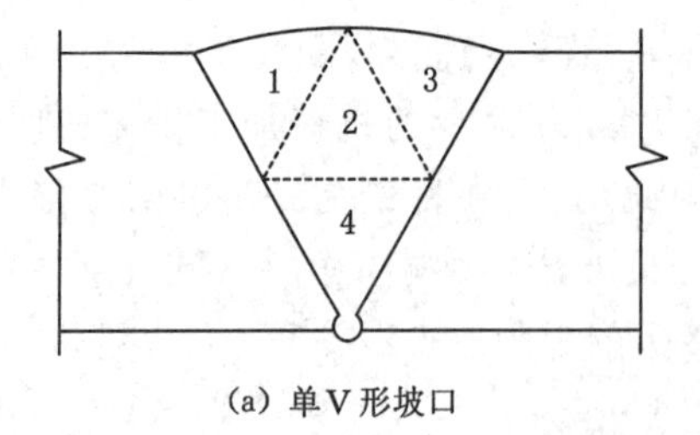

(a) 单V形坡口

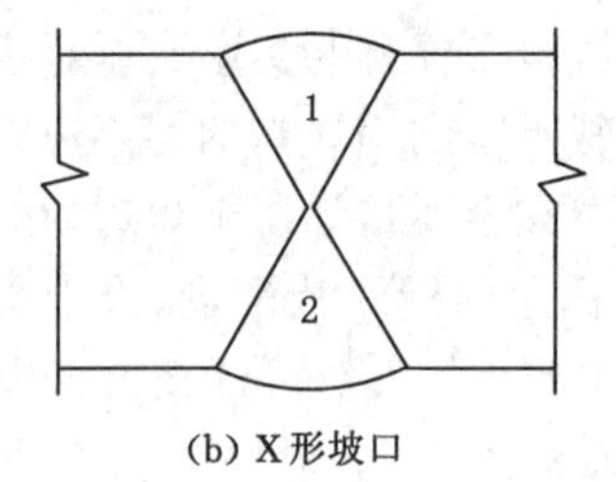

(b) X形坡口

图 5-13 单 V 形坡口和 X 形坡口焊缝截面的对比

(2) 角接接头

角接接头是常见的接头形式,包括 T 形接头、搭接接头和直角接头。

T 形接头是两个相互垂直或成一定角度相交的被焊构件,以角焊连接的接头。这种接头有多种形式,或以直边相接,或在相接的边缘开成不同形状坡口,可以是全焊透的焊缝,也可以是局部焊透的焊缝,如图 5-14 所示。

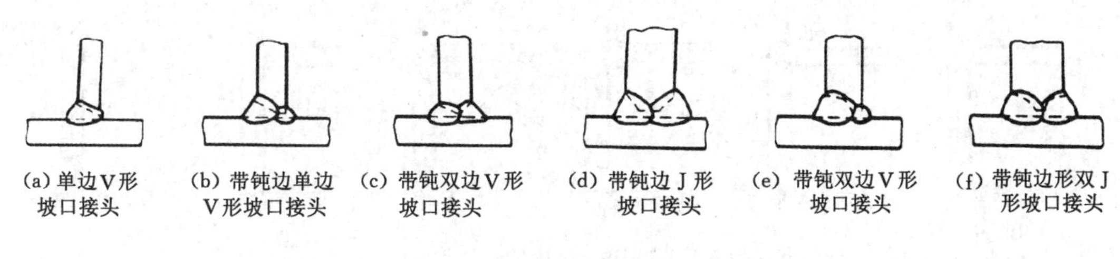

图 5-14　T形接头的各种形式

角接接头由 2 个厚度不等的构件组成时，焊脚尺寸应按厚度较薄的构件计算。在保证角焊缝强度的前提下，为缩小焊缝的截面积，可将角接边缘开一定深度的坡口，如图 5-15 所示。当焊脚尺寸相同时，开坡口角焊缝的截面积仅为直角角焊缝截面积的 1/2。

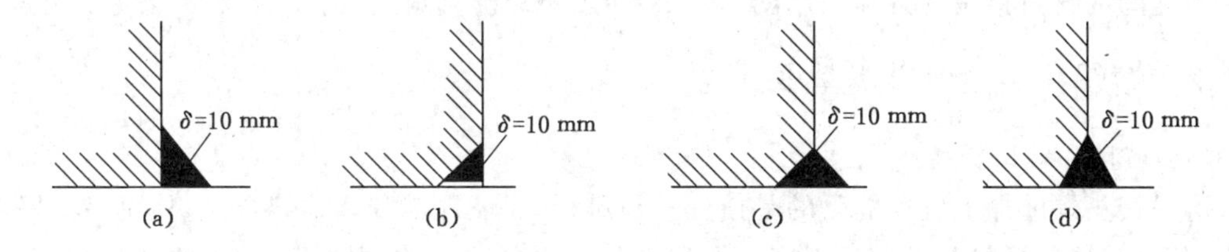

图 5-15　焊脚尺寸相同的各种角接接头焊缝横截面面积的对比

搭接接头是将两个构件部分重叠在一起，或加上特制的附件，以角焊缝连接起来的接头。其基本形式如图 5-16 所示。这些接头用力学观点分析有较多的缺点，主要是应力不均匀、应力集中、疲劳强度较低。另外还有母材的利用率不高、搭接面有间隙、易产生腐蚀等缺点。搭接接头由于焊接前准备工作量少，装配较简易，且焊接变形较小，因此在接头强度要求不高的焊接结构中仍被广泛采用。

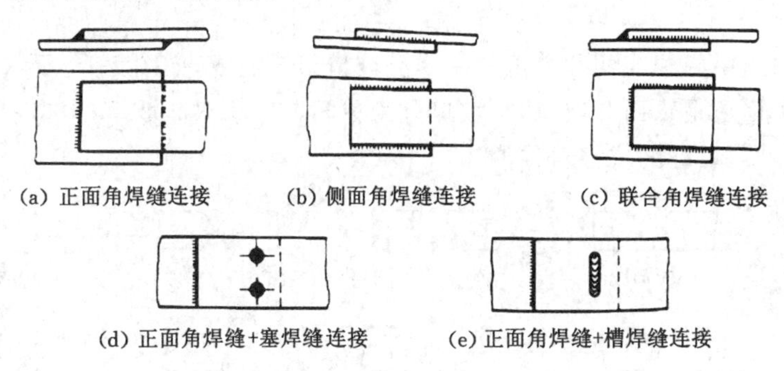

图 5-16　搭接接头的基本形式

直角接头是连接两个相交成 90°或接近 90°构件端部的接头，主要用于箱形结构各构件的连接。常见的直角接头形式如图 5-17 所示。

图 5-17(a)所示直角接头形式最为简单，以两条直边相切组装。由于待连接元件直边端面不相互支托，故组对较困难，且第一层焊道焊接时容易烧穿，必须用小直径焊条低电流焊接，从接头的强度考虑，其承载能力最差，焊根部位应力集中严重。因此在实际结构中应尽量避免采用这种直角接头形式。图 5-17(b)所示直角接头便于组装，不容易焊穿，焊缝金属的填充量大幅减少，但承载能力仍较差。如结构形状容许双面焊接，则最好采用图 5-17(c)

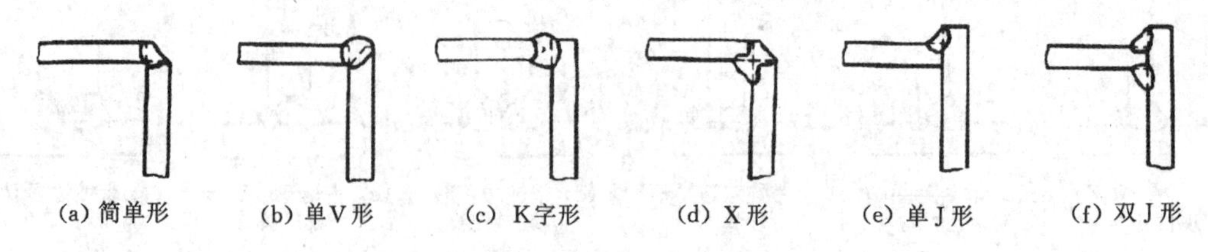

图 5-17　直角接头的各种形式

所示接头形式。如果所连接元件的壁厚较大，则应采用图 5-17(d)所示局部焊透开坡口的接头。对于强度要求较高的厚壁接头，则可将其中一个元件的端边加工成 J 形坡口，如图 5-17(e)所示。对于按强度设计的直角接头，如果高压管道之间小直径高压厚壁容器筒身与平端盖之间的直角接头则必须采用图 5-17(f)所示全焊透直角接头。

5.3.2　熔焊接头的坡口类型及尺寸

(1) 坡口和坡口类型

熔焊接头焊前加工坡口的目的是使焊接易进行，保证焊透和调整熔合比，从而保证焊接质量。因此，坡口形状和尺寸的正确选择和设计是十分重要的。熔焊接头的坡口根据其形状可分为基本型、组合型和特殊型三类。

基本型坡口是一种形状简单、加工容易、应用普遍的坡口。其坡口形式如图 5-18 所示。

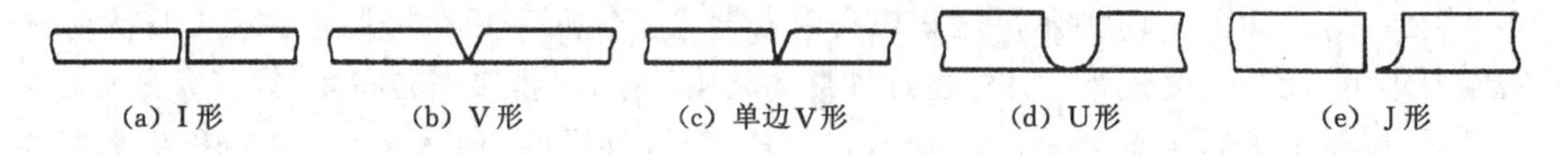

图 5-18　基本型坡口

组合型坡口是由两种或两种以上的基本型坡口组合而成，如图 5-19 所示。设计时可根据被焊工件是单面还是双面开坡口，将坡口分为单面坡口和双面坡口；根据板材厚度和焊接工艺要求，可设计成对称的或不对称的。

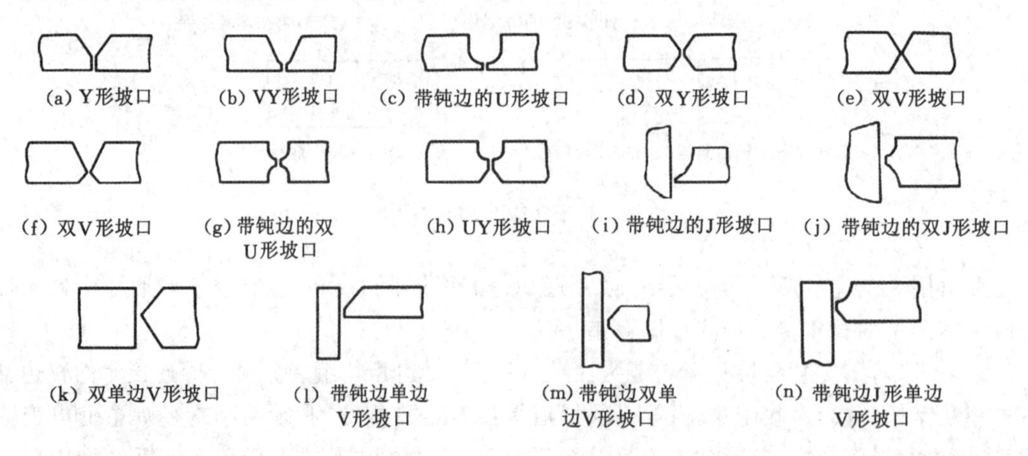

图 5-19　组合型坡口

特殊型坡口是不属于基本型又不同于组合型的形状特殊的坡口。这种坡口按我国标准规定主要有卷边坡口，带垫板坡口，锁边坡口，塞焊、槽焊坡口等，如图5-20所示。

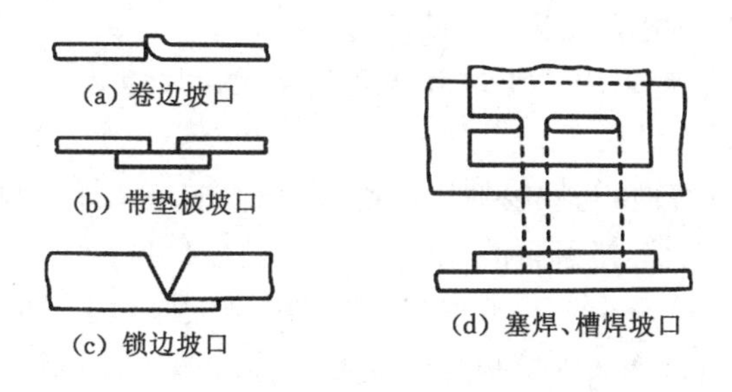

图5-20　特殊型坡口

(2) 坡口尺寸

坡口尺寸的加工精度会对接头的焊接质量与焊接的经济性具有一定影响。所以，为适应现代焊接技术的发展，设计时规定坡口尺寸加工精度是必要的。坡口尺寸名称及其代号字母主要有：坡口角度α、根部间隙b、钝边高度p、坡口面角度β、坡口深度H、根部半径R等，如图5-21所示。

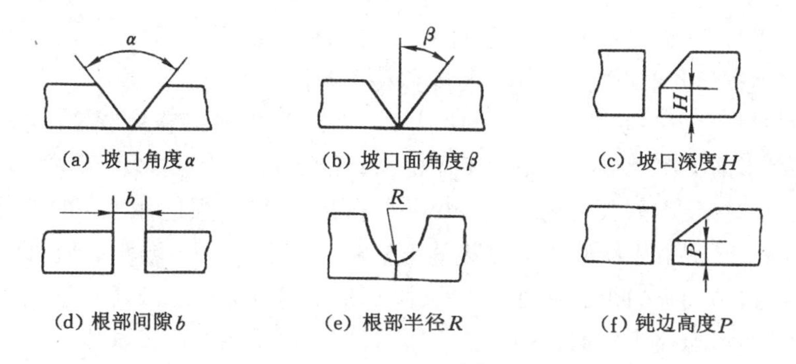

图5-21　坡口尺寸符号

(3) 坡口的选择和设计原则

选用何种形式的焊接坡口，主要取决于被焊构件的厚度、焊接方法、焊接位置和焊接工艺。此外，还要尽量做到：

① 焊接质量达到要求(最基本的要求)。

② 便于焊接，对于不能翻转或内径较小的容器，为避免大量的仰焊工作和便于采用单面焊双面成型工艺，宜采用V形或U形坡口。

③ 坡口加工方便，V形坡口是加工最简单的一种。因此，能采用V形或X形(双V形)坡口就不采用U形或双U形坡口等加工工艺较复杂的坡口类型。

④ 坡口的横截面面积尽可能小，这样可以减少焊接材料的消耗量、焊接工作量，并节省电能。

⑤ 便于控制焊接变形，适当的坡口形式能防止变形。

对于焊条电弧焊，板厚小于6 mm时，在保证焊透的情况下可采用I形坡口。对于埋弧焊，进行双面焊时，通常板厚小于16 mm也可以采用I形坡口。板厚超过上述数值则需开

V形、Y形或X形坡口,坡口角度为50°～60°。对于焊条电弧焊,从一面进行焊接,另一面用碳弧气刨清根再施焊,大多数采用Y形坡口。

通常在下列情况下采用双面不对称坡口:

① 需要清根的焊接接头,为了使焊缝两侧的熔敷金属量相等,清根一侧的坡口设计得小一些。

② 固定接头必须仰焊时,为减少仰焊熔敷金属量,应将仰焊一侧的坡口设计得小一些。

③ 为防止清根后产生根部深沟槽,浅坡口一侧的坡口角度应增大。

V形和钝边高度为2 mm的Y形坡口,当板厚增大时,坡口的横截面面积显著增大。焊接材料的用量、焊接工作量及焊接角变形也随之增加。因此,板厚为22～24 mm时宜采用X形坡口,而且根据焊接工艺要求,以非对称X形坡口居多。尤其在现场对接焊情况下,用焊条电弧焊封底时,封底焊一侧的坡口深度可取(1/3～2/3)板厚,从而减少焊接工作量。

5.3.3 焊接接头的设计原则

焊接结构的破坏往往起源于焊接接头区域,除了受材料和焊接结构制造工艺的影响外,还与焊接接头的设计有关。设计焊接结构时,为了正确、合理地选择焊接接头的类型及坡口形状和尺寸,主要应该综合考虑以下四项:① 必须保证接头满足使用要求;② 焊接容易实现,变形能够控制;③ 焊接成本低,接头准备和实际焊接所需费用低,经济性好;④ 制造施工单位具备完成施工要求所需的技术、人员和设备条件。

接头类型的确定主要取决于设计条件、结构特点、受力状态和板厚等。如前所述,接头类型有很多种,不同类型的接头可采用不同的坡口形式,在两种或多种可选接头中选择一种接头,考虑是工作接头还是联系接头。如果是工作接头,则要求这种接头的焊缝必须具有与母材相等的强度,必须采用能够完全焊透的方法进行焊接——开坡口焊缝,即全熔透焊缝;若是联系接头,这种接头的焊缝承受的力很小,此时焊缝就不一定要求焊透或连续焊接。另外,这种选择主要考虑接头的准备和焊接成本,影响焊接准备和焊接成本的主要因素是坡口加工、焊缝填充金属量、焊接工时及辅助工时等。

在设计焊接接头时,除了上述必须考虑的设计要求和经济性以外,既要为施工提供方便,又要充分考虑所设计的接头焊接容易、焊接变形可以控制、施工条件易具备。在设计中应尽量使接头类型简单、结构连续,并将焊缝尽可能安排在应力较小以及结构几何形状、尺寸不变的部位。

降低接头部位的刚性也是接头设计时应该考虑的原则之一。接头的刚性大,在焊缝未达到屈服点之前变形量很小,因而在铰接处理接头中(如桁架的节点)会产生很大的附加应力。在这些接头中应采取适当措施,例如减小焊缝截面尺寸、增加节点柔性、改变焊缝位置等,以减小接头刚度。焊接接头的其他设计原则及其不合理的设计与合理的设计举例见表5-3。

在设计焊接接头时,不仅要考虑上述介绍的焊接接头的一般设计原则,还要注意接头的可行性、可检测性以及为防止或减小腐蚀设计上应考虑的问题。

在熔焊接头焊接时,为保证能够获得理想的接头质量,必须保证焊条、焊丝或电极能方便地到达要焊接的位置,这就是熔焊接头设计时要考虑的可行性问题。

接头的可检测性是指接头检测面的可接近性和几何形状与材质的检测适宜性。考虑焊接接头的可检测性时，往往是根据必要性，而不是根据技术上的可能性来决定的。所以，焊接质量要求越高的接头，越要注意接头的可检测性。

腐蚀介质与金属表面直接接触时，在缝隙内和其他尖角处常发生强烈的局部腐蚀。这种腐蚀与缝隙内、尖角处积存的少量静止溶液和沉积物有关，这种腐蚀称为缝隙腐蚀或者沉积腐蚀。防止和减少这种腐蚀的方法有：① 力求采用对接焊，焊缝焊透，不采用单面焊时根部有未焊透的接头；② 要避免接头缝隙和接头区形成尖角和结构死区，要使液体介质能完全排放、便于清洗，防止固体物质沉积在结构底部。

表 5-3　接头设计原则及焊接接头的合理、不合理设计示例

接头设计原则	不合理的设计	合理的设计
焊缝应布置在工作时最有效的地方，用最少的焊缝量得到最佳的效果	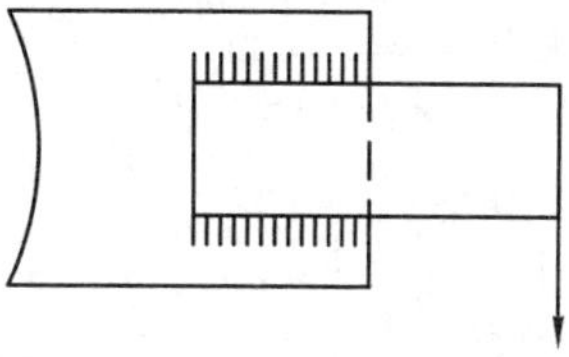	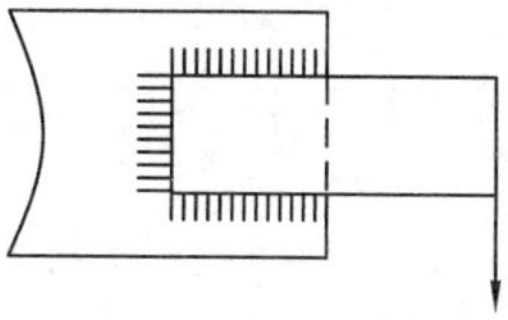
焊缝的位置应便于焊接及检查		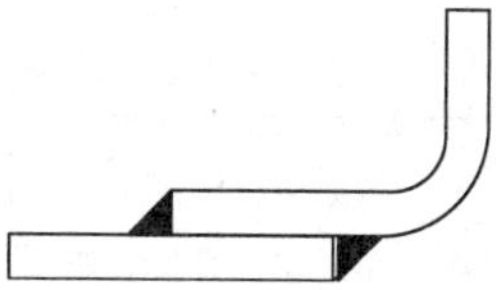
在焊缝的连接板端部应有较缓和的过渡	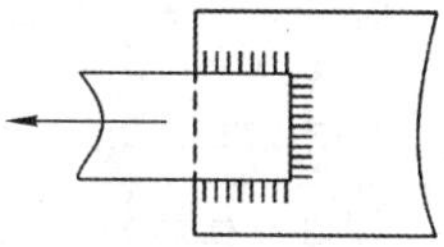	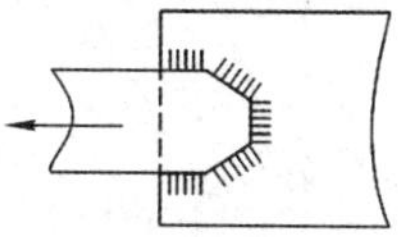
加强筋等端部的锐角应切去，板的端部应包角	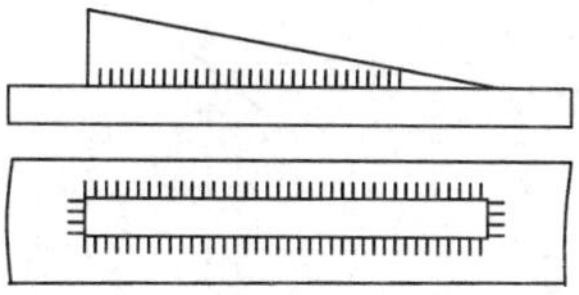	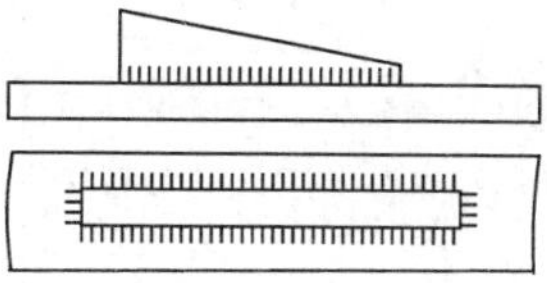
焊缝不宜过分密集	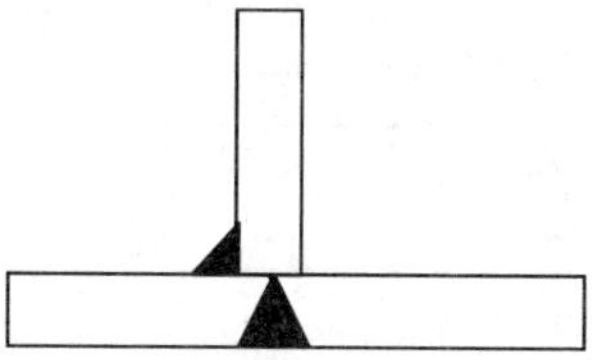	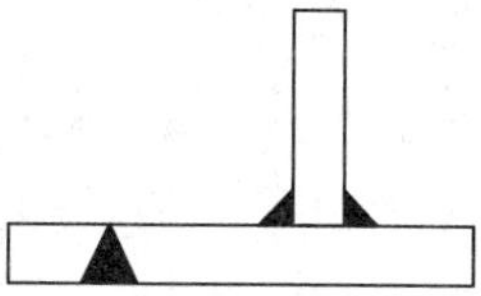
避免焊缝交叉	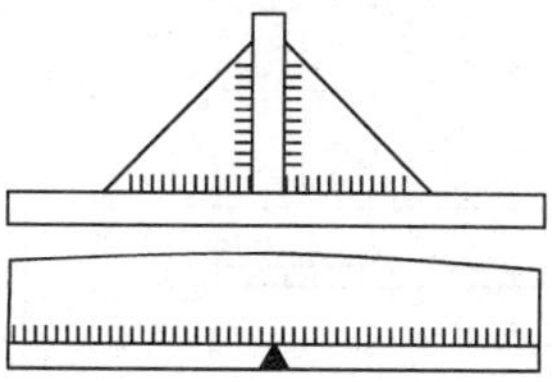	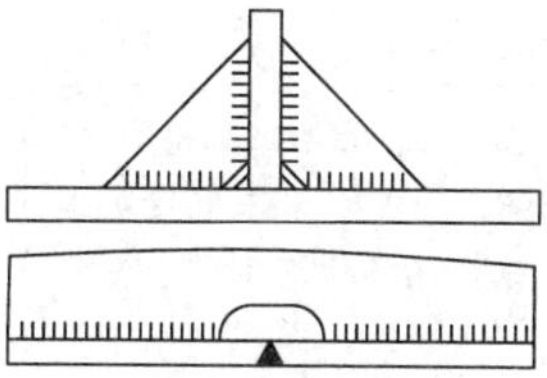

表 5-3(续)

接头设计原则	不合理的设计	合理的设计
焊缝布置应尽可能对称并且靠近中心轴	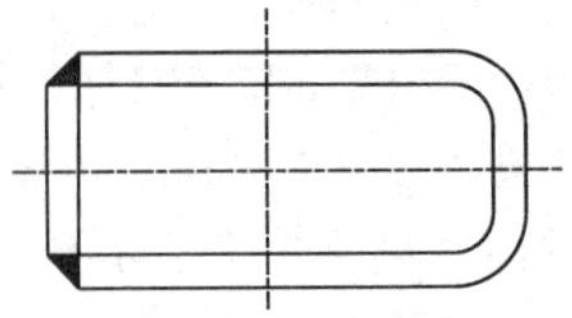	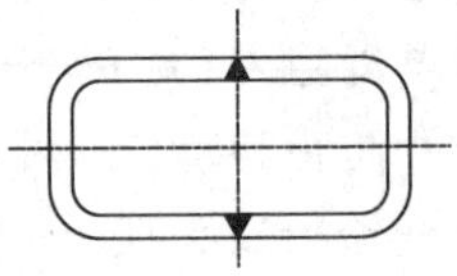
受弯曲作用的焊缝未焊侧不要位于受拉应力处	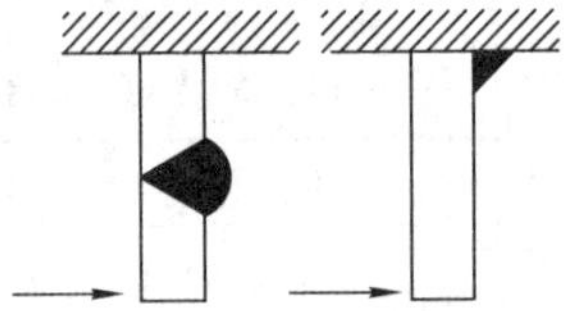	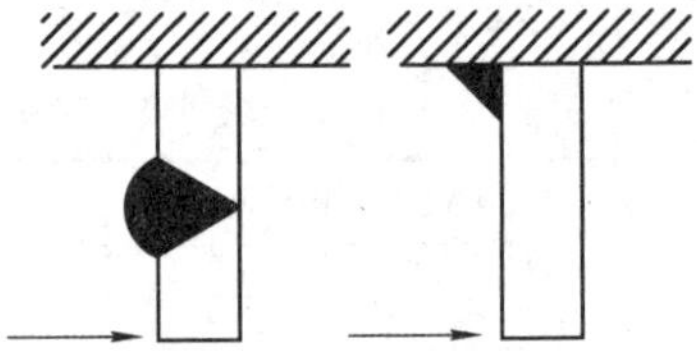
避免将焊缝布置在应力集中处，对于动载结构尤其注意	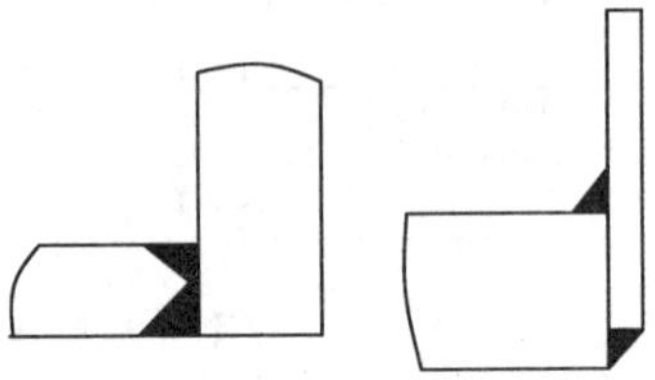	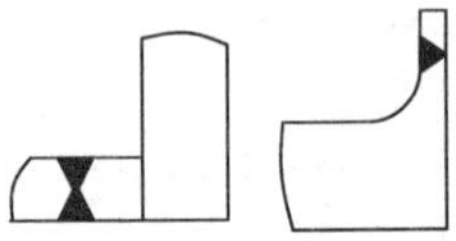
避免将焊缝布置在应力最大处	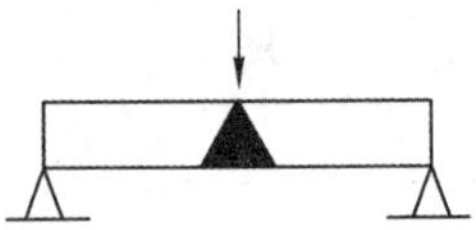	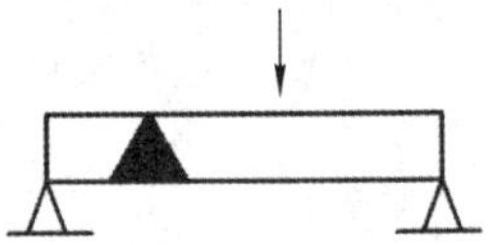
焊缝应避开加工表面	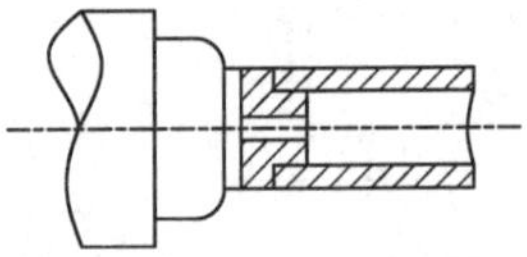	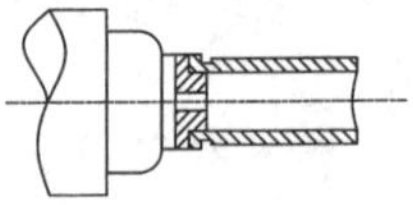
埋弧焊时焊缝位置应使焊接设备的调整次数及工件的翻转次数最少	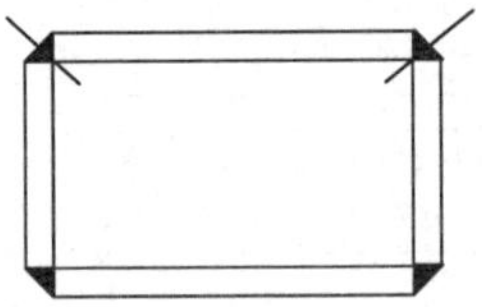	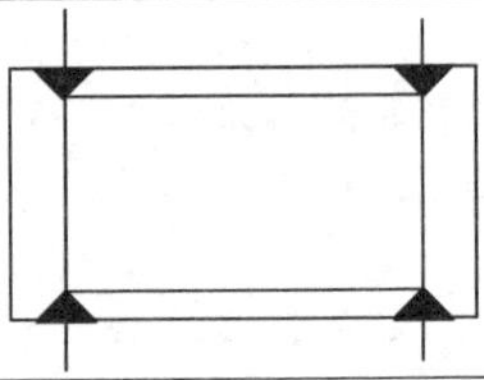
电渣焊时应尽量将焊接处的截面设计成规则的形状	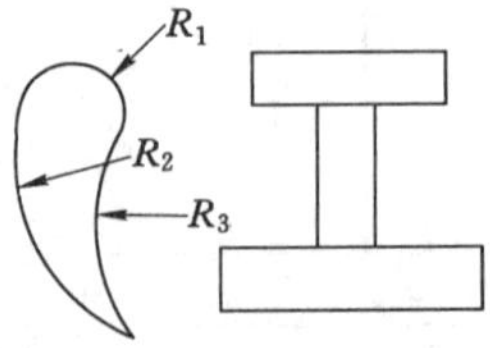 R_1 R_2 R_3	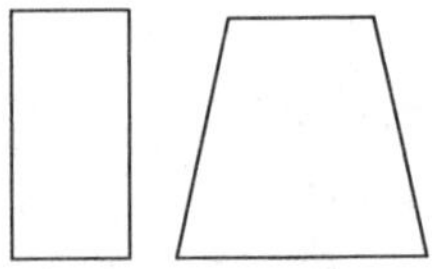
钎焊接头应注意增加焊接面，可将对接改为搭接，搭接长度为板厚的 4～5 倍	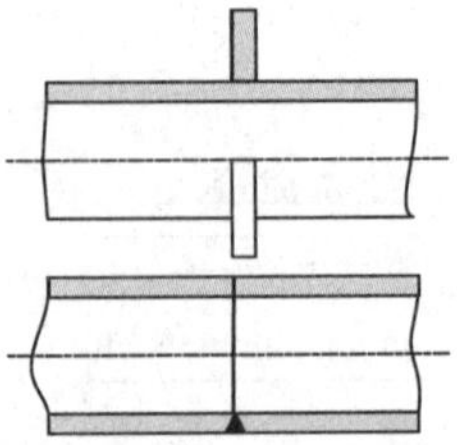	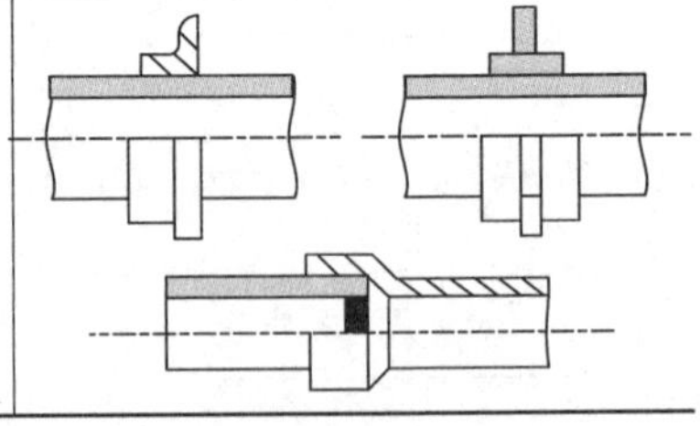

5.4　焊接实例

某压力容器制造厂专业生产各种厚壁压力容器。压力容器的壳体采用碳钢或低合金钢厚板卷制成型，并通过环缝组焊而成。现要求生产一种中压容器，如图 5-22 所示，材料采用 16MnR 低合金钢（钢板尺寸为 1 200 mm×5 000 mm），要求容器的筒身厚度为 12 mm，封头厚度为 14 mm，人孔圈厚度为 20 mm，管接头厚度为 7 mm。生产模式为小批量生产。试制定焊接工艺方案。

根据板料尺寸，筒身应分为三节，分别冷卷成型。为避免焊缝密集，三段筒身上的纵焊缝可相互错开 180°。封头应采用热压成型，与筒身连接处应有 30～50 mm 的直线段，使焊缝避开转角应力集中处。人孔圈因板厚较大，一般加热卷制。按照前述焊接方法、焊接材料以及焊接接头的选择设计原则，可得到如图 5-23 所示焊缝布置图。

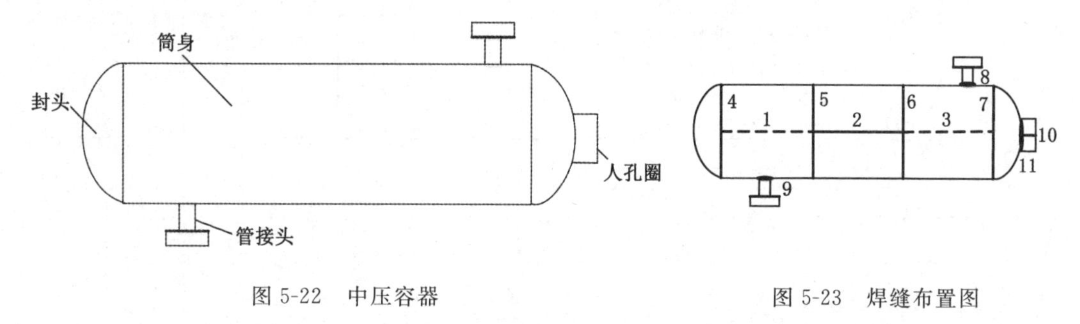

图 5-22　中压容器　　　　图 5-23　焊缝布置图

对于低合金中压容器用焊接材料，一般按照与母材等强度的原则来选用。要求焊接金属的强度不低于母材标准规定的下限值，同时应注意焊接材料的熔敷金属的抗拉强度不能高于母材的抗拉强度太多，而导致焊缝塑性降低、硬度增大，不利于随后的制造成型。

由于是小批量生产，属于薄壁焊接，从经济性和焊接工艺特点方面分析手工电弧焊比较合适。对于筒身纵缝和筒身环缝，由于焊缝较长且对质量要求较高，选用埋弧焊双面焊。所选焊接方法、接头形式及焊接材料的详细描述见表 5-4。

表 5-4　中压容器的焊接

序号	焊缝名称	焊接工艺	接头形式	焊接材料
1	筒身纵缝 1、2、3	埋弧焊自动焊双面焊（质量高），先内后外		焊丝：H08MnA 焊剂：431 焊条：J507
2	筒身环缝 4、5、6、7	4、5、6 埋弧焊双面焊，先内后外；7 装配后先内部用手弧焊封底，再用埋弧焊焊外环缝		

表 5-4(续)

序号	焊缝名称	焊接工艺	接头形式	焊接材料
3	管接头焊缝 8、9	插入式装配,手工电弧焊,双面焊	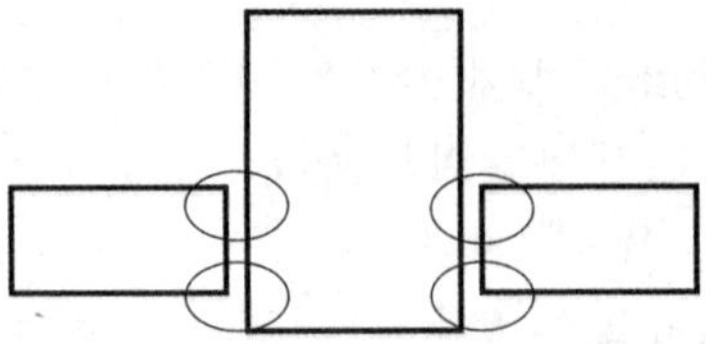	焊条:J507
4	人孔圈纵缝 10	手工电弧焊(焊缝短),平焊位置,V形坡口	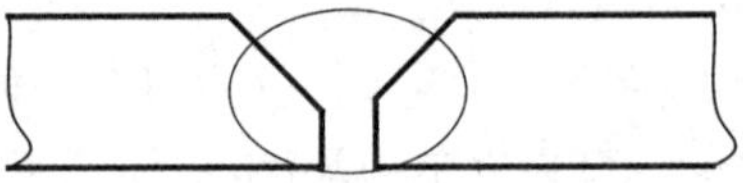	焊条:J507
5	人孔圈焊接 11	为立焊位置的圆周角焊缝,采用手工电弧焊,单面坡口双面焊,焊透	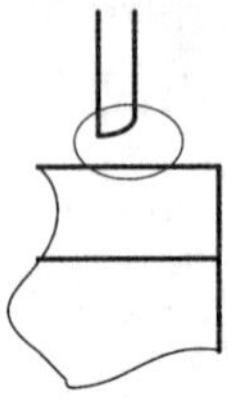	焊条:J507

第 6 章　注塑成型设计

6.1　注塑成型基础

注塑成型又称为注射模具成型，是一种注射、塑模加工方法，在机械、家电、医疗、航空、建材等领域越来越普及，不但能耗低、生产效率高，而且制品的生产精度高、一致性高、复杂性高、产品易更新换代。注塑成型模具在塑料制品产品生产中是必要的加工设备，其设计效率和质量很大程度上影响塑料成型产品的质量和生产效率。目前，在整个模具行业中塑料模具占 30%，模具出口中所占比例高达 50%～70%，模具成型技术反映了国家的制造水平。鉴于塑料成型工艺带来的广阔市场，注塑成型模具的规范化设计、材料的合理选用等对设计者提出了更高的要求。

6.1.1　常用注塑材料及特性

一般而言，常用注塑材料为塑料，其中塑料可分为两大类：热塑性塑料和热固性塑料。

热塑性塑料在常温下通常为颗粒状，加热到一定温度后变成熔融状，将其冷却后固化成型，若再次加热则又变成熔融状，可进行再次的塑化成型。因此，热塑性塑料可经加热熔融反复固化成型，所以热塑性塑料的废料通常可回收再利用，有“二次料”之称。热塑性塑料可分为通用塑料（如 PE、PP、PS、PVC、ABS 等）、工程塑料（如 PC、PA、POM、PBT、PPO、PPS、LCP 等）和合金（如 PC、ABS 等）。塑料分类如图 6-1 所示。

热固性塑料是指加热到一定温度后变成固化状态，即使继续加热也无法改变其状态。因此，热固性塑料无法经再加热来反复成型，所以热固性塑料的废料通常是不可回收再利用的。

其中，工程塑料是指被用作工业零件或外壳材料的工业用塑料，其强度、耐冲击性、耐热性、硬度及抗老化性都很优秀。业界将它定义为“可以作为构造用及机械零件用的高性能塑料，耐热性在 100 ℃以上，主要运用在工业上”，其性能包括：

① 热性能：玻璃转移温度（T_g）及熔点（T_m）高；热变形温度（HDT）高；长期使用时温度高；使用温度范围大；热膨胀系数小。

② 机械性能：高强度、高机械模数、低潜变性、强耐磨损及耐疲劳性。

③ 其他：强耐化学药品性、强抗电性、强耐燃性、强耐候性、尺寸安定性佳。

通用性工程塑料包括聚碳酸酯（polycarbonate，简称 PC）、聚酰胺（又称为尼龙，polyamide，简称 PA）、聚缩醛（polyacetal 或 polyoxymethylene，简称 POM）、变性聚苯醚（poly phenylene oxide，简称变性 PPE）、聚酯（PETP，PBTP）、聚苯硫醚（polyphenylene sulfide，简称 PPS）、聚芳基酯。热硬化性塑料则有不饱和聚酯、酚塑料、环氧塑料等，其基本特性为：拉

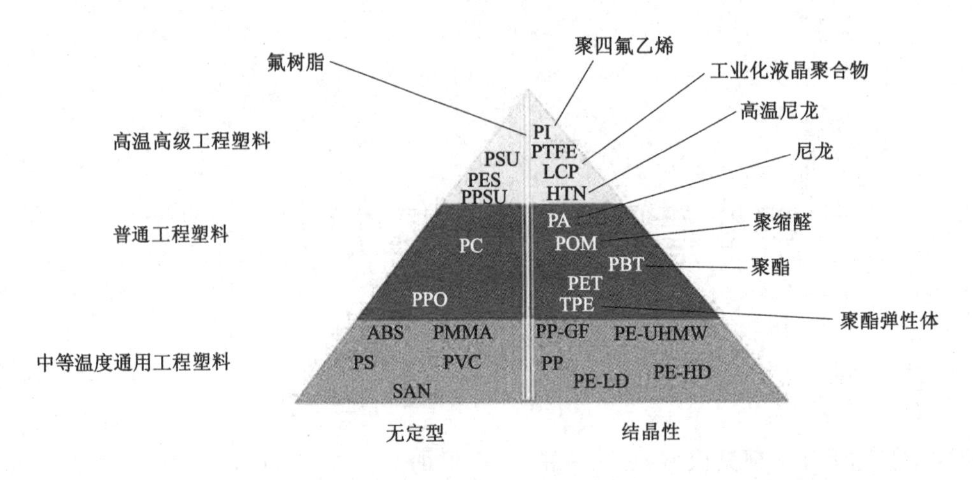

图 6-1　工程塑料分类

伸强度均超过 50 MPa，耐冲击超过 50 J/m，弯曲弹性率大于 24 000 kg/cm²，负载挠曲温度超过 100 ℃，硬度、老化性优。若改善聚丙烯的硬度和耐寒性，也可列入工程塑料。

此外，还包括强度较低但耐热性能优的氟素塑料、耐热性能优的硅化合物、聚酰胺酰亚胺、聚酰亚胺、PES、丙烯塑料、变性密胺塑料、PEEK、PE1、液晶塑料等。各种工程塑料的化学构造不同，所以其耐药品性、摩擦特性、电机特性等有所差异。由于各种工程塑料的成型性不同，因此有的适用于任何成型方式，有的只能以某种成型方式进行加工，这样就造成了应用上的限制。热硬化型工程塑料的耐冲击性较差，因此大多数添加玻璃纤维。工程塑料除了聚碳酸酯等耐冲击性大以外，通常具有硬、脆、延伸率小的性质，但是如果添加 30%的玻璃纤维，则其耐冲击性有所改善。

结晶性塑料的结晶构造是由许多线状、细长的高分子化合物组成的集合体，分子呈正规排列的程度称为结晶化程度（结晶度），因为每条分子链只有部分排列整齐，所以结晶性树脂其实只有部分是结晶的。结晶部分所占比例即结晶度。结晶化程度可用 X 射线的反射来量测。有机化合物构造复杂，塑料构造更复杂，且分子链的构造（线状、毛球状、折叠状、螺旋状等）多变化，致使其构造也因成型条件不同而有很大的变化。结晶度大的塑料为结晶性塑料，分子间的引力使之成为强韧的塑料。因此，若结晶性越高，则透明性越差，但强度越大。结晶性塑料有明显熔点（T_m），固体分子规则排列，强度较高，抗拉能力也较强。相对于结晶性塑料，非结晶性塑料则没有明显熔点，固体分子呈不规则排列，熔解时体积变化不大，固化后不易收缩，成品透明性佳，料温越高色泽越黄，成型过程中散热快。不定型与结晶性的不同如图 6-2 所示。

结晶性塑料的特性如下：

① 结晶构造中分子紧密靠在一起，所以结构很坚实，密度、强度、刚度、硬度增大，但是透明度降低。

② 结晶性树脂在熔点温度时比体积急剧降低，非结晶性树脂比体积在熔点温度时没有急剧变化。结晶度随树脂种类和冷却速度不同而不同，硬质聚乙烯结晶度高达 90%，尼龙的结晶度仅为 20%～30%。冷却速度越慢，结晶度越高。

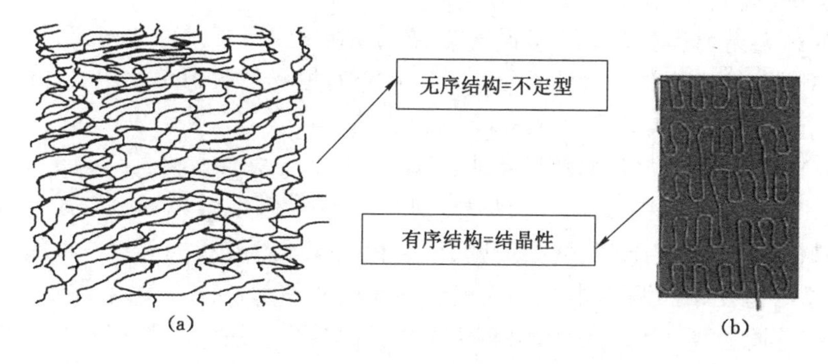

图 6-2　不定型与结晶性的不同

6.1.2　注塑材料的成型性能

（1）流动性

塑料的流动性实质上是指树脂聚合物所处温度大于其黏流温度时发生的大分子之间的相对滑移现象。在成型过程中，当成型温度和成型压力达到一定值之后，塑料原材料变成塑料熔体。此时塑料的流动性可以视为塑料熔体充满型腔的能力。塑料的流动性与塑料树脂本身的分子结构和塑料原材料的内部配方（即所用各种塑料助剂的种类、数量等）有很大关系。不同的塑料流动性不同，同一种塑料型号不同时流动性也不同。同时，成型加工的过程、成型工艺条件等都对塑料的流动性有影响。一般来说，塑料的流动性可以根据树脂聚合物的相对分子质量、熔体指数、阿基米德螺旋线长度、表观黏度及流动比等指标进行衡量。

表 6-1 为塑料流动性的一般分类。

表 6-1　塑料流动性的一般分类

流动性	塑料名称
好	尼龙、聚乙烯(PE)、聚苯乙烯(PS)、聚丙烯(PP)、醋酸纤维素
一般	聚甲基丙烯酸甲酯(PMMA)、ABS、聚甲醛(POM)、聚氯醚
差	聚碳酸酯(PC)、硬聚氯乙烯(PVC)、聚苯醚(PPO)

（2）收缩性

塑料制件从模具中取出冷却后一般都会出现尺寸缩小的现象，这种塑料成型冷却后体积收缩的特性称为塑料的成型收缩性。影响收缩的因素有很多，如塑料本身的热胀冷缩性、模具结构、成型工艺条件等。一般塑料收缩性大小常用收缩率来表征。收缩率分为实际收缩率 $S_{实}$ 和计算收缩率 $S_{计}$。

$$S_{实} = \frac{a-b}{b} \times 100\% \tag{6-1}$$

$$S_{计} = \frac{c-b}{b} \times 100\% \tag{6-2}$$

式中　a——塑料成型温度时的尺寸；

b——塑料常温时的尺寸；

c——塑料模具的型腔常温时的尺寸。

实际收缩率$S_{实}$表示塑件从其成型温度时的尺寸到常温时的尺寸之间实际发生的收缩百分数，因成型温度下塑料件的尺寸不便测量以及金属模具的收缩率比塑料件的收缩率小得多，所以生产中常用$S_{计}$代替$S_{实}$。

影响收缩率的因素有很多，如塑料品种、成型特征、成型条件及模具结构等。首先，不同种类的塑料，其收缩率各不相同；同一种塑料，塑料的型号不同，收缩率也不同。其次，收缩率与塑料成型制品形状、内部结构复杂程度、是否有嵌件等都有很大关系。再次，即使同一制品，如果模具结构设计思想不同，也会使塑料制品的收缩率不同。最后，在塑料制品的成型加工过程中，不同的成型工艺条件，也会导致塑料制品的收缩性发生较大变化，例如成型时如果料温过高，则制品的收缩性增大。总之，影响塑料的成型收缩性的因素很复杂，要想改善塑料的成型收缩性，不仅在选择原材料时要慎重，在模具设计、成型工艺的确定等方面还要认真思考，考虑多方面因素才能生产出质量更高、性能更好的产品。

(3) 吸湿性

吸湿性是指塑料与水的亲疏程度。有的塑料很容易吸附水分，有的塑料吸附水分的倾向不大，这与塑料本体的微观分子结构有关。一般具有极性基团的塑料对水的亲附力较强，例如聚酰胺、聚碳酸酯等，而具有非极性基团的塑料对水的亲附力较弱，比如聚乙烯等，对水几乎不具有吸附力。塑料的吸湿性对塑料的成型加工影响会导致塑料制品表面产生银丝、气泡等缺陷，严重影响塑料制品的质量。因此，在塑料成型加工前，通常都要对那些易吸湿的塑料进行烘干处理，确保制品质量。

(4) 热敏性

热敏性是指塑料受热、受压时的敏感程度，也可称为塑料的热稳定性。当塑料在高温或高剪切力等作用下时，树脂高聚物本体中的大分子热运动加剧，有可能导致分子链断裂和聚合物分子微观结构发生一系列化学、物理变化，宏观上表现为塑料的降解、变色等缺陷，具有这种特性的塑料称为热敏性塑料。塑料的热敏性对其加工成型影响很大，因此为了防止热敏性塑料在成型过程中受热分解等，通常在塑料中添加一些抗热敏的热稳定剂。

6.1.3 注塑成型设备

在注塑成型过程中，需要将塑料加热熔融并施加一定压力，迫使高温熔体注入模具，经冷却、固化而制成一定形状和尺寸精度的塑料制品，完成此工序的设备即注塑机（塑料注射成型机），是生产注塑制品的关键成型设备。

注塑成型设备一般可根据注塑机的外形特征、塑化方式、合模机构特征、加工能力等进行分类。

(1) 按照注塑成型设备的外形特征分类

注塑机按照注塑成型设备的外形特征可分为立式注塑机、卧式注塑机、角式注塑机。

① 立式注塑机。如图 6-3 所示，立式注塑机的注射装置的轴线与合模装置的轴线相垂直。立式注塑机的优点是占地面积小，模具装卸方便，易在模具内安装嵌件或活动型芯；其缺点是机器稳定性较差，不易实现自动化操作，加料、维修不太方便。立式注塑机一般为 60 g 以下的小型注塑机。

② 卧式注塑机。如图 6-4 所示，卧式注射机的注射装置的轴线与合模装置的轴线在一条线上，水平排列，是注塑机中最主要、最普遍的形式，其优点是机身低，便于操作和维护，稳

定性好，易实现机械化和自动化；其缺点是占地面积大，模具拆装不方便。卧式注塑机有大、中、小型，应用广泛。

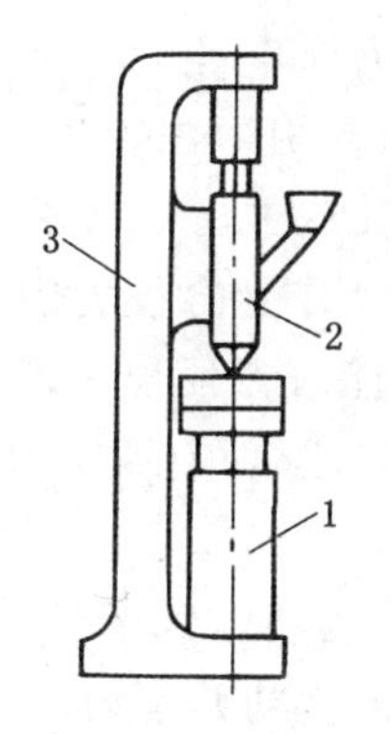

1—合模装置；2—注射装置；3—机身。

图 6-3　立式注塑机

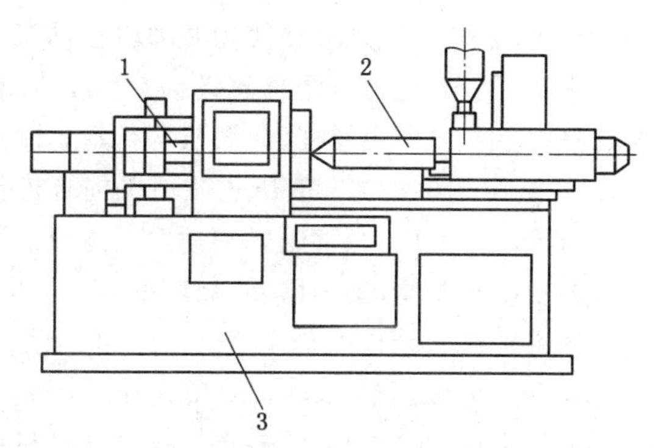

1—合模装置；2—注射装置；3—机身。

图 6-4　卧式注塑机

③ 角式注塑机。如图 6-5 所示，角式注射机的注射装置的轴线与合模装置的轴线相互垂直。其特点介于立式注塑机和卧式注塑机之间，占地面积大小也介于立式注塑机和卧式注塑机之间，适用于加工中心不允许留有浇口痕迹的平面塑料件，但是加料困难，嵌件、活动型芯安装不便。角式注塑机有大、中、小型，应用较广泛。

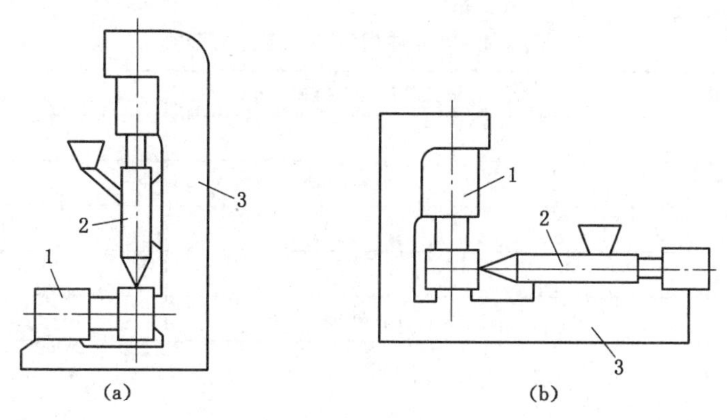

1—合模装置；2—注射装置；3—机身。

图 6-5　角式注塑机

（2）按照塑化方式分类

注塑机按照塑化方式可分为螺杆式注塑机和柱塞式注塑机。

① 螺杆式注塑机。螺杆式注塑机的主要工作部件是一根螺杆，螺杆除做旋转运动之外，还可以做往复运动。它使进入料筒的塑料颗粒有一个预先塑化的过程。工作时，进入料筒的塑料一方面在料筒的传热及螺杆与塑料之间的剪切摩擦发热的加热下逐渐熔融塑化；另一方面被螺旋螺杆不断推送前移，从而完成塑化和送料操作。

② 柱塞式注塑机。柱塞式注塑机用柱塞代替螺杆。塑料颗粒在料筒内受到料筒壁和分流梭传来的热量加热而塑化成熔融态，熔料经过喷嘴进入模腔。由于塑料的导热性不好，难以使热量均匀分布，因此柱塞式注塑机不宜用于加工流动性差、热敏性强的塑料制品。

（3）按照合模机构的特征分类

注塑机按照合模机构特征可分为机械式注塑机、液压式注塑机和液压机械式注塑机。

① 机械式注塑机。机械式注塑机的合模机构从机构的动作到合模力的产生和保持均由机械传动来完成，是一种使用时间较长的机型。其结构较为简单，但由于制造、调整、维护都较困难，且噪声较大，产量逐渐减少。近年来，新技术不断被引入注塑机的制造，伺服电机、挠性齿带、大螺距丝杠、曲肘机构传动，并配以电脑控制，使这种注塑机更智能。

② 液压式注塑机。液压式注塑机的合模机构从机构的动作到合模力的产生和保持均由液压传动来完成，有直压式和程序式之分。这种合模机构能较方便地实现移模速度及合模力的变换和调节，安全可靠，噪声低，但是其系统合模刚性较小，时有泄漏发生。目前液压式合模机构在大、中、小型注塑机上应用广泛。

③ 液压机械式注塑机。机械式和液压式各有其优缺点，若将这两者综合在一起，会强化两者的优点，弱化两者的缺点。这种合模机构常以液压力产生初始运动，再通过曲轴连杆机构的运动，将力放大并使之自锁，从而实现平稳、快速合模。还有一种是利用合模液压缸推动连杆机构产生合模运动，合模力由主液压缸的稳压装置提供。

(4) 按照注塑机的加工能力分类

注塑机的加工能力主要由注射量和合模力决定。注射量用注塑机最大理论注射容积来表示，而合模力由合模装置所能产生的模具夹紧力决定。因此，注塑机的加工能力可以分为五种类型，见表 6-2。

表 6-2　按照注塑机的加工能力分类

类型	最大理论注射容积/cm^3	合模力/kN
超小型	<16	<160
小型	16～630	160～2 000
中型	630～3 150	2 000～5 000
大型	3 150～16 000	5 000～16 000
超大型	>16 000	>16 000

6.2 注塑件设计

6.2.1 注塑件设计前提

注塑件设计前提包括以下几个方面：

① 设计注意事项。设计前首先查找公司和同行类似产品，明确原有的产品的缺点，参考现有的成熟结构，避免出现有问题的结构形式。

从造型图和效果图去理解造型风格，配合产品的功能分解，确定零件拆分数量(不同的表面状态要么分为不同的零件，要么在不同的表面之间必须有过渡处理)，确定零件表面间的过渡处理方法，决定零件之间的连接方式和配合间隙。

根据产品尺寸确定零件主体壁厚。零件自身的强度由壁厚、结构形式、加强肋与加强骨共同决定。在确定单个零件强度的同时必须确定零件之间的连接强度。提高连接强度的方法有：加螺钉柱、加扣位、加上下顶柱的加强筋。

② 完全满足使用要求。各种塑件的使用要求不尽相同，因此一定要了解所设计的产品生产完成后的工作情况，还要考虑最恶劣情况下可能出现的情况，只有经过充分考虑，才能使制品完全满足使用要求。

③ 尽量简化模具结构。塑件是由模具制造出来的，没有模具也就没有制品。同理，模具也是制造出来的，而模具的设计、制造、装配的技术水平要求很高，生产周期长，制作成本高。模具的复杂程度与其结构有着密切关系，例如选择哪个分型面及选择几个分型面就很有讲究。而对于具有螺纹、嵌件、凹凸表面的塑件，如果结构设计不当，会使模具结构复杂化。模具结构复杂时维修和保养都很麻烦，对以后的生产都不利。

④ 有利于提高加工工艺性。对于加工塑件的模具来讲，不仅要求模具结构简单，还应当使组成模具的各个零件易加工，因为对于机械加工来讲，零件的结构复杂程度对加工工艺影响很大，例如加工一个方孔、异形孔，就比加工一个圆孔要复杂得多。各零件加工所用机械设备尽量选用通用、普通、价格较低、效率较高的，如尽量选用普通机床、镗床、电火花加工机床等，而不轻易选用坐标镗床、精密机床、精密电火花加工机床。另外模具的零件还要有一定的通用性和互换性，以方便维修。

⑤ 降低成本。产品成本与经济效益密切相关，在进行塑件的设计时必须充分考虑。要降低塑件成本，涉及很多方面，如简化模具结构和提高加工工艺性等。除此以外，塑件材料选择也是一个重要方面。

⑥ 形状力求简单。在满足塑件的使用要求情况下，塑件的结构应尽量简单，以便成型。为此，注塑制品内外表面的形状应有利于开模取出制品，尽可能不采用瓣合式分型机构、抽芯机械等结构复杂的模具结构。另外，对塑件的造型应当足够重视，尽量突出造型美，因为人们对产品造型美越来越重视。

⑦ 按使用要求选用材料。各种塑件都有具体的使用环境，诸如温度、应力、辐射性、光照、腐蚀性等。由于塑料品种很多，性能也大不相同，没有一种塑料是万能的，这就要求设计塑件时必须量材而用。例如需要在高温环境下工作的零件就选用耐热性能优异且机械性能好的塑料，如 PI、PET 等；如果需要在腐蚀性强的环境中工作，可选用耐腐蚀性优异的塑料，如 CPT、PPS、PEEK 等。

6.2.2　注塑件结构设计要点

采用注塑工艺生产产品时，如果塑料在模腔中的不均匀冷却和不均匀收缩以及产品结构设计不合理，容易引起产品产生各种缺陷——收缩印、熔接痕、气孔、变形、拉毛、顶伤、飞边。为了得到高质量的注塑产品，必须在设计产品时充分考虑其结构工艺性。下面结合注塑产品的主要结构特点介绍避免产生注塑缺陷的方法。

(1) 壁厚

一般塑料件的壁厚为 2～3 mm，如油烟机大面板壁厚为 2～3 mm，热塑性塑料最大设计壁厚为 4 mm。壁厚取决于：① 产品需要承受的外力；② 是否作为其他零件的支撑；③ 承接的柱位数量；④ 加强筋数量；⑤ 选用的塑料材料。

产品过厚，从经济角度来看，增加物料成本，延长生产周期，增加生产成本。从产品设计角度来看，增加产生空穴气孔的可能性，大幅削弱产品的刚度及强度，增加产品的缩痕。

壁厚基本设计原则如下：

① 平面原则。最理想的壁厚分布无疑是任何切面厚度都是均匀的，但是为了满足功能需求，壁厚有所改变是不可避免的。壁厚的地方比薄的地方冷却得慢，并且在相接处表面，浇口凝固后会出现收缩痕，更甚者产生收缩印、热内应力、挠曲部分歪曲、颜色不同或透明度不同。壁厚变化时应尽量设计成注塑料由壁厚的地方流向壁薄的地方，不同平面过渡要渐次改变。

② 转角原则。转角的地方也同样要壁厚均匀，以免冷却时间不一致。冷却时间长的地方就会有收缩现象，因而发生部件变形和挠曲。此外，尖锐角位置通常会导致部件有缺陷或产生应力集中，尖角处也常在电镀后引起不希望的物料聚积。应力集中处会在受负载或撞击的时候破裂。较大的圆角有利于降低应力集中，使注塑料流动更顺畅，成品脱模时更容易。圆弧半径与壁厚之间有一定的比例，壁厚与圆弧半径之比一般为 0.2～0.6，理想数值约为 0.5。图 6-6 表达了直角转角和圆弧转角模具的不同注塑效果，采用圆弧转角是较好的设计方案。

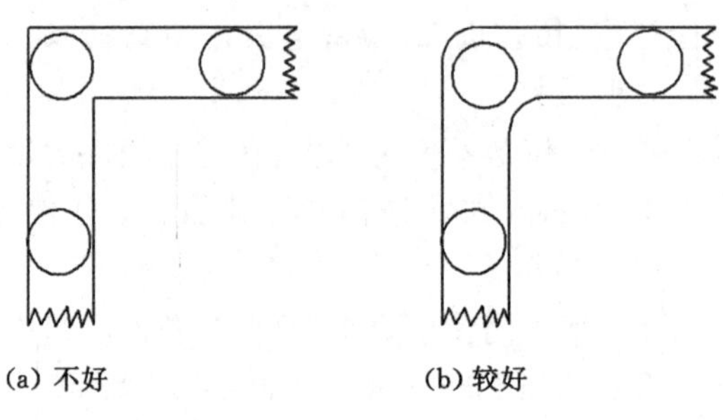

(a) 不好　　(b) 较好

图 6-6　转角对注塑质量的影响

(2) 脱模斜度

为了使产品能够轻易从模具中脱离出来，设计时需要在边缘的内侧和外侧各设有一个倾斜的出模角。如果产品放置方向垂直外壁并且与开模方向相同的话，模具在塑料成型后需要很大的开模力才能打开，而且在模具开启后，产品脱离模具的过程十分困难。如果强行脱模的话，会在产品上留下顶拔痕。如果该产品在设计时已预留出模角，所有接触产品的模具零件在加工过程中经过高度抛光，脱模很容易。

因注塑件冷却收缩后多附在凸模上，为了使产品壁厚均匀和防止产品在开模后附在较热的凹模上，出模角对应凹模及凸模应该是相等的。不过特殊情况下要求产品开模后附在凹模时，可将相接凹模部分的出模角尽量减小，或刻意在凹模上加上适量的倒扣位。

出模角的大小没有固定的准则，多数由产品的纵向深度决定。一般来说，高度抛光的外壁可使用 0.125°或 0.25°的出模角；深入或附有织纹的产品要求出模角相应增大，习惯上每增加 0.025 mm 深的织纹，需要增加 1°的出模角。

(3) 分型面

从闭合的模具型腔中取出塑料制品时，必须将模具分割为两个部分，这个分割面(可能是平面，也可能是曲面)就是分型面(PL)。以这个面为界，模具固定的部分称为定模，或者前模；可动的部分称为动模或者后模。注塑时，注塑机产生的压力推动塑料向前流动，迫使型腔中的空气从此分型面逸出，所以在制成品上对应动模和定模的结合处会留下一条线，这是识别制成品分型面最直观的方法。

设置分型面时必须注意下列事项：

① 尽量在不显眼的位置设置分型面，或尽量采用简单的形状。

② 选择分型面时要考虑不形成倒扣、死角或者逆斜度，否则模具无法打开，或者增加模具的复杂程度。

③ 分型面尽量设定为可贯通加工的，或设定在容易整修的位置。

④ 设定分型面时，要考虑浇口的位置和形状。

(4) 加强筋

合理应用加强筋可增大产品刚度，减小变形。加强筋的厚度必须小于产品壁厚的 1/3，否则会引起表面缩印。加强筋的单面斜度应大于 1.5°，以避免顶伤。存在多条加强筋时应相互错开，布置得当，间距大于 $4t$（t 为注塑件厚度，即料厚）；筋的高度低于 $3t$，不宜过大，否则受力易破损。螺钉柱的筋低于柱端面至少 1 mm，设置方向应与槽内料流方向一致，避免受料流的干扰而降低产品的质量。

(5) 孔

孔的形状应尽量简单，一般为圆形。孔应尽量设计在不减弱强度的部位。孔的轴向与开模方向一致，可以避免抽芯。当孔的长径比大于 2 时，应设置脱模斜度。此时孔的直径应按小径尺寸（最大实体尺寸）计算。盲孔的长径比一般小于等于 4，孔与产品边缘的距离一般大于孔径。

(6) 圆角

圆角太小可能会引起产品应力集中，导致产品开裂，还可能会引起模具型腔应力集中，导致型腔开裂。设置合理的圆角，可以提高制件强度，有利于充模和脱模，还可以改善模具的加工工艺，如型腔可直接用 R 铣刀加工，避免低效率的电加工。注塑圆角值由相邻的壁厚决定，一般为$(0.5\sim1.5)t$，但不小于 0.5 mm。不同的圆角可能会引起分型线移动，应结合实际情况选择不同的圆角或倾角（图 6-7、图 6-8）。

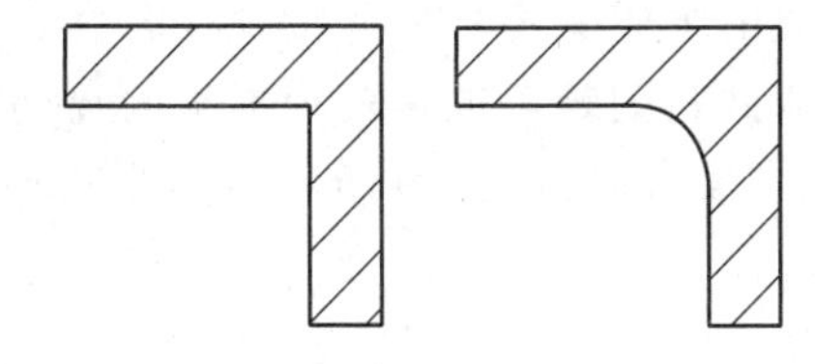

图 6-7　没有圆角不合理

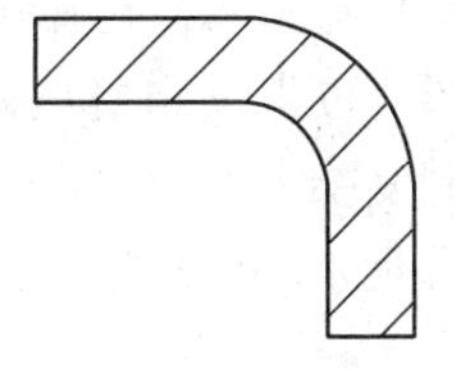

图 6-8　有圆角合理

(7) 注塑模的抽芯机构

塑件沿开模方向不能顺利脱模时应设计抽芯机构。抽芯机构能成型复杂产品结构，但是易导致产品产生拼缝线、缩印等缺陷，并增加模具成本和缩短模具寿命。因此设计注塑产品时，如无特殊要求尽量避免设计抽芯结构。例如：沿孔轴向和加强筋的延长线方向设置为开模方向，利用型腔、型芯碰穿等方法。

(8) 嵌件

在注塑产品中镶入嵌件，可提高局部强度、硬度、尺寸精度，或通过嵌件设置小螺纹孔（轴），从而满足各种特殊需求，但是会增加产品成本。嵌件一般为铜，也可以是其他金属或塑料件。嵌入塑料中的嵌件部分应设计止转和防拔出结构,如滚花、孔、折弯等。嵌件周围塑料应适当加厚,以防止塑件开裂。设计嵌件时应充分考虑其在模具中的定位方式。

(9) 一体铰链

利用PP料的韧性,可将铰链设计成和产品一体。塑料一体铰链时,浇口只能设计在铰链某一侧。

(10) 注塑件精度和表面粗糙度

由于注塑时收缩率不均匀、不确定,注塑件精度明显低于金属件,应按《塑料模塑件尺寸公差》(GB/T 14486—2008)选择适当的公差。蚀纹表面不能标注粗糙度。将表面光洁度特别高的地方圈出标注表面状态为镜面。塑料零件的表面一般平滑、光亮,表面粗糙度 Ra 一般为 2.5~0.2 μm。

(11) 注塑件的变形

提高注塑产品结构的刚度可以减小变形,因此尽量避免使用平板结构,合理设置翻边,凹凸结构,设置合理的加强筋。

6.2.3 注塑件的强度设计要点

塑料的多样性使得塑料成型制品的设计比金属成型制品的设计具有更大的自由度。然而,注塑件的力学性能受到荷载种类、荷载速率、施加荷载时间、施加荷载的频率以及使用环境中的温度与湿度等因素的影响,所以设计者必须综合考虑这些影响因素。

(1) 应力-应变行为

材料的应力-应变行为决定其强度或刚度。影响材料强度的因素包括:注塑件的几何形状、所受荷载、约束条件、成型工艺产生的残余应力和取向性。根据制品所受荷载类型以及约束条件的不同,设计时需要考虑的强度也不同,包括拉伸强度、压缩强度、扭曲强度、挠曲强度和剪切强度等。设计塑件时,应根据塑件承受的主要荷载类型来决定采用何种强度计算方法,考虑的重点是与使用环境温度和应变率相关的主要荷载及其应力-应变行为。一般来说,拉伸试验可以提供相对准确的试验结果,其他试验则难以取得较为准确的数据。因此,在设计受到复杂类型荷载作用的塑件时,要参阅有关资料。图 6-9 所示为塑性试样拉伸试验,应力 σ 与应变 ε 的定义如下式所示。

$$\sigma = \frac{F}{A} \tag{6-3}$$

$$\varepsilon = \frac{L - L_0}{L_0} \tag{6-4}$$

式中,F 为施加在试样两端的荷载;A 为试样的截面积;L_0 为试样的原始长度;L 为试样拉伸后的长度。

图 6-10 为热塑性塑料的应力-应变关系曲线,由此可以得到弹性模量、比例极限、弹性极限、屈服点、延展性、破坏强度和破坏时伸长量等材料性质。弹性模量是应力-应变关系曲线起始直线部分的斜率,如式(6-5)所示。

$$E = \frac{\sigma}{\varepsilon} \tag{6-5}$$

式中,E 为弹性模量;σ、ε 的含义同式(6-3)、式(6-4)。

弹性模量既是衡量材料强度的指标，也是衡量材料刚度的指标，可以应用于工程中简化的线性运算。图 6-10 中的 P 点为比例极限，曲线从该点开始偏离其线性特性。图 6-10 中 I 点为弹性极限，它是材料承受应变而仍能够恢复到原来状态的最大限度。假如应变量超过弹性极限，并且继续增加，则材料发生塑性变形而无法恢复到原状，甚至可能破坏，如图 6-10所示。塑料制品设计中，P 点为最大应变限度，I 点为弹性极限。

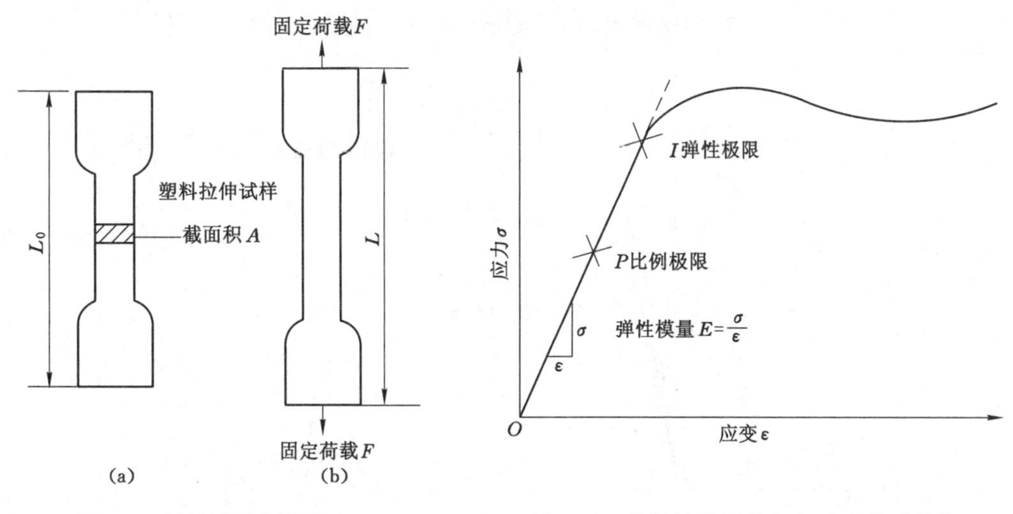

图 6-9　塑料试样拉伸试验　　　　图 6-10　热塑性塑料的应力-应变关系曲线

图 6-11 是典型热塑性塑料的应力-应变关系曲线。图 6-12 对比了具有相同基底树脂材料的两种高分子塑料的应力-应变关系曲线，其中一种填充了 30％玻璃纤维，另一种未填充玻璃纤维。玻璃纤维填充料可以使塑料的断裂强度、屈服应力、比例极限应力和弹性模量都明显提高，并且在应变量较低的数值下就产生破坏。无填充料的热塑性塑料在屈服点以上还可以进一步拉伸，使应力减小。这一特点可以理解为：在添加玻璃纤维后，材料强度提高，变形减小，变得硬而脆。拉伸造成剖面面积的缩小量可以根据泊松比计算。

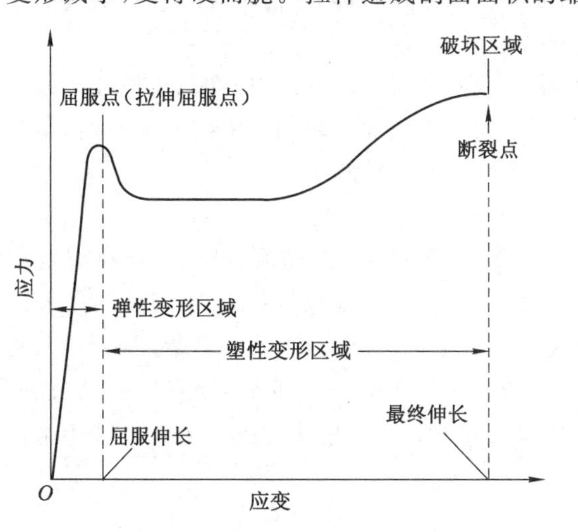

图 6-11　典型热塑性塑料的应力-应变关系曲线

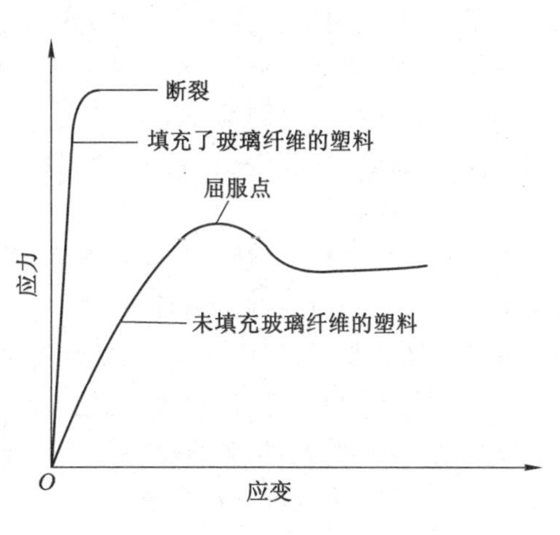

图 6-12　应力-应变关系曲线的对比

荷载速率(或应变率)和温度对塑料的应力-应变行为有很大的影响。图 6-13 为半结晶性塑料在荷载速率和温度影响下的拉伸试验应力-应变关系曲线。通常在高荷载速率和低温条件下,塑料显得硬且脆;低荷载速率和高温条件下,受到其黏滞性的影响,塑料具有较好的挠性和延展性。由图 6-13 可以看出:高荷载速率使得材料的破坏应力和屈服应力大幅提高。然而提高温度会使破坏应力和屈服应力降低。使加热半结晶性塑料通过玻璃化转变温度时,荷载速度、温度等影响更明显,结果导致塑料产生完全不同的变形行为。

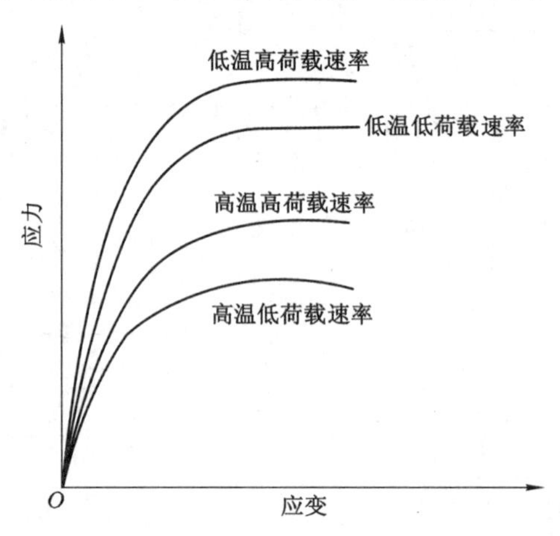

图 6-13　荷载速率与温度对聚合物应力-应变行为的影响

(2) 疲劳

当设计的塑件承受周期性荷载时,就应该考虑疲劳效应。承受周期性荷载的注塑件按比例极限进行设计。如果注塑件所承受荷载间隔时间较短,但是长期的重复性荷载,则应该使用 σ-lg N 曲线进行设计。σ-lg N 曲线是指在固定频率、固定温度和固定荷载条件下,在塑料试样上施加弯矩、扭矩和拉伸荷载,然后经过测试得到的数据曲线。随着周期性荷载的频率增大,注塑件疲劳破坏所需的应力会逐渐降低。很多材料都有特定的应力承受极限,在应力低于该值时,材料疲劳破坏,如图 6-14 所示。

在材料承受周期性荷载时,即使只施加很小的应力,塑件也可能在周期结束后无法恢复原状。当施加荷载与解除荷载的频次增加,或是施加荷载与无荷载的间隔时间缩短时,塑件表面可能疲劳破坏而产生微小裂缝或其他瑕疵,从而造成韧性降低。

(3) 冲击强度

塑料具有黏弹性,其性质与使用时间、荷载速率、荷载频率、施加荷载时间、使用温度都有密切的关系。塑料的冲击强度(或冲击韧度)表示其抵抗冲击荷载的能力。图 6-15 表达了注塑件的圆角半径、厚度比,与其抗冲击强度之间的关系,其中应力集中系数越小越好,越抗冲击,即圆角半径、厚度比越大,注塑件越抗冲击。塑料承受高速负荷时会表现出脆性而没有拉伸的倾向;低温时,塑料呈现脆性。塑料承受冲击时对凹痕很敏感。尖锐的转角半径会造成应力集中,会降低其冲击强度。

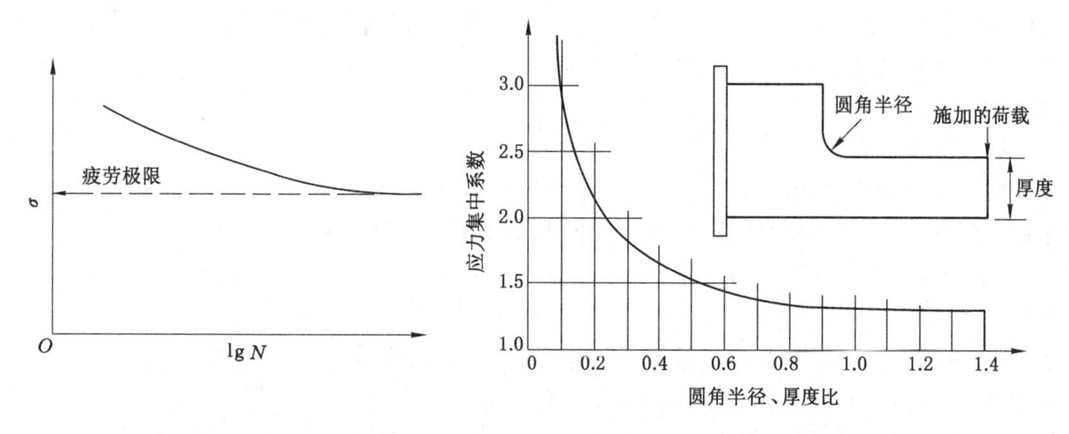

图 6-14　典型的挠曲疲劳 σ-lg N 关系曲线　图 6-15　塑料应力集中系数与圆角半径、厚度比的关系曲线

6.3　注塑成型工艺

注塑成型工艺过程包括成型前的准备、注塑成型过程和注塑件的后处理三个阶段。

6.3.1　成型前的准备

为使注射过程顺利进行和产品质量得到保证，应将所用设备和塑料原料准备好。

(1) 原料的预处理

根据各种塑料的特性，成型前应对原材料进行如下预处理：

① 原材料检验。根据各种塑料的特性和供料情况，一般在成型前对原料进行检验，检验内容包括三个方面：一是所用原料是否正确；二是能否满足制品的使用要求(品种、规格、色泽、颗粒形状及均匀性、有无杂质等)；三是物理性能检验(包括熔流指数、流动性、热稳定性、含水率、收缩率等)。

② 原材料的造粒和染色。如果来料是粉料，有时还要进行造粒和染色。对注塑成型的塑件着色最常见的方法是采用色母料着色，即将原材料颗粒与色母料按一定比例混合均匀，直接加入注塑机料斗中。该方法简单实用，着色均匀，但成本偏高，仅适用于螺杆式注塑机的成型，若使用柱塞式注塑机，会因塑化、混料不均而引起色斑或色纹。对于原料为粉料的注塑成型，一般采用造粒染色，即将粉料和色母料经过挤出造粒，获得颜色均匀的颗粒料。

③ 原材料的预热和干燥。例如聚碳酸酯、聚酰胺、聚砜和聚甲基丙烯酸甲酯等塑料，因其大分子中有亲水基团，容易吸湿，含有不同程度的水分。当水分超过规定量时，产品表面易出现银丝、斑纹和气泡等缺陷，甚至使原料在注射过程中降解，严重影响制品的外观和内在质量，使各项性能指标显著降低。因此，模塑前对该类塑料进行充分干燥是必要的。不易吸湿的塑料，如聚苯乙烯、聚乙烯、聚丙烯和聚甲醛等，如果储存、运输良好，包装严密，一般不需要预先干燥。各种塑料的干燥方法应根据塑料性能和具体条件选择。小批量生产用的塑料，多采用热风循环烘箱或红外线加热烘箱进行干燥；高温下受热时间长时容易氧化变色的塑料，如聚酰胺，宜采用真空烘箱干燥；大批量生产用塑料，宜采用沸腾干燥或气流干燥，因其干燥连续，效率较高。干燥温度常压时选在 100 ℃以上，当塑料的玻璃化温度低于 100

℃时，干燥温度应控制在玻璃化温度以下。一般延长干燥时间有利于提高干燥效果，但是每种塑料在干燥温度下都有一个最佳干燥时间，过多延长干燥时间效果不大，并应重视已干燥物料的防潮。

(2) 料筒的清洗

在使用注塑机之前，生产中需要改变产品、更换原料、调换颜色或发现塑料中有分解现象时，都要对注塑机(主要是料筒)清洗或拆换。柱塞式注塑机料筒的清洗比螺杆式注塑机困难，由于柱塞式料筒内的存料量较大，物料不易移动，必须拆卸清洗或者采用专用料筒。螺杆式注塑机通常直接换料清洗。为了节省时间和原料，换料清洗应采取正确的操作步骤，掌握物料的热稳定性、成型温度范围和各种塑料之间的相容性等技术资料。当欲换塑料的成型温度远比料筒内存留塑料的温度高时，应先将料筒和喷嘴温度升高到欲换塑料的最低加工温度，然后加入欲换料(或欲换料的回料)并连续进行对空注射，直至全部存料清洗完毕再调整温度进行正常的生产。如欲换塑料的成型温度远比料筒内塑料的温度低，则应将料筒和喷嘴温度升高到料筒内塑料的最佳流动温度后切断电源，欲换料在降温下进行清洗，如欲换料的成型温度高，熔融黏度大，而料筒内的存留料是热敏性的，如聚氯乙烯、聚甲醛或聚三氯乙烯等，为预防塑料分解，应选用流动性好、热稳定性高的聚苯乙烯或高压聚乙烯塑料作为过渡换料。近年来也有采用料筒清洗剂进行清洗，可节约大量原料，缩短时间，取得较好的效果。

(3) 嵌件的预热

为了满足装配和使用强度的要求，塑件内常嵌入金属嵌件。注射前金属嵌件应先放在模具内预定位置，才能在成型后使其与塑料成为一个整体件。有嵌件的塑料制品，易在嵌件的周围出现裂纹，导致制品强度下降，这是由于金属嵌件与塑料的热性能和收缩率差别较大，因此在设计塑件时应加大嵌件周围的壁厚。成型前对金属嵌件预热是一项有效措施，因为预热可降低熔料与嵌件的温度差，在成型中可以使嵌件周围的熔料冷却较慢，从而收缩比较均匀，防止嵌件周围产生过大的内应力。嵌件的预热需了解加工塑料的性质和金属嵌件的尺寸。对具有刚性分子链的塑料，如聚碳酸酯、聚砜和聚苯醚等，因为它们的塑件在成型中容易产生应力裂缝，因此采用的金属嵌件一般都应预热。对于成型时不易产生开裂的塑料，且嵌件小，则可不必预热。预热的温度以不损伤金属嵌件表面的镀锌层或镀铬层为限，一般为 110～130 ℃。对于表面无镀层的铝合金或铜嵌件，预热温度可适当提高到 150 ℃。

(4) 脱模剂的选用

脱模剂是指使注塑件容易从模具中脱出而敷在模具表面上的一种助剂。一般注射塑件的脱模主要取决于合理的工艺条件和正确的模具设计。但是在生产过程中为了顺利脱模，通常采用脱模剂。脱模剂应适量，过少无效果，过多或涂抹不均匀则会影响注塑件外观和强度，透明注塑件更明显，用量多时会出现毛斑或浑浊现象。脱模剂涂层过厚或不均匀，都会影响注塑件的表观质量，所以应用时尽量少涂或涂在脱模困难部位，尽量采用雾化脱模剂。雾化脱模剂是将主要组分加以适量溶剂采用机械共混，并充以适量雾化剂罐装而成。雾化脱模剂涂层既均匀又薄，脱模效果也好，一般喷涂一次可脱 15 次模，而且雾化脱模剂适应性较强，各种塑料(包括热固性塑料)都可使用。

6.3.2　注塑成型过程

完整的注塑成型过程如图 6-16 所示，包括加料、加热塑化、加压注射、保压、冷却定型，从实质来讲，主要是塑化、注射充模和冷却定型等基本过程。

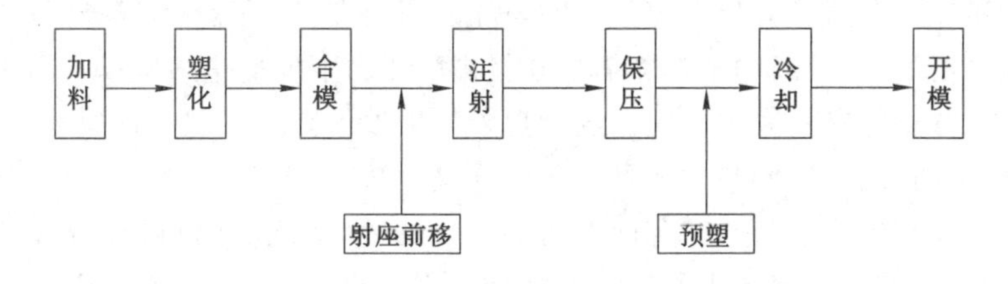

图 6-16　注塑成型过程

(1) 加料

由于注射模塑是一个间歇过程，在每一个生产周期中加入料筒中的料量应保持一定。当操作稳定时，物料塑化均匀，最终制品性能优良。加料过多时，受热时间长，容易引起物料热降解，同时使注塑机的功率损耗增加；加料过少时，料筒内缺少传压介质，模腔中塑料熔体压力降低，制品易出现收缩、凹陷、空洞等缺陷。因此，注塑机一般都采用容积计量加料。对于柱塞式注塑机，可通过调节料斗下面定量装置的调节螺母来控制加料量。移动螺杆式注塑机的加料量可通过调节行程开关与加料计量柱的距离进行控制。

(2) 加热塑化

塑化是指粉状或粒状的物料在料筒内加热熔融呈黏流状并具有良好可塑性的过程。对塑化的要求：塑料在进入模腔之前，既要达到规定的成型温度，又要使熔体温度均匀，并能在规定时间内提供上述质量的足够熔融塑料以保证生产连续、顺利进行。上述要求与塑料的特性、工艺条件的控制以及注塑机的塑化结构密切相关，而且直接决定注塑件的质和量。由于塑料的热导率低，而熔体黏度很高，对热传递不利。柱塞式注塑机料筒中塑料移动是靠柱塞推动的，其混合性很差，以致靠近料筒的塑料温度偏高，而料筒中心的料温偏低，温度分布不均匀。

(3) 注射充模与冷却定型

注射充模与冷却定型是指从用柱塞或螺杆推动将具有流动性和温度均匀的塑料熔体注入模具开始，之后充满型腔，熔体在控制条件下凝固冷却定型，直到制品从模腔中脱出为止的过程。这一过程所经历的时间虽然短，但是熔体所发生的变化却不少，而且这种变化对制品的质量有着重要的影响。塑料在柱塞式注塑机中受压和受热时，首先由压力将粒状物料压成柱状固体，之后受热逐渐变成半固体以至熔融体。所以料筒内的塑料有三种状态，而且这三种状态的压力损失都是随料筒直径增大而减小的。增大直径对塑化是不利的，所以柱塞式注塑机中塑料的流动和加热过程之间存在矛盾，而且注射压力损失大，注射速率较低。塑料在螺杆式注塑机中所遇到的阻力有两种：螺杆顶部与喷嘴之间的液体流动阻力和螺杆区塑料与料筒内壁之间的阻力。分析可知：螺杆式注塑机注射时的阻力比柱塞式注塑机小得多。不管是何种形式的注塑机，塑料熔体进入模腔内的流动情况均可以分为充模阶段、保压补缩阶段、倒流阶段和浇口冻结后的冷却、脱模五个阶段。在五个连续阶段中，塑料熔体温度不断下降。

① 充模阶段。充模是指塑化好的塑料熔体在注塑机柱塞或螺杆的推动下，以一定的压力和速度经过喷嘴和模具的浇注系统进入并充满模具型腔。这一阶段从柱塞或螺杆开始向前移动起，直至模腔被塑料熔体充满。充模开始一段时间内模腔中没有压力，待模腔充满时，料流压力迅速上升至最大值。充模时间与注射压力有关。充模时间长，先进入模内的塑料足够冷却，黏度增大，后面的塑料就需要在较高的压力下才能进入塑模。由于塑料受到较高的剪切应力，分子定向程度比较高。这种现象如果被保留到料温降低至软化点以后，制品中就有冻结的定向分子，使制品性能具有各向异性。这种制品在温度变化较大的使用过程中会出现裂纹，裂纹的方向与分子定向方向是一致的，而且制品的热稳定性也较差，这是因为塑料的软化点随着分子定向程度增加而降低。高速充模时，塑料熔体通过喷嘴、主流道、分流道和浇口时将产生较多的摩擦热而使料温升高，这样当压力达到最大值的时候，塑料熔体就能保持较高的温度，分子定向程度可降低，制品熔接强度也可提高。充模过快时，嵌件后部的熔接往往不好，致使制品强度降低。

② 保压补缩阶段。保压补缩阶段是从熔体充满型腔至柱塞或螺杆退回。该段时间内，塑料熔体因冷却而收缩，但是因塑料仍然处于柱塞或螺杆的稳压下，料筒内的熔料必然会向塑模内继续流入以补足因收缩产生的空隙。保压补缩阶段对提高制品的密度、降低收缩率和避免制品表面缺陷都有影响。此外，由于塑料在流动，温度不断下降，定向分子容易被冻结，所以是大分子定向形成的主要阶段。该阶段拖延越长，分子定向程度就越高。

③ 倒流阶段。保压补缩后，柱塞或螺杆后退，解除了对熔体的施压，这时模腔内的压力比流道内高，如果浇口尚未冻结，就会发生腔内的塑料熔体通过浇口向浇注系统倒流的现象，使塑件产生收缩、变形及局部分子定向等缺陷。如果保压结束前浇口已经冻结，就不会出现倒流现象。

④ 烧口冻结后的冷却。浇口冻结后保压已经不起作用，因此柱塞或螺杆可以后退为下一次注射重新进行塑化，同时模具中的冷却系统对模具进一步冷却。该段即浇口冻结后的冷却。实际上塑件的冷却从塑料注入模具型腔就开始了，从充模、保压一直到脱模前。

⑤ 脱模。塑件冷却到一定温度即可开模，在推出机构的作用下将注塑件推出模外。

6.3.3 塑料的后处理

为了消除塑件内应力、改善塑件的性能和提高尺寸稳定性，注塑成型的注塑件在脱模或机加工之后，根据注塑件的特征和使用要求，通常对注塑件进行适当的后处理，主要方法是退火和调湿处理。

(1) 退火处理

退火处理是指使制品在定温的加热液体介质(如热水、热的矿物油、甘油、乙二醇和液体石蜡等)或热空气循环烘箱中静置一段时间，然后缓慢冷却至室温，从而消除注塑件的内应力，提高注塑件的性能。处理的时间取决于塑料品种、加热介质的温度、制品的形状和成型条件。凡所用塑料的分子链刚度较大、制品壁厚较大、带有金属嵌件、使用温度范围较宽、尺寸精度要求较高和内应力较大且不易自消的注塑件均需退火处理。但是对于聚甲醛和氯化聚醚塑料的制件，虽然有内应力，但由于分子链本身柔性较大和玻璃化温度较低，内应力能缓慢自消，如果制品使用要求不严格，不必退火处理。一般退火温度应控制在比制品使用温度高 10～20 ℃，或低于塑料的热变形温度 10～20 ℃。

退火的实质：① 使强迫冻结的分子链得到松弛，凝固的大分子链段转向无规则位置，从而消除该部分内应力；② 提高结晶度，稳定结晶结构，从而提高结晶塑料制品的弹性模量和硬度，降低断裂伸长率。

（2）调湿处理

调湿处理是将刚脱模的注塑件放入热水中以隔绝空气，防止氧化注塑件，加快吸湿平衡速度的后处理方法。其目的是使注塑件颜色、性能以及尺寸保持稳定，防止注塑件使用中尺寸发生变化，制品尽快达到吸湿平衡。调湿处理主要用于吸湿性强的聚酰胺类塑料。

聚酰胺类塑料注塑件在高温下与空气接触时常会被氧化而变色。此外，在空气中使用或存放时又易吸收水分而膨胀，需要经过长时间才能得到稳定的尺寸。因此，如果将刚脱模的制品放在热水中，不仅可隔绝空气进行防止氧化的退火，还可以加快达到吸湿平衡。适量的水分对聚酰胺类塑料起类似增塑作用，从而改善注塑件的柔曲性和韧性，使冲击强度和拉伸强度均有所提高。调湿处理的时间因聚酰胺类塑料的品种、注塑件形状、厚度及结晶度而异。

6.4　注塑成型设计与缺陷改善

6.4.1　注塑成型的工艺参数设计

注塑成型工艺重要的条件包括影响塑化流动和冷却的温度、压力及相应的各个作用时间，可以说，要想保证注塑件质量合格且稳定，必要的条件是准确且稳定的工艺参数。在调整工艺参数时，原则上按压力、时间、温度的顺序来调节，不应该同时变动两个及以上参数，以防止工艺条件紊乱造成注塑件质量不稳定。

注塑的主要工艺参数如下。

（1）料筒温度

熔胶温度很重要，所用的射料缸温度只是指导性的。熔胶温度可在射嘴处量取或使用空气喷射法来量取。射料缸的温度设定取决于熔胶温度、螺杆转速、背压、射料量和注塑周期。如果没有加工某一特定级别塑料的经验，应从最低的设定开始。为了便于控制，对射料缸进行分区，但不是所有都设定为相同温度。如果运作时间长或在高温下操作，应将第一区的温度设定为较低的数值，这将防止塑料过早熔化和分流。注塑开始前确保液压油、料斗封闭器、模具和射料缸都处于正确温度下。料筒温度一般自后向前逐渐升高，以便均匀塑化。

（2）熔料温度

熔料温度对熔体的流动性起主要作用，塑胶没有具体的熔点。熔点是指熔融状态下的温度段，塑胶分子链的结构与组成不同，因而对其流动性的影响也不同。刚性分子链（PC、PPS 等）受温度影响较明显，而柔性分子链（PA、PP、PE 等）流动性通过改变温度并不明显，所以应根据不同的材料来调整合理的注塑温度。

（3）模具温度

有些塑胶料由于结晶化温度高，结晶速度慢，需要较高模温。有些由于控制尺寸和变形，或者脱模需要，要求较高的温度或较低温度，如 PC 一般要求 60 ℃以上，而 PPS 为了达到较好的外观和改善流动性，模温有时需要 160 ℃以上，因此模具温度对改善产品的外观、变形、尺寸、胶模等方面有不可低估的作用。在模具设计及成型的条件设定上，不仅要维持合适的温度，还要均匀分布。不均匀的模温分布，会导致不均匀的收缩和内应力，因而使成型品易产生变形和翘曲。模温会影响塑料在模腔内硬化的速度，太低会使充填较困难以及未适当的收缩(或再结晶)，即硬化，使得成型品有较多的充填和热应力残留；太高则出现毛边和需要较长的冷却时间。模具温度对注塑件性能和外观质量影响很大，对于表面要求较高的注塑件，模温要求较高。

(4) 注射压力

熔体克服前进所需的阻力，直接影响产品的尺寸、质量和变形等。不同的塑胶产品所需注塑压力不同，对于 PA、PP 等材料，增加压力会使其流动性显著改善，注射压力决定产品的密度，即外观光泽性。注射压力没有固定的数值，而模具填充越困难，注塑压力不断增大。射出压力的设定主要是控制油压使其足以推动螺杆达到所设定的射出速度要求。由于每种塑料的特性不同，流动的难易程度不同，同种材料熔胶温度不同，黏度也会变化。产品、模具设计、模温均会使材料流动形成的阻力改变，要使在各种不同状况下维持同一射出速度，就要改变射出压力，使其克服熔胶流动引起的阻力。射出压力与保持压力不同，射出压力主要影响充填阶段，而保持压力影响冷却阶段。对于流动性差的塑料，注射压力取大值，对于型腔阻力大的薄壁胶料，注射压力也要取最大值。

(5) 注射速率

注射速率的设定控制熔胶充填模具的时间和流动模式，是流动过程中的最重要条件。注射速率的调整正确与否决定产品外观质量。注射速率设定的基本原则是依据塑料在模穴内流动，按其流动所形成的断面面积大小来升降注射速率，并且遵守慢、快、慢的顺序而尽量快(确认外观有无瑕疵)的要领。注射速率通过调节单位时间内向注射油缸供油多少来实现，一般来说(在不引起副作用的前提下)尽量使用高射速充模，以保证注塑件熔接强度和表观质量，而相对低的压力也使注塑件内应力减小，提高了强度。采用高压低速进料可使流速平稳，剪切速度小，注塑件尺寸稳定，避免缩水缺陷。

(6) 时间参数(成型周期)

注射时间和冷却时间是基本组成部分，其对注塑件的质量有决定性的影响，充模时间一般不超过 10 s。保压时间较长，与胶件壁厚有关，以保证收缩量最小。冷却时间取决于塑料结晶性、制品料厚、模具温度等因素，视具体情况调整。成型周期如图 6-17 所示。

6.4.2 注塑成型的设计方法

(1) 经验法

经验法是指利用以前的工作经验进行设计，已广泛应用于塑料产品的设计中，在非结构性设计中应用更广泛。

其优点：

① 成功率高。经验来源于以前的工作，如果以前设计了一种结构，经使用后效果很好，多年正常工作，在设计类似的结构时，对以前的结构进行修正就可以设计出好的产品。

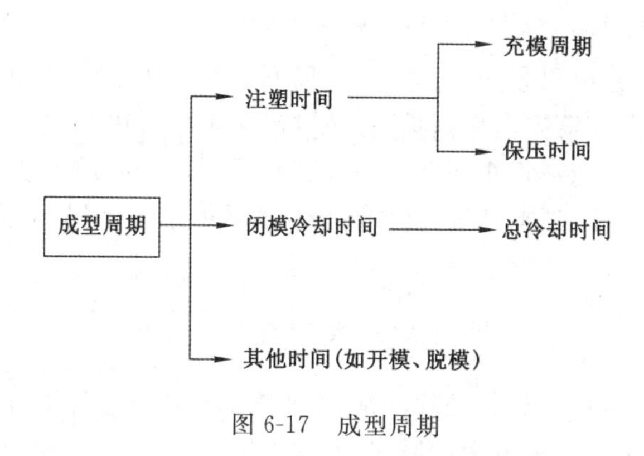

图6-17　成型周期

② 设计速度快。以前的设计经验提供了一个最好的框架,根据以前的经验就知道所设计结构的某些关键参数如何选择,省去了很多时间,不用再去做一些不必要的试验。

其缺点:

① 难以设计新产品。采用经验方法设计时经验是有限的,如果遇到形状、使用环境、使用要求完全不同的注塑件,那经验所起的作用就很小,甚至不起作用,因此,要想用经验法来创新,设计出新的产品是非常难的。

② 易掩盖以前的不足。经验只能说明以前的产品可以使用,但是不一定是这种产品的最优设计,如果以前设计的某个零件的一些关键参数太大,品质过剩,浪费材料,现在用这个参数来设计现在的产品同样也会浪费材料,这种情况下用经验设计法进行设计就很难避免。

(2) 分析法

分析法是指根据注塑件结构和在流通、使用过程中的受力情况,了解注塑件承受荷载时产生的应力和应变,然后再根据分析结果决定设计方案。它又分为以下两种方法。

① 经典法分析。经典法分析是利用应力与应变的关系,对注塑件结构进行分析,最简单的结构分析是利用在假定各向同性、均相和弹性材料行为基础上所得出的公式。采用经典法得到的公式,在相对较短的时间内用较少的费用就可以得到相对准确的结果。

② 有限元法分析。有限元法是一种先进的分析方法。它可以将十分复杂的结构设计问题分解成一系列有限个相互联系的细小单元格,用来分析注塑件的结构和热学行为,并用来求解负荷和变形都较小时所引起的应力和应变。它还能将非线性应力-应变行为、有时间/温度依赖性的应力-应变行为、各向异性和滞后现象都考虑进去。有限元法分析的结果能够指出潜在的高应力区域,设计者还可以对拐角半径、壁厚等进行优化。有限元法分析是通过数字计算得到的结果,因此其结果准确可靠。但是,注塑件计算时的变化参数很多,计算工作量相当大。但是将计算机引入有限元计算中,大幅提高了运算速度和准确性,增强了综合整理和分析能力,是进行注塑件结构设计时的有力工具。它能够用于采用经验法分析不合适的情况,还可以动态分析。

(3) 试验法

试验法是对样品注塑件进行试验测试来进行注塑件设计。这种完全取决于样品分析和反复设计的结构设计,可以得到比较可靠的设计方案,但是有两个前提条件:一是样品的质量能代表产品注塑件的质量;二是预期的试验条件能够被模拟或估计。只有满足这两个前提条件时测试结果才是可信赖的。

然而试验法的最主要问题是：首先，设计所需要的时间相当长，尤其是在评价蠕变行为或环境稳定性等长期效应时更是如此；其次，这种方法的费用相当多，因为需要有样品注塑件，而要得到样品注塑件就需要制作模具，势必付出大量的费用和时间，而且这种样品还难以真正代表产品注塑件。虽然近年来已经出现了专门制作样品的工艺，如光固化成型或立体光刻成型、熔融沉积成型、选择性激光烧结、分层实体制造等，但是试验法设计的样品取得所需费用仍然很多。

6.4.3 注塑成型时的常见问题或缺陷改善设计

注塑成型过程中可能由于原料处理不好、塑胶产品或模具设计不合理、操作工没有掌握合适的工艺操作条件，或者机械方面的原因，通常使塑胶制品（如塑胶产品零部件）产生注不满、凹陷、飞边、气泡、裂纹、翘曲变形、尺寸变化等缺陷。引起注塑成型塑胶产品零部件缺陷的因素是多方面的，大多数是多种因素的综合所致。在模具的设计、制造精度和磨损程度等方面，用工艺来弥补模具缺陷的效果一般。生产过程中工艺的调节是提高产品质量和产量的必要途径。由于注塑周期很短，如果工艺条件掌握不好，废品就会源源不断。在调整工艺时最好一次只改变一个条件，多观察几次，如果压力、温度、时间统一调节，很容易混乱，出现问题也不知道是什么原因。调整工艺的措施、手段是多方面的。例如：解决制品注不满就有十多种解决途径，要选择解决问题的一两个主要方案才能真正解决问题。此外，还应注意解决方案之间的辩证关系，例如制品出现了凹陷，有时要提高料温，有时要降低料温，有时要增加料量，有时要减少料量。以下将针对塑胶产品注塑成型时的常见问题或缺陷，从成型工艺方面进行分析，并提出改善方法。

（1）填充不足

① 进料调节不当，缺料或多料，要适当增加背压。加料计量不准或加料控制系统操作不正常，注塑机或模具受操作条件所限导致注射周期异常、预塑背压偏小或机筒内料粒密度偏小都可能造成缺料。

② 注射压力太低，注射时间短，柱塞或螺杆退回太早，需要增大注射压力和增加注射时间。熔融塑料在偏低的工作温度下黏度较高，流动性差，应采用较大的压力和速度注射。

③ 注射速度慢时需提高注塑速度。注射速度对于一些形状复杂、厚度变化大、流程长的制品以及黏度较大的塑料（如增韧性 ABS）等具有重要意义。采用高压仍不能注满制品时，应考虑采用高速注射。

④ 料温过低时增加熔胶温度。机筒前端温度低，进入型腔的熔料由于模具的冷却作用使黏度过早上升到熔料难以流动的状况，妨碍了对远端的充模；喷嘴温度低则可能是固定加料时喷嘴长时间与冷模具接触散失了热量，或者喷嘴加热圈供热不足、接触不良造成料温低，可能堵塞模具的入料通道。如果模具不带冷料井，用自锁喷嘴，采用后加料程序，喷嘴能保持必需的温度。刚开机时喷嘴太冷，有时可以用火焰枪外加热使喷嘴加速升温。

注塑件填充不足时如图 6-18 所示。

（2）溢料

溢料表现为塑料件上有多余的飞边、溢边、毛刺或棱角等，通常出现在模具分型面、模型拼合线或孔位等位置（图 6-19）。溢料不及时解决则会进一步扩大范围，从而压印模具时形成局部塌陷，造成永久性损害。

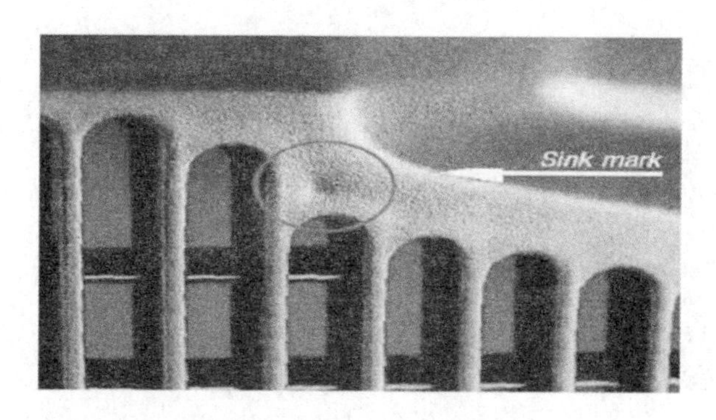

图 6-18　注塑件填充不足

图 6-19　注塑件溢料线

① 注射压力过高或注射速度过快时，需要降低或者提前从注射压转到保压。由于高压、高速注射时模腔内部压力较大迫使模具的张开力增大，容易导致注塑件溢料而产生次品。要根据制品厚度来调节注射速度和注射时间，薄制品要高速充模，充满后不再注射；厚制品要低速充模，并使表皮在达到终压前基本固定下来。

② 加料量过大造成飞边，适当减少射胶量和降低熔料温度。值得注意的是，不要为了防止凹陷而注入过多的熔料，这样凹陷未必能被"填平"，反而飞边却会出现。这种情况下应延长注射时间或保压时间。

③ 机筒、喷嘴温度太高或模具温度太高都会使塑料黏度下降，流动性增强，在流畅进模的情况下造成飞边，适当降低熔料温度。

④ 减少螺杆向前时间和降低注射速度。

(3) 缩水痕

缩水痕通常表现为塑料表面冷却硬化收缩缺料所致的凹痕(塌坑、瘪形)，主要出现在厚壁、筋条、机壳、螺母嵌件的背面等处(图 6-20)。

① 增大注射压力和保压压力，延长注射时间。对于流动性大的塑料，高压会产生飞边，引起塌坑，应适当降低料温，降低机筒前段和喷嘴的温度，从而减小进入型腔的熔料容积的变化，容易冷却固化；对于高黏度塑料，应提高机筒温度，使充模更容易。收缩发生在浇口时应延长保压时间。

② 提高注射速度可以较方便地使制件充满并消除大部分收缩。

③ 适当提高模具温度，保证料流顺畅；厚壁制件应降低模温以加速表皮的固化定型。

④ 适当增加冷却时间，减小热收缩。延长制件在模内冷却停留时间、保持均匀的生产

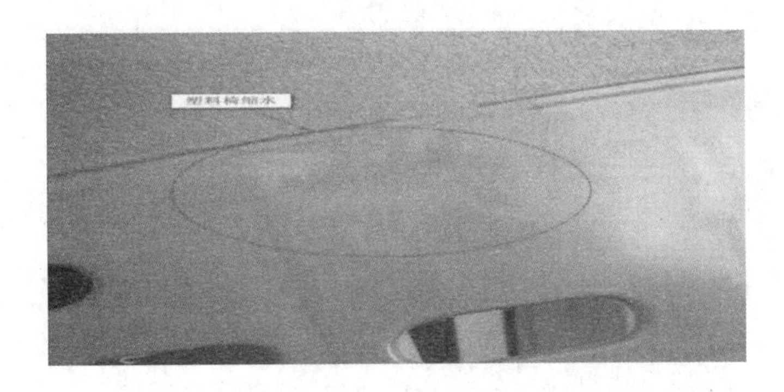

图 6-20　注塑件缩水

周期、增加背压、螺杆前段保留一定的缓冲垫等均有利于减小收缩。

⑤ 低精度制品应尽早出模使其在空气或热水中缓慢冷却，可以使收缩凹陷平缓而不影响使用。

⑥ 温度过高或过低，会使保压补缩达不到效果。

⑦ 胶料射入量不足，增加射胶量。

（4）银纹、气泡和气孔

在充模过程中，塑料受到气体的干扰，制品表面常出现银丝斑纹、细小气泡或制品厚壁内构成气泡，如图 6-21 所示。这些气体的主要来源是质料中的水分、易挥发物质或过量的润滑剂，也可能是料温过高，塑料受热时间长发生降解而产生降解气。分析其原因，在设备方面，有可能因为喷嘴孔太小、物料在喷嘴处拉丝、机筒或喷嘴有障碍物或毛刺，高速料流产生摩擦热使料分化。在模具方面，有可能由于设计上的缺陷，如浇口太小、浇口排布不对称、流道细小、模具冷却系统不合理，使模温差异太大等，造成熔料在模腔内不连接，阻塞了空气的通道。在工艺方面，可能由于料温太高，造成塑料降解，即由于机筒温度过高或加热失调，使一部分塑料过早熔融充溢螺槽，空气无法从加料口排出。另外，在制品设计方面，可能由于壁厚太厚，表里冷却速度不同，在模具制作时应适当增大干流道、分流道和浇口的尺寸。因此，应综合分析设备、模具、工艺、原材料和制品设计方面的问题，采取调节措施来避免气孔等缺陷。

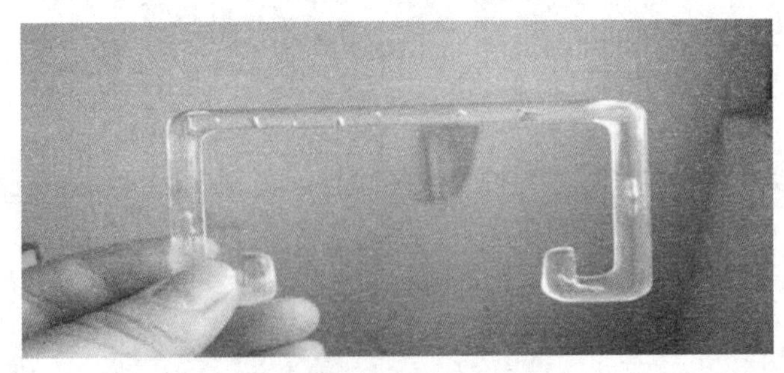

图 6-21　注塑件产生气泡

（5）熔接痕

熔接痕是指在塑胶件表面的冷料熔接的痕线。熔融塑料在型腔中由于遇到嵌件、孔洞、流速不连贯的区域、充模料流中断的区域以多股汇合时以及发生浇口喷射充模时，因不能完全融合而产生线状的熔接痕(图 6-22)。熔接痕极大削弱了制品的机械强度，避免产生熔接痕的方法与减少制品凹陷的方法基本相同。可采取以下措施减少或避免熔接痕：

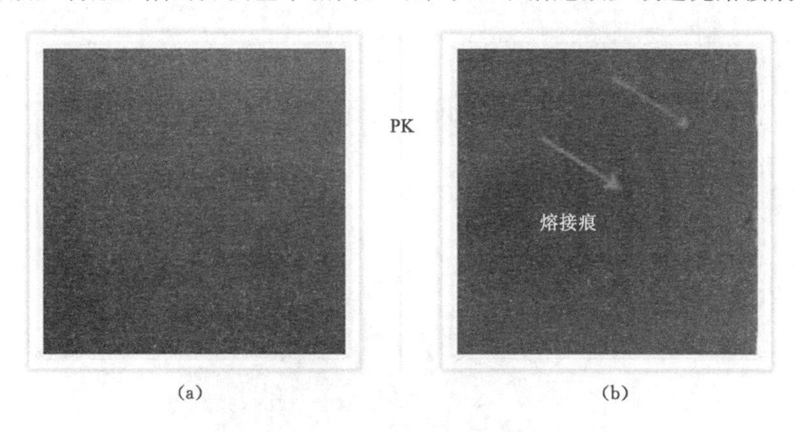

图 6-22　注塑件熔接痕

① 有效型腔压力太低，增大注射压力，延长注射时间。

② 提高注射速度，高速可使熔料来不及降温就到达汇合处，低速使型腔内的空气有时间排出。

③ 提高熔胶温度和喷嘴温度。温度高，塑料的黏度小，流动通畅，熔接痕变细；温度低，减少气态物质的分解。

④ 脱模剂应尽量少用，特别是含硅脱模剂，否则会使料流不能融合。

⑤ 降低合模力，以利于排气。

⑥ 适当增大背压力和调整螺杆转速以获得更高的均匀的熔胶温度；提高螺杆转速，使塑料黏度下降；增大背压力，提高塑料密度。

(6) 发脆

发脆表现为注塑件在顶出时断裂，或在出模后易断裂(图 6-23)。发脆大多数是内应力造成的。可采取以下措施减少或避免发脆：

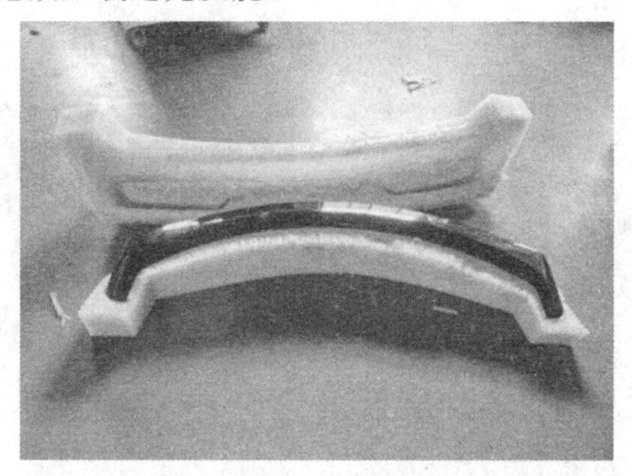

图 6-23　注塑件发脆

① 熔胶温度太低，物料难以注射成型，则应提高料筒(后区)温度和喷嘴温度。

② 熔胶温度太高，物料容易降解，需降低各区域料筒温度以及螺杆预塑背压力和转速。

③ 模温太高，脱模困难；模温太低，塑料过早冷却，熔接缝融合不良，容易开裂，应设置适当模温。

④ 提高注射速度，保证熔合强度。

(7) 变色

变色是指注塑件表面的颜色与要求的色彩不一致(图 6-24)。产生变色的主要原因如下：

① 螺杆转速太高，预塑背压太大。

② 机筒、喷嘴温度太高。

③ 注射压力太高，时间过长，注射速度太快。

图 6-24　注塑件表面变色

(8) 破裂

破裂是指注塑件表面的细小裂纹或裂缝(图 6-25)，可采取以下措施减少或避免破裂：

① 调整料筒温度。温度过高则料降解，温度过低则熔接强度不足。

② 调整注射压力。提高温度，使充模顺畅，降低黏度；压力过高时内应力大，易开裂，因此要降低压力。

③ 降低预塑背压和调低螺杆转速，避免胶料降解。

④ 适当增大射胶速度。

⑤ 增加冷却时间。冷却时间太短则不能充分硬化，顶出时容易开裂或发白。

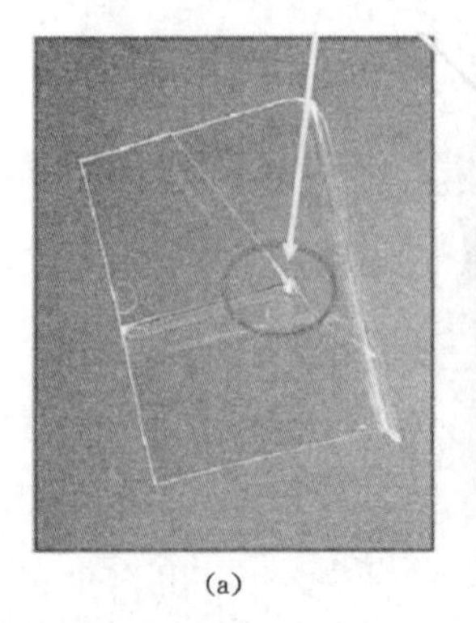

(a)

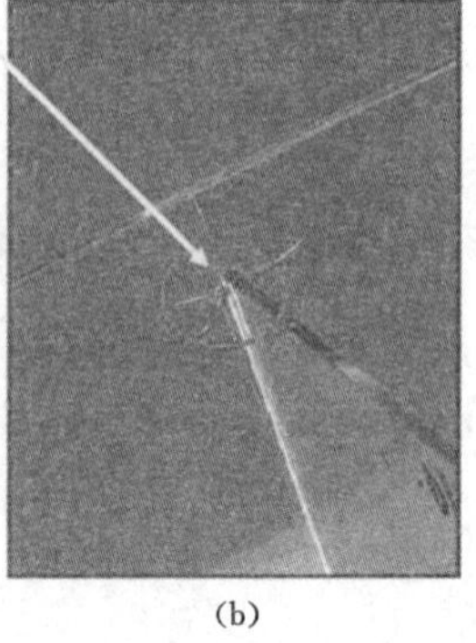

(b)

图 6-25　注塑件破裂

(9) 表面粗糙

注塑件表面粗糙时(图 6-26)可采取以下措施:

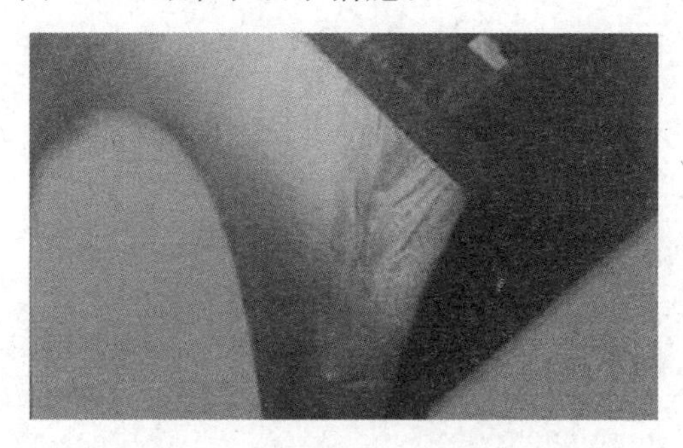

图 6-26　注塑件表面粗糙

① 提高熔胶温度(检查料筒加热带是否混乱失调,温度不均匀,局部过高或过低)。
② 需提高喷嘴温度。
③ 可能填充过快,过度剪切,适当调低注射速度。
④ 增大射出压力。
⑤ 延长射料时间。

(10) 脱模困难

注塑件脱模困难时(图 6-27)可采取以下措施:

图 6-27　注塑件脱模困难

① 注射量太多,模内胶料过度填充,降低注射量、注射压力和注射速度。
② 料温太高,适当降低。
③ 保压时间过长,减少螺杆向前时间。
④ 增加冷却时间或缩短冷却时间(视型腔或型芯粘模不同)。
⑤ 在允许的情况下借助脱模剂脱模。

(11) 翘曲变形

注塑件翘曲变形时(图 6-28)可采取以下措施:

① 增加冷却时间。
② 调整注射压力,减少螺杆向前时间。
③ 保证充料情况下降低螺杆转速、背压、料密度。
④ 料温太高或太低,根据具体情况调整。

⑤ 顶出注塑件时要缓慢。

⑥ 出模后借助夹具定型，在水中快速冷却。

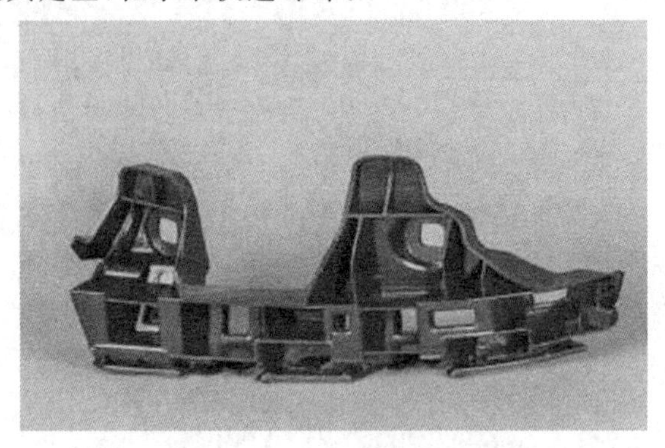

图 6-28　注塑件翘曲变形

(12) 尺寸不稳定

注塑件尺寸不稳定时可采取以下措施：

① 模温不均匀或冷却回路不当而致使模温控制不合理时应进行相应调整。

② 注射压力低时提高注射压力。

③ 适当增加射胶时间和保压时间。

④ 料筒温度或喷嘴温度过高时应相应调整。

⑤ 模型充填太慢时提高注射速度或采用多级充填速度。

第 7 章　产品装配设计

7.1　装配的设计准则

机械产品一般是由许多零件和部件组成的。零件是机器制造的最小单元，如一根轴、一个螺钉等。部件是两个或两个以上零件组合成为机器的一部分。按技术要求，将若干零件组合成部件或若干个零件和部件组合成机器的过程称为装配。前者称为部件装配，后者称为总装配。部件是通称，部件的划分是多层次的。直接进入产品总装的部件称为组件；直接进入组件装配的部件称为第一级分组件；直接进入第一级分组件装配的部件称为第二级分组件，依次类推。产品越复杂，分组件的级数越多。装配通常是产品生产过程中的最后一个阶段，其目的是根据产品设计要求和标准，使产品达到其使用说明书的规格和性能要求。大部分的装配工作都是手工完成的，高质量的装配需要丰富的经验。

产品的装配工艺过程是指按照一定的精度要求和技术条件，将加工完成的具有一定形状、质量、精度的零件组合成部件，将零件、部件组合成最终产品。装配过程中需要把产品的自制件、外协件、外购件和标准件等分别按照工艺过程进行存放和集结，在装配车间经过运送、调整、连接、检查等操作装配成成品，有些装配工艺中还包括装配前的清洗以及装配中的加工、修配等。

装配是指将多个零件组装成产品，使产品能够具有相应的功能并体现产品的质量。从装配的概念可以看出装配包含三层含义：将零件组装在一起；实现相应的功能；体现产品的质量。装配不是简单地通过拧螺钉将零件组装在一起，更重要的是，组装后产品能够实现相应的功能，体现产品的质量。

对于任何一件产品来说，在经过零件的加工制造并成为产品之前，都需要经过装配。产品包含的零件从几个到几百万个不等。装配是产品制造过程中的重要步骤，对产品质量、产品成本、产品开发周期等都有很大影响。

7.1.1　设计优化准则

(1) 最理想的装配方式

最理想的装配方式是金字塔式——一个大而且稳定的零件充当产品基座，放置于工作台上，然后依次装配较小的零件，最后装配最小的零件。基座零件能够对后续的零件提供定位和导向功能，如图 7-1 所示。

(2) 设计零件容易被抓取

① 避免零件太小、太重、太滑、太黏、太热和太柔。零件尺寸应合适，使得操作人员或者机械手能够很容易抓取并进行装配。零件越容易抓取，装配过程就越顺利，装配效率就越

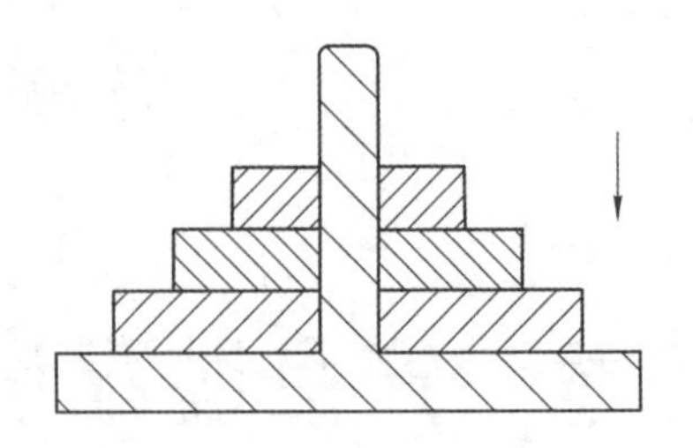

图 7-1　金字塔式产品装配顺序

高;相反,如果零件的抓取需要特殊工具的辅助,装配效率就会大幅降低。

② 设计抓取特征。如果零件尺寸不适合抓取,可以在设计时增加其他特征,如折边等。如图 7-2(a)所示,在原始的设计中,零件太薄,很难抓取和进行装配,在改进的设计中增加了一个折边,使得零件的抓取和装配变得很容易。

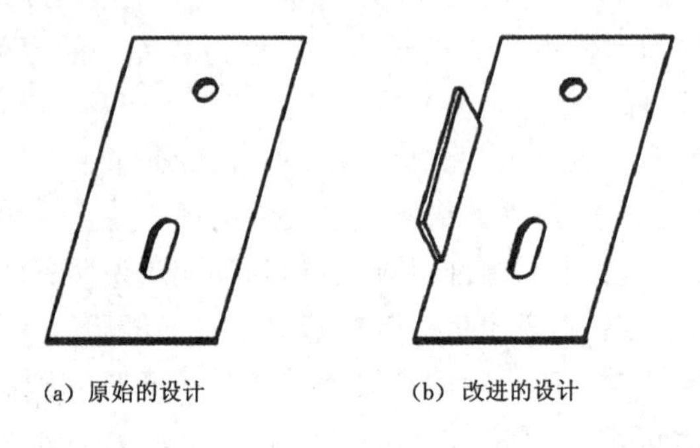

(a) 原始的设计　(b) 改进的设计

图 7-2　设计零件抓取特征

③ 需要特别注意的是:零件应避免具有锋利的边、角等,否则容易对操作人员或消费者造成人身伤害;在装配过程中,锋利的边、角也可能对产品的外观和重要的零部件造成损坏。因此,产品设计工程师在进行产品设计时,对零件上锋利的边、角要进行圆角处理。

(3) 设计导向特征

关于导向特征的设计,可以以漏斗为例。漏斗能够将液体注入细小的容器,如果没有漏斗的帮助,向细小的容器中倒入液体时就不得不小心翼翼,一不留神就会把液体洒到容器之外。对液体的倾倒来说,漏斗的作用是导向,纠正不正确的液体流向,使之流向正确的位置。

产品的装配也如同液体的倾倒,如果在零件的装配方向上设计导向特征,降低零件在装配过程中的装配阻力,零件就能够自动对齐到正确的位置,从而减少装配过程中零件位置的调整,降低零件互相卡住的可能性,提高装配质量和效率。如果在零件装配方向上没有设置导向特征,那么装配过程中必将磕磕碰碰。对于操作人员视线受阻的装配,更应该设计导向特征,避免零件在装配过程中被碰坏。

如图 7-3 所示,最差的设计中零件在装配过程中没有导向[图 7-3(a)],如果零件稍微没有对齐,则很容易被阻挡无法前进,造成装配过程中止。

较好的设计是在基座零件上或者插入的零件上增加斜角导向特征,这样能够使得装配过程顺利进行[图 7-3(b)]。

当然,最好的设计是在基准零件上和插入的零件上均增加斜角导向特征,这样零件的插入阻力最小，装配过程最顺利，同时零件相应的尺寸也可以允许有宽松的公差[图 7-3(c)]。常用的导向特征包括斜角、圆角、导向柱和导向槽等，斜角如图 7-3(b)和图 7-3(c)所示。

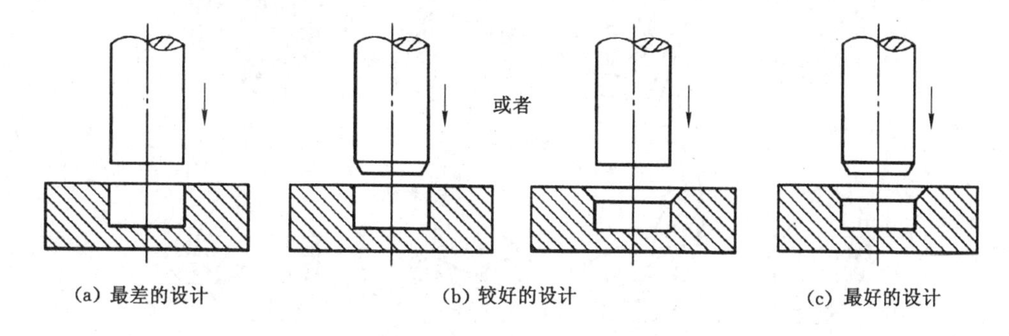

图 7-3　设计导向特征

7.1.2　设计禁忌准则

(1) 避免将大的零件置于小的零件上。

产品设计工程师常犯的一个错误是将较大的零件(或组件)置于较小的零件(或组件)上进行装配，这很容易造成装配过程不稳定、装配效率低，容易出现装配质量问题，而且有时装配不得不借助装配夹具。如图 7-4(a)所示，在原始的设计中将较大的零件放置于较小的零件上进行装配，在改进的设计中，将较小的零件放置于较大的零件上，装配过程稳定、轻松，装配质量高。如果因为设计限制，大的零件不得不放置于小的零件上，那么在设计时也必须在小零件上添加额外的特征，以提供一个稳定的基座。

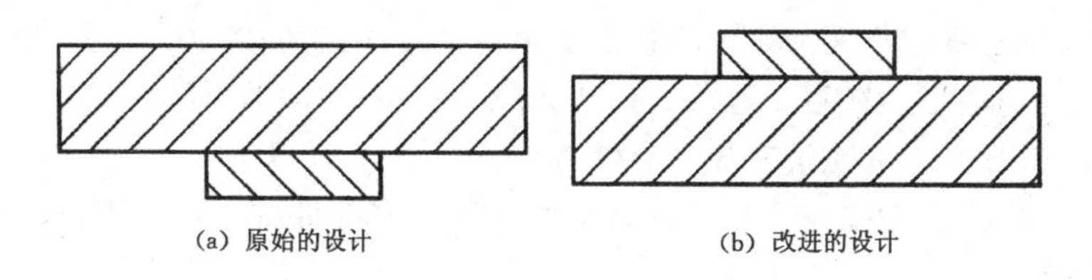

图 7-4　避免将大的零件放置于小的零件上

(2) 避免零件缠绕。

避免零件本身互相缠绕。如果零件缠绕在一起，装配时操作人员在抓取零件时不得不耗费时间和精力将缠绕的零件分开，还可能造成零件的损坏。如果产品是自动化装配，那么零件互相缠绕在一起会造成零件无法正常进料。一些零件容易出现缠绕的设计以及相应的改进设计如图 7-5 所示。

(3) 避免装配干涉。

① 避免零件在装配过程中发生干涉。

避免零件在装配过程中发生干涉是产品设计最基本、最简单的常识，但这也是产品设计工程师最容易犯的错误之一。

零件的装配过程应当很顺利，装配过程中不应该出现阻挡和干涉。但是在三维设计软件(如 Pro/Engineer)中进行三维建模时，产品是静态的，产品设计工程师常常忽略了产品

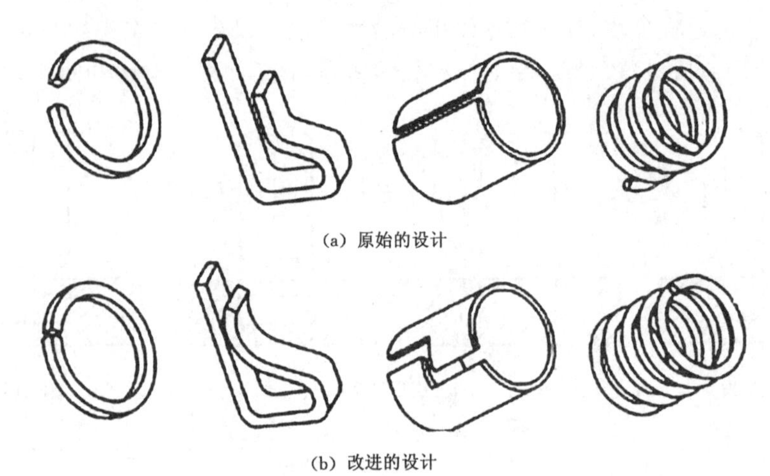

图 7-5　避免零件缠绕的设计

的具体装配过程以及零件是如何装配到正确位置的。于是在零件制造出来后，零件品质很好，但零件很难装配在一起，此时只能求助于锉刀等工具。

避免这样的错误很简单，产品设计工程师在三维设计软件中进行简单的产品装配过程动态模拟就可以发现零件是否发生了装配干涉。事实上，整个产品的装配过程都需要进行动态模拟，确保零件装配顺利。这是面向装配的产品设计中最基本的要求。

② 避免运动零件在运动过程中发生干涉。

很多产品都包含运动零件，需要避免运动零件在运动过程中发生干涉，否则会阻碍产品实现相应的功能，造成故障，甚至损坏。例如，电脑的光驱支架在光盘的放入和退出过程中是运动的，在其运动行程中不能与其他零件发生干涉。对此，产品设计工程师也可以通过对运动过程模拟确保运动零件在运动过程中畅通无阻，避免发生运动干涉。

③ 避免用户在使用产品过程中发生干涉。

产品设计工程师也要考虑在产品的具体使用过程中零部件的干涉问题，避免用户在使用产品时发生干涉。

要合理安排各组成部分的位置，减少连接件、固定件，使其检测、换件等操作简单方便，尽可能做到在维修任一部分时不拆卸、不移动或少拆卸、少移动其他部分，以降低对维修人员技能水平的要求和工作量。

④ 减少零件装配方向。

零件的基本装配方向可以分为六个：从上到下的装配，从侧面进行装配（前、后、左、右），从下到上的装配。对于产品装配来说，零件的装配方向越少越好，最理想的产品装配只有一个装配方向。装配方向过多易造成在装配过程中对零件进行移动、旋转和翻转等动作过多，降低零件装配效率，使得操作人员容易疲惫，同时零件的移动、旋转和翻转等动作容易造成零件与操作台上的设备碰撞而产生质量问题。只有一个装配方向的零件装配操作简单，对于自动化装配来说这也是最方便的。

零件的六个基本装配方向中从上到下的装配可以充分利用重力，是最理想的装配方向。从侧面进行装配（前、后、左、右），是次理想的装配方向。从下到上的装配，由于要克服重力对装配的影响，是最差的装配方向。在设计产品时，应尽量合理地设计产品结构，使得零件的装配方向从上到下。利用零件自身的重力，零件就可以轻松地被放置到预定的位置，然后进行下一步的固定工序。相应的，从下到上装配因为要克服产品的重力，零件在固定之前都必须施加外力使之保持在正确的位置，这种装配方向最费时费力，最容易发生质量问题。

如图7-6所示，改进的设计中零件从上到下进行装配，装配效率和装配质量都比原始的设计有很大提高。

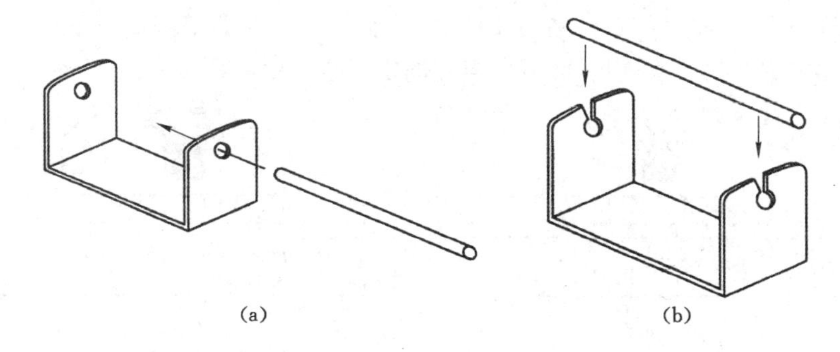

图7-6　最理想的零件装配方向是从上到下

7.1.3　装配结构设计准则

(1) 维修作业时应尽可能使用通用工具。

在机器的整个使用期内，专用工具的长期保存和维修是一件麻烦的事情，重新配备也比较困难。因此在拆装时使用通用工具可方便和简单地进行维修工作，省掉寻找和配置专用工具的时间，提高维修工作的效率。

(2) 相邻部件的固定互不妨碍。

为避免产品维修时交叉作业，可采用专舱、专柜或者其他适当形式布局。整套设备的部件应相对集中安装。产品特别是易损件、常拆件和附加设备，拆装要简便，拆装时零部件出进的路线最好是直线或平缓的曲线。

(3) 配合零部件间应定位迅速。

在结构中应设置可靠的定位面和定位元件，使相配的零件与零件、零件与部件、部件与部件之间有明确的相互位置关系。安装时能迅速到达规定的位置，不仅可缩短装配时间，还能保证装配精度。相配合的零件间有相互位置要求时，要在零件上制作出相应的定位表面，以便能在修配后迅速找正位置。

(4) 设置拆卸结构或装置。

静配合的两个零件应在零件上设计拆卸螺孔。轴、法兰盘、后盖和其他零件上，如果自身有螺孔或螺纹，可利用这些结构来帮助拆卸；如果没有这些结构，则应在这些零件的适当位置设置拆卸螺孔。过盈配合零件、配合面有油的零件的拆卸都很困难，应增设拆卸螺钉。

(5) 应有吊运装置。

对于重量较大的装配单元或模块，如果需要手工搬运，应当设计握持的把手。对重量大且需要机械搬运的零部件，均应在适当位置设置吊环之类结构，以便拆卸和装配时吊运。

(6) 先定位后固定。

零件的装配应先定位后固定，在固定之前将零件自动对齐到正确位置，这样能够减少装配过程中的调整，大幅提高装配效率。特别是那些需要通过辅助工具(如电动螺钉旋具、拉钉枪等)来固定的零件，在固定之前先定位，能够减少操作人员手工对齐零件的调整，方便零件固定，提高装配效率。

如图 7-7 所示，在原始的设计中零件不能自动定位，因此在螺钉固定的过程中零件不得不反复调整对齐到正确位置；在改进的设计中，基座零件上的凹槽限制了零件的移动，使得零件能够自动定位对齐到正确位置，避免螺钉固定时进行手动调整。

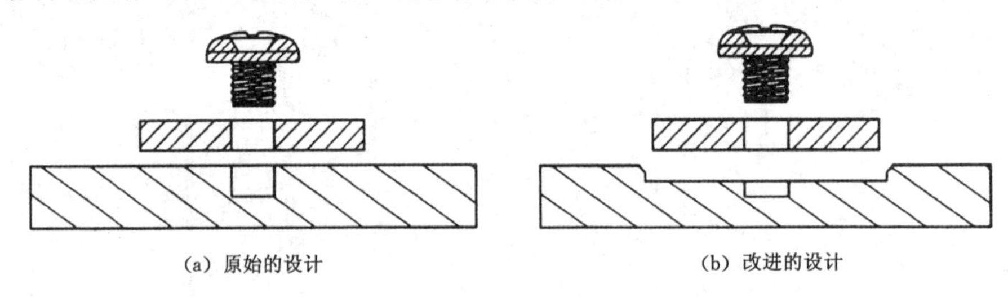

图 7-7　零件先定位后固定

(7) 为辅助工具提供空间。

零件在装配过程中经常借助辅助工具来完成装配。例如，两个零件之间通过螺钉固定，零件的装配需要电动螺钉旋具的辅助；两个零件通过拉钉来固定，那就需要拉钉枪来辅助。在产品设计中需要为辅助工具提供足够的空间，使得辅助工具能够顺利完成装配。如果产品设计提供的空间不够大，限制辅助工具的正常使用，势必会影响装配质量，严重时使得装配无法完成。由于现今的大多数产品都倾向于在更小的尺寸空间内集成更多的功能，这就对产品设计提出了挑战，因此在产品装配过程中经常会出现辅助工具无法正常使用的状况。至于空间具体多大才合适，这就需要了解辅助工具的尺寸及其工作原理，也可以向制造工程师寻求帮助。

(8) 采用独立单元结构。

采用独立单元结构，即产品应按照其功能设计成若干个具有互换性的模块或独立单元结构，尤其是产品上一些易发生故障的机构和部件，应该设法划分成独立且可换的部件并配有储备件。当机器需进行计划修理或部件发生事故性修理时，可方便地将备件装上去。模块从产品上卸下来以后应便于单独测试、调整。在更换模块后一般不需要进行调整，若必须调整，应简便易行。

成本低的产品可制成弃件式模块，其内部构件的预期寿命应设计得大致相等，并加标志。应明确规定弃件式模块报废的维修级别及所用的测试、判别方法和报废标准。模块的尺寸与重量应便于拆装、携带或搬运。超过 4 kg 不便握持的模块应设有人力搬运的把手。

7.2　面向装配的设计

面向装配的设计(design for assembly，简称 DFA)是一种在产品设计阶段统筹兼顾的设计思想和方法，是现代设计方法的一个新的分支。面向装配的设计是指在产品设计过程中从产品的全寿命周期考虑其制造、装配和维护的工艺性问题，采用各种技术手段，充分考虑产品的装配环节及其相关的各种因素的影响，通过分析、评价、规划、仿真等，在满足产品性能与功能的条件下改进产品装配结构，使设计出来的产品是可以装配的，并尽可能降低加工、装配、维护成本和产品总成本。

装配的设计技术包括以下主要内容：① 可装配性设计信息描述，即通过图形法、面向对象的表示方法等，描述产品装配的过程信息、装配部件信息和装配约束信息，形成可存储于关系数据库的产品装配信息模型。② 产品的可装配性分析，即采用试验、统计或建模等方法确定产品可装配性类别，分析影响产品可装配性的各种因素和它们之间的相互作用关系。③ 产品的可装配性评价，即用定性和定量的方法，按评价指标（相对装配费用、相对装配难度和相对装配时间等）对产品的可装配性进行评价，这是面向装配设计的中心环节。根据产品的可装配性分析和评价进行可装配性再设计。

面向装配的设计作为并行工程的一项使能技术不断得到改进和发展，目前已经成为一种广义的装配设计方法，覆盖范围包括产品生命周期中与装配有关的所有环节，一般包括以下内容：① 自顶向下的产品设计；② 产品装配结构和装配性能分析；③ 数字化预装配；④ 产品装配序列规划；⑤ 装配公差分析与设计；⑥ 机构运动分析与设计。

其体系结构如图 7-8 所示。

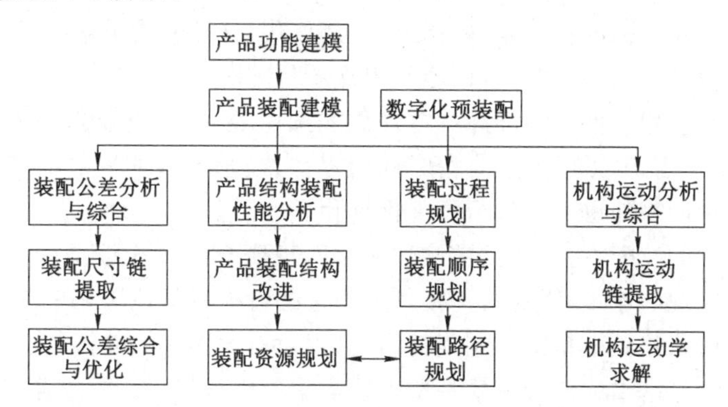

图 7-8　面向装配的设计系统体系结构

下面讨论关于面向装配的总体设计。在航天器、飞机、船舶、车辆等大型复杂产品的设计中，由于产品的结构复杂、零部件种类和数量大、精度要求高、装配周期长，因此在产品的总体设计中就应当考虑最终装配工艺中的装配准确度及装配单元的分解、互换与协调方案等。

总体设计中需要重点考虑以下影响产品最终装配的因素：① 产品的总体布局、主要结构的设计方案应当与现有的工艺水平、制造能力相匹配。② 主要结构的划分、连接形式、补偿环节等应当合理，满足产品装配精度、装配互换性与协调性要求。③ 产品中的新材料、新工艺和新技术应当经过试验验证，具备制造条件。④ 产品的设计分离面、工艺分离面、设计基准等设计合理，可保证最终装配的互换性与协调性，具备产品从试制到批量生产的生产条件，符合最终的装配作业要求。⑤ 产品的部装、总装具有可检测性。⑥ 加强工艺设计管理，提高数字化设计能力，建立设计知识库、数据库系统，通过严格、科学的工艺性审查保证产品具有良好的装配工艺性。

7.2.1 标准化零件装配

在产品的总体设计中采用标准化、模块化设计思想，尽可能将复杂的产品分解为功能独立、连接关系明确、检查维修方便的独立单元，并尽可能采取标准化组件，这样不仅可以提高产品的质量，还可以大幅降低制造和装配的复杂性。产品设计中的标准化、通用化问题不仅影响产品加工的组织安排和工艺性，还影响产品装配生产的组织和装配工艺性。在当今产品向多品种、中小批量生产发展形势下，这个问题显得尤其重要。

标准化设计可以直接购买的符合国际、国家或者行业标准的零件，应用于产品中。提高产品的标准化程度，可以降低设计、工艺编制和生产准备等所需要的费用，而且标准件的材料性能、可靠性等是明确的，可以根据有关标准在采购中进行严格检验。在成本方面，与新设计制造的零件相比，采用标准件的成本一般只有新设计零件的10%。在装配过程中采用标准化的工装设备进行装配，可以大幅简化装配工艺过程，保证产品的装配质量。

零件标准化具有如下优点：① 零件标准化能够减少订制零件所需的新零件开发时间和精力，缩短产品开发周期。② 零件标准化具有成本优势。标准化零件因具有一定规模而成本较低。对于塑胶、钣金等需要使用模具进行制造的零件，使用标准化的零件能够节省模具成本，从而零件成本优势更加明显。订制零件如同订制衣服一样，通常都会比较贵。③ 避免出现零件质量问题。标准化的零件已经被广泛使用，并证明质量可靠。相反，订制的零件需要通过严格的质量和功能检验，否则容易出现质量问题。

企业应当制订常用零件的标准库和零件优先选用表，并在企业内部不同产品之间实行标准化策略，鼓励产品开发时从标准库中选用零件，鼓励重复使用之前产品中应用过的零件。同一件产品中的零件也可以进行零件标准化。

关于通用零件的装配，选择常见螺纹连接进行说明。螺纹连接是一种通过压紧产生螺纹面间的力锁而实现的连接，因为被连接件是通过螺钉被紧紧地压在一起的，因此产生一对摩擦副。为了能够从数量上精确控制连接力，必须对有关因素加以控制。

螺纹连接作为最基本的连接方式在机械装配中应用很广泛。螺纹连接包括螺栓、螺钉、螺柱、螺母等具有普通螺纹的紧固件连接和具有自攻螺纹、木螺纹的紧固件连接。螺纹紧固件中还有配合使用的各种附件(垫圈、开口销等)。此外有些零件之间也可以本身带有螺纹直接连接。

(1) 螺纹连接的基本类型及主要应用

螺纹连接的基本类型及主要应用见表7-1。

(2) 螺纹连接的装配工艺

为保证螺纹连接的可靠性及有效性，装配时的工艺要点是控制预紧力。螺纹连接的装配方法主要取决于对预紧力的要求。对无预紧力要求的螺纹连接，多采用普通扳手，风动、电动扳手拧紧或击紧法拧紧。规定预紧力的螺纹连接，如需精确控制预紧力，可采用千分尺或者在螺栓光杆部分贴应变片，精确测量螺栓伸长量或应变量，以精确控制预紧力。该方法易受结构等限制，只适用于特殊场合。

表 7-1　螺纹连接的基本类型及主要应用

基本类型	结构示意图	主要应用
螺栓-螺母连接	(a)　(b)	用于通孔。按螺栓与被连接件之间的松紧度不同分为两类。图(a)为普通螺栓连接。螺栓与通孔之间有间隙，依靠螺栓拧紧后的紧固力使连接件间产生的摩擦力来传递荷载。一般被连接件的厚度之和为螺纹大径的2～7倍(适用于M5至M24的螺栓)。因为通孔加工精度低，结构简单，装配方便，又不受被连接件材料限制，所以应用极广。图(b)为紧配螺栓连接，适用于工作荷载垂直于螺栓轴线的场合。如采用图(a)所示普通螺栓连接，连接件接合面间须产生足够的摩擦力以平衡外荷载，这需要足够的预紧力。一般受横向荷载的螺栓，其预紧力为横向工作荷载的5倍，所以螺栓螺母的尺寸必然较大。再者，当承受振动、冲击荷载或动荷载时，依靠摩擦力承受荷载并不可靠，宜采用紧配螺栓连接。此种紧配螺栓连接也可用于精确定位，阻止两连接件相对滑动。配合部分的螺栓杆与通孔需要精加工或铰制，一般采用基孔制过渡配合
双头螺柱连接	(a)　(b)	图(a)为双头螺柱连接，应用于两连接件中有一件较厚，不便使用螺栓，而被连接件又经常拆卸的场合。这样可使螺柱一端拧入厚层机体，另一端拧上螺母；连接件卸掉时，仅将螺母拧开，而螺柱不动。还有一种情况是，带螺孔的被连接件的材料强度较低(如铸铁、铝合金等)，为避免经常装卸而使螺孔受到损伤，也采用双头螺柱连接。 图(b)所示结构为螺柱两端各拧入螺母紧固，多用于箱形构件，代替螺栓-螺母连接
螺钉连接	(a)　(b) (c)　(d)	螺钉直接拧入被连接件螺纹孔中，多数情况不用螺母，结构简单紧凑，适用于结构上不便采用螺栓、受力不大且不宜经常拆卸的场合。图(a)所示为螺钉头部全部或部分沉入连接件，该结构多用于外表，如仪器面板。图(b)所示为紧定螺钉连接。紧定螺钉连接不是坚固的连接形式，只是靠摩擦力和剪力将零件连接在一起。图示用于固定两个零件的相对位置，以传递不大的力或扭矩。如电器开关旋钮与轴的固定。图(c)所示为自攻螺钉连接。自攻螺钉的表面经淬硬，在拧入时通过挤压形成内螺纹。因螺钉与挤压形成的内螺孔无间隙，所以连接紧密。常用于连接强度要求不高、固定两个零件的相对位置的情况。图(d)所示为木螺钉连接。一般用于铁木结构件的连接。金属件应预制通孔，木质件则视其材质及木螺钉长度可以不制出或制出一定大小、深度的预制孔

① 螺母和螺钉的装配要点。螺母和螺钉装配除了要按一定的拧紧力矩来拧紧以外，还要注意以下几点：a. 螺钉或螺母与工件贴合的表面要光洁、平整。b. 要保持螺钉或螺母与接触表面的清洁。c. 螺孔内的脏物要清理干净。d. 在拧紧成组螺栓或螺母时，应根据零件

形状和螺栓的分布情况,按一定的顺序拧紧螺母。e. 在拧紧长方形布置的成组螺母时,应从中间开始逐步向两边对称地扩展。f. 在拧紧圆形或方形布置的成组螺母时,必须对称地进行(如有定位销,应从靠近定位销的螺栓开始),以防止螺栓受力不一致,甚至产生变形。g. 拧紧成组螺母时要分次逐步拧紧(一般不少于 3 次)。h. 必须按一定的拧紧力矩拧紧。i. 凡有振动或受冲击力的螺纹连接,都必须采用防松装置。

螺纹连接拧紧顺序见表 7-2。

表 7-2 螺纹连接拧紧顺序

分布形式	一字形	平行形	方框形	圆环形	多孔形
拧紧顺序简图	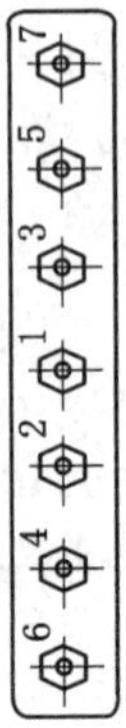 7 5 3 1 2 4 6	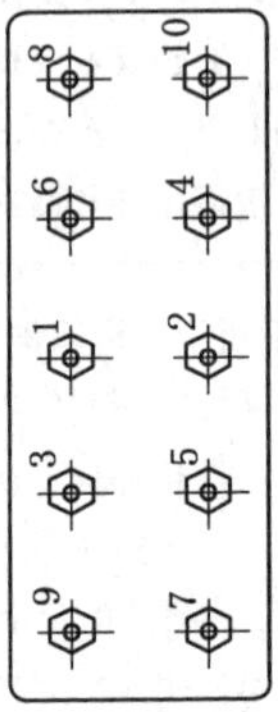 8 10 6 4 1 2 3 5 9 7	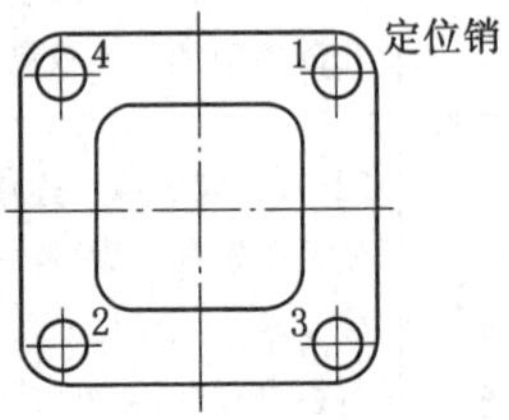 4 1 定位销 2 3	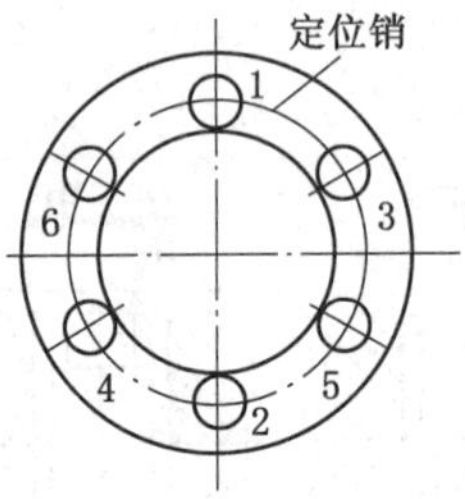 定位销 1 6 3 4 5 2	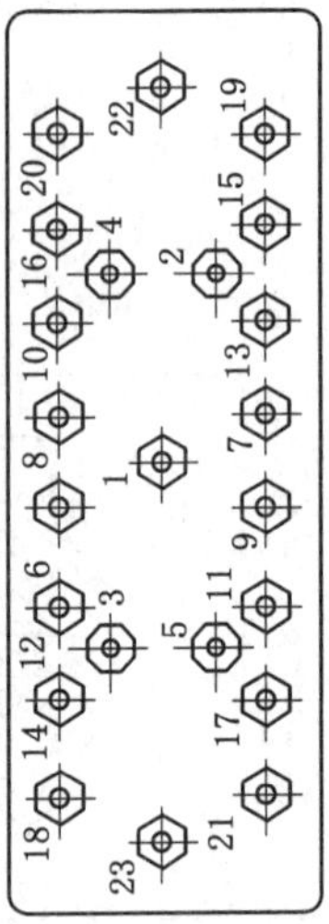 22 19 20 15 4 16 2 10 13 8 1 7 6 9 3 11 12 5 14 17 18 21 23

② 螺纹防松装置的装配要点。对于弹簧垫圈和有齿弹簧垫圈不要用力将弹簧垫圈的斜口拉开,否则重复使用时会加剧划伤零件表面。根据结构选择适用类型的弹簧垫圈,如圆柱形沉头螺栓连接所用的弹簧垫圈和圆锥形沉头螺栓连接所用的弹簧垫圈是不同的;有齿弹簧垫圈的齿应与连接零件表面相接触。对于较大的螺栓孔,应使用具有内齿或外齿的平形有齿弹簧垫圈。

③ 胶黏剂防松动。可通过液态合成树脂进行防松动,如果零件表面接触良好,胶黏剂涂层越薄,则防松动效果越好。在操作时,零件接触表面必须用专用清洗剂仔细地进行清洗、脱脂,同时,稍微粗糙的表面可提高黏结强度。

7.2.2 模块化产品装配

产品品种不同,产品的外形和结构必然存在一定差异。但是如果采用通用化、系列化的设计方法,将产品的通用部件系列化,使各品种之间有着良好的继承性,将给产品的加工和装配带来极大方便。通用化、系列化一方面可以减少设计、工艺编制和降低生产准备的时间和降低成本。另外,可以采用批量化的生产组织模式,将多个品种的通用部件进行批量生产,使这些零部件以大批量生产的方式进行,采用先进技术和装备,提高劳动生产效率。

通用化、系列化设计时应当考虑以下几点：

① 将产品分解为部件和装配单元，分析各个部件和单元的用途及技术特性，将功能相同或相似的零部件根据产品品种的要求，采用标准化序列形成产品系列。

② 选择符合通用部件或装配单元的最适宜的运动系统和结构。

③ 装配单元或部件结构相同，但技术特性差别相当大时要考虑工艺过程典型化。尽量使壳体零件通用化。当工艺特性差别很大时，可将该类零件合理地归并成几类结构类似的零件。尽可能使零件的结构要素通用化。

④ 在此基础上，按照成组技术方法对零件进行分类，可采用典型的成组工艺过程，大幅提高零件的工艺性，为大规模加工和装配产品创造条件。

⑤ 复杂结构的产品，不可能整个通用化时，可按其结构功能，设计成为若干可以独立装配的单元或部件，这不仅可改善其装配工艺性，还有利于产品的改进和改型。新型产品的改进设计可在基本型产品的基础上仅对某些部件或装配单元进行改进，这样可缩短生产准备周期，增强应变能力和提高产品的市场竞争力。对于独立部件或装配单元，可以进一步考虑其组成零件的标准化和通用化，从而提高整个产品的标准化、通用化程度。

单元化设计的主要目的有以下几点：

① 使装配工作分散平行进行，以减少最终总装的装配工作量和缩短时间，提高总装质量。

② 独立的装配单元可以进行单独检测，易于保证最终产品的综合性能。

③ 改善装配工作条件，利于实现装配自动化，提高装配效率和产品质量。

④ 可以采用简单的装配定位方法，简化复杂产品的装配工装设计。

⑤ 将需要特殊装配环境和特殊试验要求的装配件分离出来，减少专用厂房面积，节约投资。

⑥ 单元不仅是某些系统和设想的简单划分，其作为一种结构必须能够发挥独立的功能。而且如果能组装具有各种功能的单元，即可做出具有各种新组合功能的产品。

模块化产品设计是指把产品中多个相邻的零件合并成一个子组件或模块，使一个产品由多个子组件或模块组成。模块化的产品设计有以下优点：

① 简化产品总装配工序，提高总装配效率。

② 应用模块化设计，复杂产品被分解为多个功能模块，从而简化产品结构。

③ 提高装配灵活性，不同的模块可合理使用人工或机械装配。

④ 质量问题可尽早发现，提高产品质量。模块化的子组件能够在产品总装配之前进行质量检验，装配质量问题能够更早、更容易被发现，避免不合格的产品流入产品总装配线，从而提高产品装配效率和装配质量。可避免因质量问题而造成整个产品返工或报废。

⑤ 当一个子模块在工厂装配时或在使用中发生问题时，子模块很容易被替换，这有利于产品的维护，同时避免因为子模块的质量问题而造成整个产品报废，从而降低产品成本。

⑥ 提高产品的可拆卸性和可维修性(可靠的零件或模块最先装配，较容易出现问题的零件或模块最后装配)。

⑦ 按单订制。模块化的产品设计能够帮助企业实现产品按单订制，满足消费者个性化的需求。

采用单元化、模块化设计时应当注意以下设计原则：

① 明确单元的功能，一个单元不应当具有过多的功能；

② 按照专业划分单元，以减少总装时多个专业之间的协调；

③ 设计出的标准单元应尽可能将参数、规格系列化；

④ 用在单元上的各机械零件应标准化，即设计要简单，生产效率及可靠性要高；

⑤ 装配单元的输入输出的接口参数或安装尺寸等应标准化；

⑥ 单元之间的连接紧固方法应简单容易；

⑦ 单元的划分应当满足互换性、协调性要求，使总装时部件之间协调；

⑧ 有特殊装配环境要求和特殊试验要求的部件应当划分为独立的装配单元；

⑨ 装配单元的划分应考虑部件装配时具有装配的通道，减少单元之间的干涉和协调；

⑩ 划分的装配单元应具有一定的工艺刚性，以方便装配；

⑪ 需要考虑大批量装配时流水式装配的工艺节拍的均衡。

7.3 常见的装配技术类型

机械装配的类型和方法主要取决于产品的种类、生产批量、成本等。机械装配方法可以按照自动化程度、精度保证方法、产品类型等进行划分。

(1) 按照装配的自动化程度划分装配类型

按照装配时的自动化程度可以将装配工艺分为手工装配、柔性装配和自动装配。装配工艺的自动化程度根据生产类型，产品结构、尺寸、精度，装配件数量，装配的复杂程度等综合分析后确定。复杂产品的装配生产，可根据不同零部件的结构特点、企业的设备能力、投入的资金等，综合应用手工、柔性和自动化的装配方法。不同装配方式的特点和适用范围见表 7-3。

表 7-3　不同装配方式的特点和适用范围

装配方式	工艺特点	适用范围
手工装配	由装配人员利用简单的装配工具，手工完成产品的装配过程；在装配过程中可以采用一定的装配工具和设备，但是设备的控制和工具的使用需要由装配人员根据需要来操控；手工装配的效率、质量等与装配操作的复杂程度、人员的经验密切相关	适用于生产批量小、种类多的产品；或产品结构复杂、装配工艺复杂、产品精度高、性能要求高，需要在装配中进行复杂的调试和检验
柔性装配/半自动装配	在装配过程中采用具有一定通用化程度的装配机械和设备完成零部件的装配过程；通常采用可自由编程的装配机器人进行装配，此外还需要具有一定柔性的外围设备，例如零件储藏、可调的输送设备、夹持设备等；在装配过程中一般不需要装配人员参与装配操作，但是柔性装配设备有时需要装配现场人员进行控制	产品批量不大，装配件数量较多，产品种类经常更换，装配复杂程度一般

表 7-3(续)

装配方式	工艺特点	适用范围
自动装配	采用全自动的专业化的装配设备,自动完成零件运送、定位、调整、固定、检验等一系列操作,装配过程中不需现场装配人员的参与;自动装配设备要根据产品结构和装配工艺进行设计制造,自动装配设备可以组成流水线式自动化装配生产线,按照统一的装配节拍完成所有产品的装配;自动装配需要较大的设备投入	大批量生产,生产批量稳定,装配复杂程度不高

(2) 按照装配精度保证方法划分装配类型

零件加工误差的累积会影响装配精度,提高零件的加工精度势必提高零件的制造成本。在复杂产品的装配中可以通过一定的装配工艺来保证最终的装配精度。

(3) 按照产品类型划分装配类型

按照装配零件种类可以将装配工艺划分为机械结构件装配、电气连接和配线装配及电子线路板装配。

① 机械结构件装配:装配的对象主要是各种机械加工零件,其刚性较高。

② 电气连接和配线装配:装配对象为各种电气元件、管路和线缆等。

③ 电子线路板装配:装配对象为电子线路板,主要操作是将各种电子元器件、集成电路等安装和焊接到集成电路板上。

7.3.1　手工装配技术

(1) 手工装配概述

手工装配在目前工厂的实际装配中仍然是一种重要方法,尤其是单件、小批量生产的产品装配。手工装配就是由装配工人利用装配工艺设备并借助必要的工具来完成装配工作。手工装配适用于产品生产批量不大,或者产品装配件数量多、装配复杂程度高的场合。

手工装配在制造业中占有重要的地位。在现有技术条件下,还不可能用自动化装配装置完全代替手工装配。而且相当一部分产品更适合手工装配,如果全部采用自动化装配,装配技术将十分复杂,装配设备也十分昂贵。

手工装配中装配工人的操作主要是零部件的搬运、抓取、定位、插入、紧固和检查。鉴于人体生理条件的限制,对零部件的设计应当使手工装配操作可行、安全、方便。手工装配的特点使面向手工装配的产品可装配性设计与面向自动装配的产品设计具有很大差异。由于人在零件识别、判断能力和精细操作上远高于任何自动化机器,一些手工装配中极为简单的操作对于自动装配设备来讲反而是十分困难的。因此,面向手工装配的零部件设计不用像自动装配那样考虑更多零件识别、定位等问题,但是在设计中必须考虑零件的对称性、尺寸、重量、厚度、柔软性等对最终装配操作和装配效率的影响。

手工装配工艺可分成两个独立的部分:搬运(获取、定向和移动零件)、插入和固定(配合和组合零件)。在大批量装配中,操作工人必须在有限的时间内按照工作节拍完成装配操作,因此,面向手工装配的产品结构设计,应当考虑多个手工装配环节的平衡问题,即把装配过程分解为几个具有均衡节拍的装配过程。

（2）基于人工装配的操作复杂度评价

产品装配过程复杂度用来衡量在装配序列和路径确定的情况下装配的可实施度，复杂度评价的主要目的是从多种装配序列和路径中选出较好的装配方案并为装配成本分析奠定基础。在装配过程中零部件所涉及装配动作比较复杂，有空间移动、插入、紧固、调节、转动、对准等。对于机器自动化装配和人工装配，装配操作的难度有所不同。尤其对于人工装配来说，不同的装配动作装配难度差别很大，为此提出了人工装配操作复杂度评价模型，用于对某一个被装配零件装配操作的全过程进行复杂度评价。

零件的装配复杂性是由具体的装配环境决定的，同一个零件的装配操作在不同的装配环境中可能显著不同。在本书建立的装配操作复杂性模型中，首先根据实际装配环境列出该环境下所有可能的基本装配动作，每一种基本装配动作都对应一个装配难度系数。假定最容易的装配动作难度系数为1，最难的装配动作系数为2，其余装配动作难度系数在区间(1,2)上离散分布。考虑到实际的装配空间，假设装配零件的装配过程在非配合情况下不能与其他已装配的零部件相碰撞，以避免降低零件的表面精度，那么对装配操作复杂度影响最大的因素就是有约束装配距离和装配空间余量。

（3）面向手工装配的通用设计准则

基于DFA的研究与应用经验，手工装配可以形成一套通用设计准则，以基本规则的形式呈现给设计人员。手工装配工艺可以很自然地分为两个独立的部分：搬移（拾取零件、定向零件、移动零件）、插入和紧固（使一个零件和另一零件或部件相配合）。

面向易于搬运、移动和定向的零件设计，设计者应做到以下几点：

① 设计两端对称和绕插入轴旋转对称的零件。如果不能实现这种对称设计，尽量设计有最大可能对称的零件，如图7-9(a)所示。② 设计明显不对称的零件，如图7-9(b)所示。③ 设计防止散件存储时易套接或堆叠的零件的阻塞，如图7-9(c)所示。④ 避免散件存储时易导致零件缠结，如图7-9(d)所示。⑤ 避免出现易粘在一起的零件，脆性、柔软、超小型或超大型的零件，或对处理人员有害的零件（尖锐的零件，易碎裂的零件等），如图7-10所示。

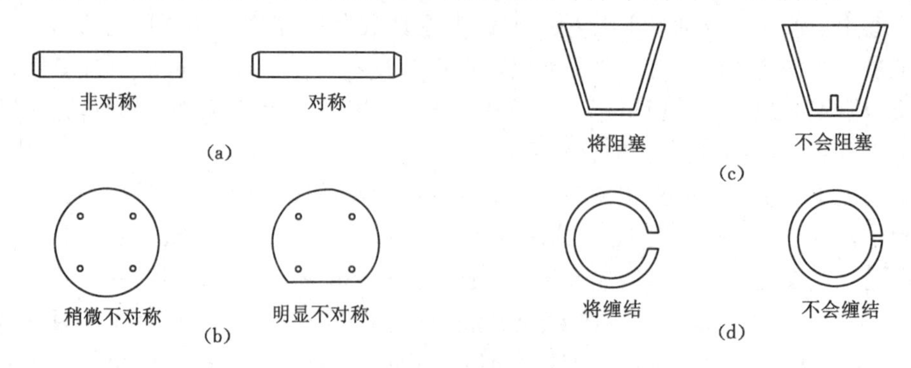

图7-9　影响零件搬移的几何特征

7.3.2 自动化装配技术

（1）机器自动化装配概述

机器自动化装配和人工装配属于两种不同的装配方法，适用于不同的装配环境，具有各

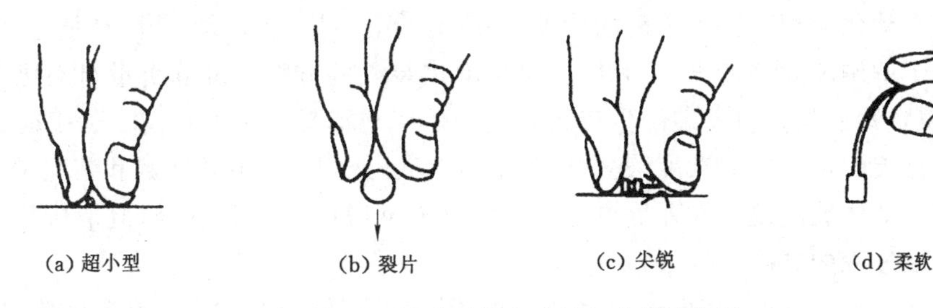

图 7-10　影响零件搬移的部分其他特征

自特点。

机器自动化装配方法主要应用于环境恶劣、大批量、规模生产的情况，另外，如果将机器人柔性装配也归为机器自动化装配，也适用于小批量、多品种产品的装配。

机器自动化装配的装配时间是由装配生产线的节拍来决定的，其装配成本不是由装配时间决定的，而是由自动装配线的损耗、折旧和员工数决定的。

无论多么智能的机器自动化装配，其柔性都无法与人工装配相比，在其装配过程中会遇到在人工装配中很容易解决的困难，比如对齐、间隙调整、重定向等操作。机器自动化装配主要适合于单调装配操作(被装配的零件可以一次性装配到位，零件装配到位后其位置不再变化)。

机器自动化装配较少考虑零件的重量、尺寸等物理因素，装配速度很容易调节，这是与人工装配相比的优点。机器自动化装配生产效率远高于人工装配生产效率，且在自动化装配过程中工人的劳动强度大幅低于人工装配的劳动强度。

面向装配的设计对手工装配产品来说是一个重要的考虑项目，能获得巨大的收益，因此当产品自动化装配时面向装配的设计是一个至关重要的考虑项目。

(2) 装配自动化应具备的基本条件

装配自动化应具备的基本条件包括生产批量、产品结构、零件标准化程度、装配设备的自动化水平等。实现装配自动化后，产品质量稳定，技术经济性高，生产成本降低。

实现装配自动化的基本条件包括以下几项：

① 生产批量大且稳定，或者能够在一定时期内保持稳定的生产纲领。产品结构具有较好的自动装配工艺性。产品应结构简单，装配件数量少，装配基准面和主要配合面形状规则，装配定位精度易得到保证，装配的复杂程度不应太高。产品的零部件具有较高的标准化、通用化程度。主要零件的形状规则、对称，易实现自动定向等。装配设备应该能够以产品结构和零部件为核心，以自动装配为性能目标，支持自动的物料传输、产品装配等操作。

② 装配自动化包括零部件的自动给料、自动传送以及自动装配等内容。自动给料包括装配件的上料、定向、隔料、传送和卸料的自动化。自动传送包括装配零件由给料口传送至装配工位，以及装配工位与装配工位之间的自动传送。自动装配包括自动清洗、自动平衡、自动装入、自动过盈连接、自动螺纹连接、自动粘接和焊接、自动检测和控制、自动试验等。

③ 所有这些工作都应在相应控制下按照预定方案和路线进行。实现给料、传送、装配的自动化，达到提高装配质量和生产效率、产品合格率高、劳动条件改善及生产成本降低的效果。

(3) 机器自动化装配复杂性评价

根据上述自动化装配和手工装配的特点，一般情况下，对于大批量、装配环境恶劣、装配操作大多数属于单调装配的情况，可采用机器自动化装配的方案。准确衡量自动化装配过程的复杂性，需要知道具体自动装配生产线的生产效率和损耗等细节情况。为了能通用地描述普通自动化装配过程的复杂度，建立以重定向次数、装配工具变化次数和装配类型的连续性为基础的自动化装配复杂性评价模型。尽管该模型考虑的因素不全，但是从整体上反映了自动化装配过程的难度。

在实际自动化装配生产中，由于自动化装配设备面向不同装配需求的变化较困难，因此，在对产品的基零件进行一次定位定向后，希望后续的零件装配在同一个方向上进行，以减少产品零部件的重定向次数。在零件的自动化装配过程中，装配工具的抓取、定向是较困难的，装配工具的频繁变化会显著增加装配时间。因此，希望在装配过程中尽可能用相同的工具连续地装配零件。此外，装配过程中存在不同的装配类型，除了较通用的插入、面贴合等操作外，还有较复杂的装配操作，比如螺栓紧固、铆接等，这些特殊的装配操作在装配过程中可能要用到特殊的自动装配设备。对于这些特殊的装配操作，最好是在序列可行的情况下连续进行，如果间隔使用这些装配设备势必大幅增加装配时间。

第 8 章　面向制造的公差设计

8.1　公差分析

机械工程师在进行产品设计时，会按照产品的功能要求对零件尺寸进行定义。然而在现实生产中，零件无法完全按照设计尺寸制造出来，总会存在一定差距。这与生产制造过程中刀具的磨损、加工条件的波动或操作员工的熟练程度等有关。例如，在三维软件中，一个零件长度的定义尺寸为 100 mm，随机从批量制造的样品中抽出零件进行长度测量，长度的测量值可能是 100.08 mm，如图 8-1 所示。

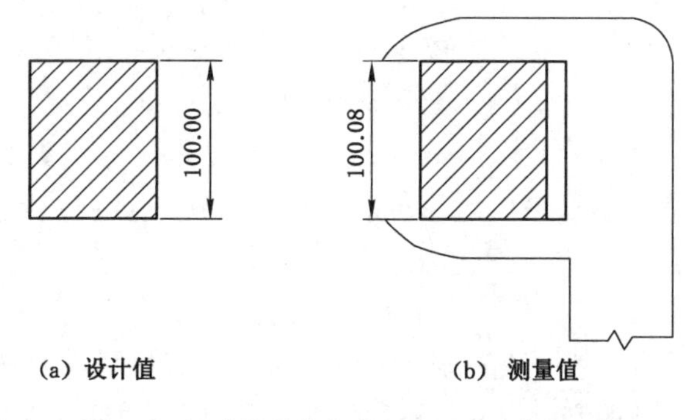

图 8-1　尺寸设计值与实际测量值(单位:mm)

公差就是零件尺寸在生产制造过程中所允许的偏差值。例如，将图 8-1 中的尺寸设定为(100±0.2) mm，则公差为±0.20 mm。零件完成生产制造后，若测量时发现零件尺寸超过这个偏差范围，那么判定零件为不合格产品。

公差在产品设计中极其重要。在产品的精度链设计中，应根据装配组件中零件与零件(组件与组件)之间的相互位置关系和零件的功能要求，恰如其分地给出尺寸公差、形状公差、位置公差和表面粗糙度，将零件的制造误差限制在一定范围内，保证产品在装配完成后正常工作，并满足一定的精度要求。公差是机械工程师和制造工程师之间沟通的桥梁和纽带，是保证产品以优异的质量、优良的性能和较低的成本进行制造的关键。

8.1.1　制造中的常见公差

8.1.1.1　尺寸公差

以孔、轴为例，对孔、轴的尺寸公差进行分析。孔、轴示意图如图 8-2 所示。

尺寸公差是尺寸允许的变动量，公差值永远大于 0。孔和轴的公差分别用 T_h 和 T_s 表示，公差尺寸与偏差之间的关系式为：

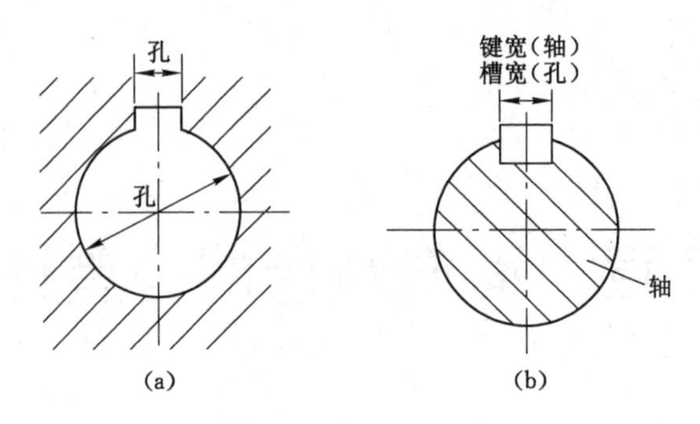

图 8-2　孔、轴示意图

$$T_h = D_{max} - D_{min} = ES - EI$$

$$T_s = d_{max} - d_{min} = es - ei$$

式中,孔和轴的上偏差分别以 ES 和 es 表示,孔和轴的下偏差分别用 EI 和 ei 表示。

最小极限偏差与基本尺寸的代数差称为下偏差,上偏差与下偏差统称为极限偏差。实际尺寸与基本尺寸的代数差称为实际偏差,孔和轴的实际偏差分别用 Δ_d 和 δ_d 表示。

各种偏差之间的关系式为:

$$ES = D_{max} - D$$

$$EI = D_{min} - D$$

$$es = d_{max} - d$$

$$ei = d_{min} - d$$

$$\Delta_d = D_d - D$$

$$\delta_d = d_d - d$$

D_{max} 与 D_{min} 和 d_{max} 与 d_{min} 分别为孔轴的最大、最小极限尺寸;D 和 d 分别为孔和轴的基本尺寸;D_d 和 d_d 为孔和轴的实际尺寸。各种偏差可以为正值、负值或 0。偏差值除 0 外,前面必须冠以正、负号。尺寸的实际偏差必须介于上偏差和下偏差之间,该尺寸才合格。极限偏差用于控制实际偏差。

8.1.1.2　形位公差

在现实生产中,零件的几何形状、不同部位间的相互位置不可能加工绝对正确。如图 8-3(a)所示,一对孔和轴形成间隙配合,假设完工后的孔尺寸均为 12 mm,且具有理想形状,轴加工后的实际尺寸和形状如图 8-3(b)所示,从尺寸角度来看,轴是合格的,但事实上形不成间隙配合,原因是该轴存在较大形状误差。

图中 8-4(a)为一对阶梯轴和阶梯孔,图 8-4(b)为阶梯轴加工后的实际尺寸和形状,阶梯轴的尺寸是合格的,但由于两段轴的轴线不同,存在位置误差,而导致阶梯轴无法安装在阶梯孔中。

零件的形位误差对机器的精度、结合强度、密封性、工作平稳性、使用寿命等产生不良影响,因此,对于一些重要零件有必要给出形位公差,形位公差包括形状公差和位置公差两部分。形状公差主要包括直线度、平面度、圆度、圆柱度等,位置公差主要包括平行度、垂直度、同轴度等,相应形状公差对应的符号见表 8-1。

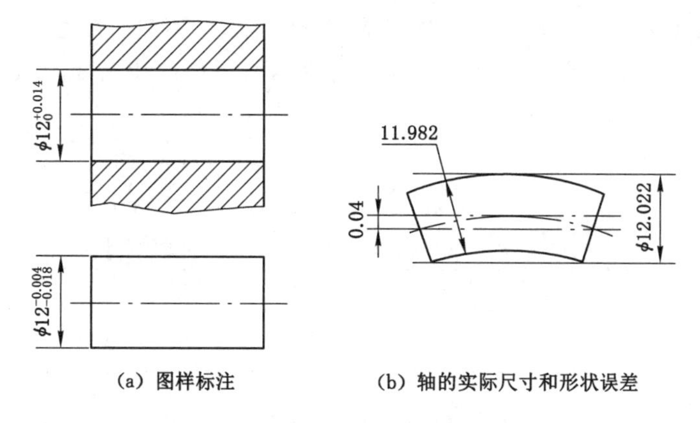

(a) 图样标注　　(b) 轴的实际尺寸和形状误差

图 8-3　轴的形状误差对配合性质的影响

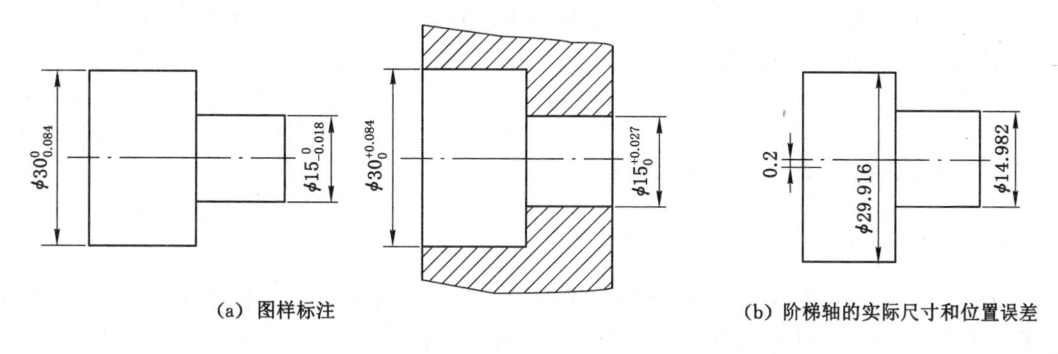

(a) 图样标注　　(b) 阶梯轴的实际尺寸和位置误差

图 8-4　阶梯轴的位置误差

表 8-1　形状公差项目的名称符号

项目									
形状公差	直线度	平面度	圆度	圆柱度		线轮廓度		面轮廓度
	—	⏥	○	⌭		⌒		⌓
位置公差	平行度	垂直度	倾斜度	同轴度	对称度	位置度	圆跳动	全跳动
	//	⊥	∠	◎	⌯	⌖	↗	⌰

形状公差是单一实际要素的形状所允许的变动全量(有基准要求的轮廓度公差除外)。例如,直线度公差是限制实际直线对其理想直线变动量的一项指标;平面度公差是限制实际平面对其理想平面变动量的一项指标;圆度公差是限制实际圆对其理想圆变动量的一项指标;面轮廓公差是限制实际曲面对其理想曲面变动量的一项指标。

位置公差是关联实际要素的方向或位置对基准所允许的变动全量。例如,平行度公差是限制实际要素对基准在平行方向上变动量的一项指标;位置度公差是限制被测要素对其理想位置变动量的一项指标。

8.1.1.3　表面粗糙度

在零件加工过程中,刀具间的摩擦、切屑加工时工件表面层金属的塑性变形和工艺系统中的高频振动等使零件表面微观几何形状存在误差。这种零件表面的微观几何误差用表面粗糙度表示。表面粗糙度对零件的耐磨性、零件间的配合、零件的强度以及结合面的密封性都有很大影响。如图 8-5 所示，x 轴为零件假想的水平表面曲线，y 轴为零件表面的实际微观几何形状。

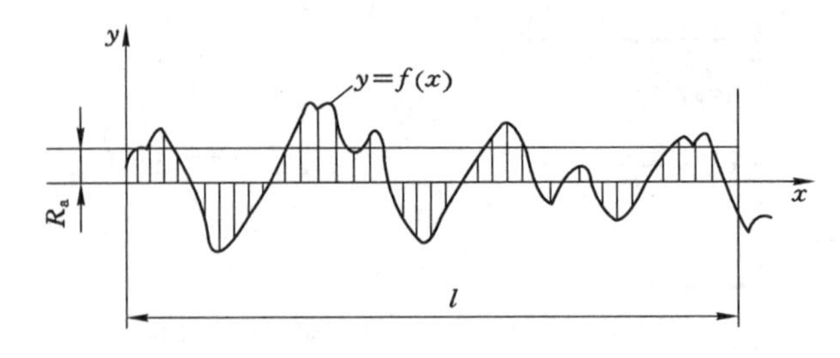

图 8-5　零件的表面轮廓

通常用轮廓算数平均偏差 Ra 对表面粗糙度进行评定，定义 Ra 为取样长度 l 内纵坐标 $y(x)$ 绝对值的算术平均值，即

$$Ra = \frac{1}{l}\int_0^l |y| \, dx$$

测得的 Ra 值越大，零件表面越粗糙。

8.1.2　公差原则

为满足零件的功能要求，在进行零件精度设计时需要确定零件的形状、位置公差和尺寸公差之间的相互关系，即确定相关公差原则。公差原则有独立原则和相关原则两种，相关原则又分为包容原则和最大实体原则。

独立原则是指图样上给定的形位公差与尺寸公差两者无关，分别满足对应要求的公差原则。相关原则规定了图样上给定的形位公差值，允许获得位于尺寸公差带内的局部实际尺寸相对最大实体尺寸偏离值的补偿。

相关原则中的包容原则要求孔、轴的实际轮廓面不得超越具有最大实体尺寸的理想形状包容面，即 MMC(maximum material condition)边界；最大实体原则要求孔、轴的实际轮廓面不得超越具有时效尺寸的理想形状包容面，即 VC(virtual condition)边界。

8.1.3　公差计算

为保证产品的几何精度，以满足使用要求，必须保证各零件之间、组件之间的相互位置精度，以及处理好零件的设计精度和自身各尺寸之间的相互关系。这时候对零件间的装配间隙、配合间隙和功能装配尺寸等进行分析计算。根据《尺寸链计算方法》(GB 5847—2004)，利用尺寸链原理和计算方法解决上述问题。常用的公差分析方法有极值法和统计法。

8.1.3.1　极值法

用极值法解尺寸链的特点是：将各组成环的变动量加到封闭环上。

基本尺寸计算公式为：

$$A_0 = \sum_{z=1}^{n} A_z - \sum_{j=n+1}^{m} A_j$$

式中，A_0为封闭环的基本尺寸；A_z为各增环的基本尺寸；A_j为各减环的基本尺寸；n为增环数；m为组成环数。

公差的计算公式为：

$$T_0=\sum_{i=1}^{m}T_i$$

即封闭环的公差T_0等于各组成环公差T_i之和。

(1) 正计算

正计算是指当零件或装配组件相关尺寸的公差及上、下偏差都已经确定后校核其是否符合设计要求，对封闭环的基本尺寸和上、下偏差进行求解的过程。

【例 8-1】 如图 8-6 所示，阶梯轴套的各个尺寸和上、下偏差分别为$A_1=16^{0}_{+0.20}$ mm，$A_2=10^{0}_{-0.1}$ mm，求A_0的尺寸和上、下偏差。

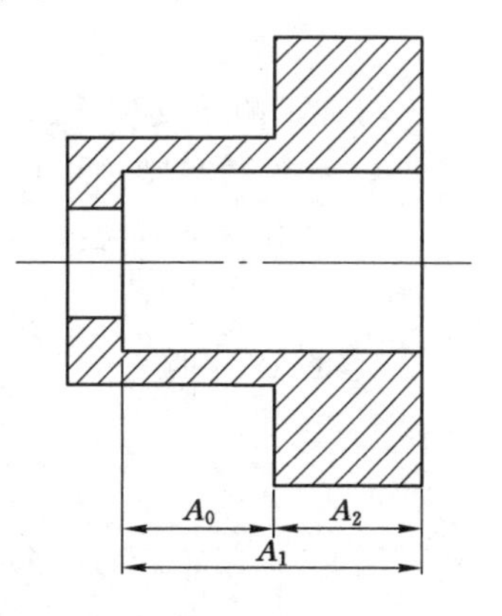

图 8-6　阶梯轴套的尺寸链

【解】 ① 确定尺寸链各环。根据零件的设计要求，确定尺寸A_0为封闭环，由增环和减环的特征可知A_1为增环，A_2为减环。

② 代入公式计算。环A_1和A_2的参数已知，则可求得：

封闭环的基本尺寸：

$$A_0=A_1-A_2=6\ \text{mm}$$

封闭环的上偏差：

$$ES_0=ES_1-EI_2=0.3\ \text{mm}$$

封闭环的下偏差：

$$EI_0=EI_1-ES_2=0$$

③ 验算。由已知条件计算得到的封闭环公差为：

$$T_0=\sum T_i=0.2+0.1=0.3\ (\text{mm})$$

由②计算得到的封闭环公差：

$$T_0=ES_0-EI_0=0.3-0=0.3\ (\text{mm})$$

两者相等，则证明上述计算无误。

即

$$A_0=6^{+0.3}_{0}\ \text{mm}$$

(2) 反计算

反计算是指在设计过程中的问题，此时已知尺寸链封闭环的上、下偏差和所有环的基本尺寸，对组成环的公差及上、下偏差进行求解。这种计算也多数用于装配尺寸链的计算。

(3) 中间计算

中间计算是指求解零件在加工过程中某个工序的尺寸，此时已知封闭环和除某一组成环外的所有组成环基本尺寸和上、下偏差，求该未知组成环的基本尺寸和上、下偏差。

【例 8-2】 如图 8-7(a)所示，在轴上铣一键槽，加工顺序为先车外圆$A_1=70.5^{0}_{-0.1}$ mm；其次铣键槽，键槽深度为A_2；最后磨外圆$A_3=70$ mm，加工要求磨外圆后的键槽深度$A_0=62^{0}_{-0.3}$ mm，求解键槽的铣削深度A_2及其上、下偏差。

【解】 ① 确定尺寸链各环性质。

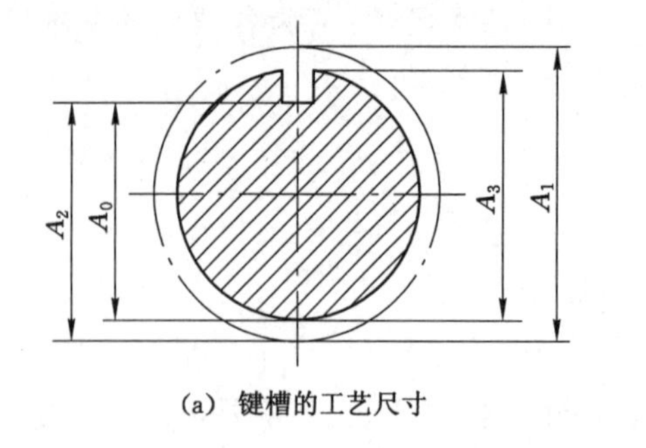

(a) 键槽的工艺尺寸

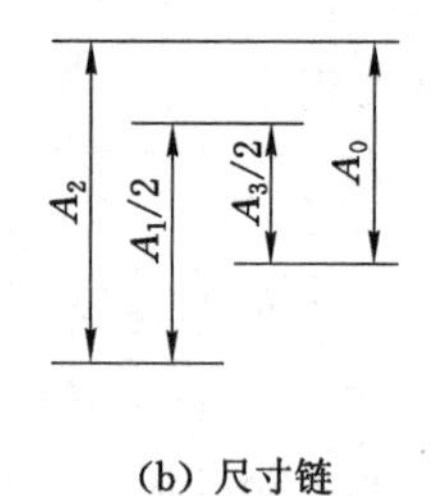

(b) 尺寸链

图 8-7 铣键槽的工艺尺寸链

由加工顺序可知：键槽深度 A_0 为尺寸链中的封闭环，$A_1/2$ 为减环，A_2、$A_3/2$ 为增环。

② 计算基本尺寸及上、下偏差。

A_2 的基本尺寸为：

$$A_2 = A_0 - A_3/2 + A_1/2 = 62.25\ \text{mm}$$

A_2 的上、下偏差为：

$$ES_2 = ES_0 - S_3/2 + EI_1/2 = -0.05\ \text{mm}$$

$$EI_2 = EI_0 - EI_3/2 + ES_1/2 = -0.27\ \text{mm}$$

则：

$$A_2 = 62.25^{-0.05}_{-0.27} = 62.25^{-0.3}_{-0.52} = 62.25^{+0.2}_{-0.02}\ (\text{mm})$$

③ 验算。

$$T_0 = \sum T_i = 0.1/2 + 0.22 + 0.06/2 = 0.3\ (\text{mm})$$

经验算，计算无误。

8.1.3.2 统计法

用极值法解尺寸链的优点是计算简便、可靠，其缺点是封闭环的公差累积过大，不适合较多的尺寸链。当环数较多或零件大批量生产时，可采用统计法解尺寸链。

统计法解尺寸链适用于零件大批量生产，其尺寸在其公差范围内呈正态分布。用统计法进行公差分析，其实质是多个呈正态分布的尺寸累积，目标尺寸也呈正态分布。其按零件在加工中实际尺寸的分布规律将封闭环的公差分配给各组成环。

统计法的基本尺寸计算公式和极值法的计算公式相同，封闭环的上、下偏差计算公式为：

$$ES_0 = \Delta_0 + T_0/2$$

$$EI_0 = \Delta_0 - T_0/2$$

式中，封闭环的中间偏差 Δ_0 为各增环的中间偏差减去各减环的中间偏差。

公差的计算公式为：

$$T_0 = \sqrt{\sum_{i=1}^{m} T_i^2}$$

即封闭环的公差等于各组成环公差平方和的平方根。

【例 8-3】 如图 8-8 所示，X 为目标尺寸，和尺寸 A、B、C、D、E 组成尺寸链，其中 $A=$

$54^{+0.20}_{-0.20}$ mm，$B=12^{+0.10}_{-0.10}$ mm，$C=13^{+0.10}_{-0.10}$ mm，$D=16^{+0.15}_{-0.15}$ mm，$E=12.5^{+0.10}_{-0.10}$ mm。采用统计法求解尺寸 X 的基本尺寸和公差。

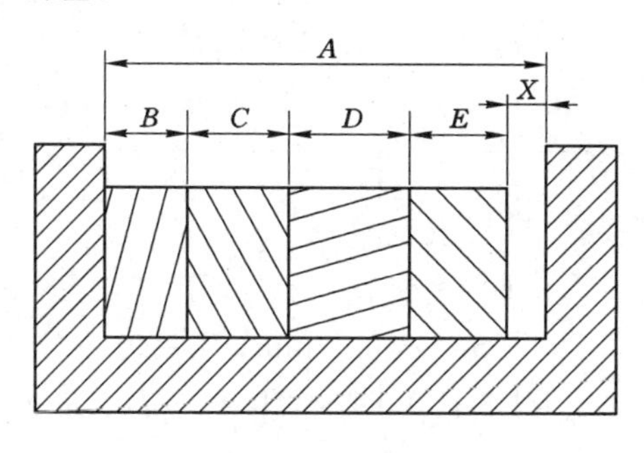

图 8-8　尺寸链

【解】 ① 确定各环性质。

根据题意，X 为封闭环，A 为增环，B、C、D 和 E 为减环。

② 计算 X 的基本尺寸和公差。

X 的基本尺寸为：

$$A_X=A_A-A_B-A_C-A_D-A_E=0.5\ \text{mm}$$

X 的上、下偏差为：

$$\text{ES}_X=\Delta_X+T_X/2=0.3\ \text{mm}$$

$$\text{EI}_X=\Delta_X-T_X/2=-0.3\ \text{mm}$$

则 X 的尺寸和公差为 $0.5^{+0.3}_{-0.3}$ mm。

【例 8-4】 如图 8-9 所示为齿轮箱装配图的一部分，主要由箱体、箱盖、齿轮轴和轴承组成，装配后要求轴间与轴承端面间的间隙为 $L_0=1^{+0.75}_{0}$ mm，且各零件的基本尺寸为 $L_1=150$ mm，$L_2=60$ mm，$L_3=L_5=10$ mm，$L_4=189$ mm，求解尺寸 L_1，L_2，L_3，L_4，L_5 的公差及其上、下偏差。

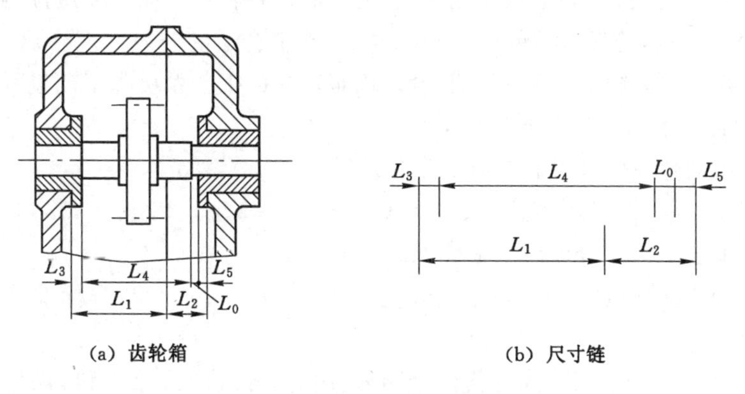

图 8-9　齿轮箱及其装配尺寸链

【解】 ① 确定各环性质。由题意可知装配间隙 L_0 为封闭环，L_1 和 L_2 为增环，L_3、L_4 和 L_5 为减环。

② 确定各组成环的公差。设定各组成环的实际尺寸按正态分布，则各组成环的平均公差 T 为 0.75 mm，根据组成环的尺寸大小、加工难易程度对其进行公差调整：

$$T_1=0.40\text{ mm(IT12)}$$
$$T_2=0.3\text{ mm(IT12)}$$
$$T_3=T_5=0.09\text{ mm(IT11)}$$

L_4 为调节环,则:

$$T_4=\sqrt{T_0{}^2-T_1{}^2-T_2{}^2-T_3{}^2-T_5{}^2}=0.544\text{ mm}$$

各组成环的上、下偏差为:

$$ES_1=+0.4\text{ mm},EI_1=0$$
$$ES_2=+0.3\text{ mm},EI_2=0$$
$$ES_3=ES_5=0,EI_3=EI_5=-0.09\text{ mm}$$

它们的中间偏差为 $\Delta_1=+0.2$ mm,$\Delta_2=+0.15$ mm,$\Delta_3=\Delta_5=-0.045$ mm,封闭环的中间偏差 $\Delta_0=+0.375$ mm,则 L_4 的中间偏差为:

$$\Delta_0=\Delta_1+\Delta_2-\Delta_3-\Delta_5-\Delta_0=+0.065\text{ mm}$$

即

$$ES_4=\Delta_0+T_4/2=0.337\text{ mm}$$
$$EI_4=\Delta_0-T_4/2=-0.207\text{ mm}$$

③ 验算。

根据公差公式有 $T_0=\sqrt{T_1{}^2+T_2{}^2+T_3{}^2+T_4{}^2+T_5{}^2}=0.75$ mm,与已知条件符合,即 $L_1=150_0^{+0.4}$ mm,$L_2=60_0^{+0.3}$ mm,$L_3=L_5=10_{-0.09}^{0}$ mm,$L_4=189_{-0.207}^{+0.337}$ mm。

8.2 公差与配合

8.2.1 正确使用公差与配合国家标准

完成整个产品的设计、制造和装配使用,设计者需要根据产品的使用性能要求所提出的间隙范围或过盈范围,选择合适的公差与配合;在确定合适的公差与配合后,通过查表确定孔、轴的极限偏差和零件的公差与数值,合理确定产品的工艺系统和工艺过程。

公差与配合的选用分为以下几个步骤:

(1) 由极限间隙或极限过盈求解配合公差 T_f。

$$T_f=X_{max}-X_{min}=Y_{min}-Y_{max}=X_{max}-Y_{max}$$

(2) 根据配合工差 T_f 求解孔、轴公差。

根据配合公差等于孔的公差与轴的公差之和,即 $T_f=T_h+T_s$,查标准公差表,得到孔、轴的公差等级。

如果在标准公差表中找不到任何两个相邻或相同等级的公差之和为配合公差,可以按照 $T_h+T_s\leqslant T_f$ 确定孔、轴的公差等级。且按照工艺等价原则,孔和轴的公差等级应相同,或者孔的公差等级比轴的公差等级低一级。

(3) 确定基准制。

确定采用基孔制还是基轴制。

(4) 由极限间隙(极限过盈)确定非基准件的基本偏差代号。

① 当基准制为基孔制时

a. 间隙配合：轴的基本偏差为上偏差 es，且为负值，其公差带在零线以下，如图 8-10 所示，轴的基本偏差 $|es|=X_{min}$，由 X_{min} 查找轴的基本偏差代号。

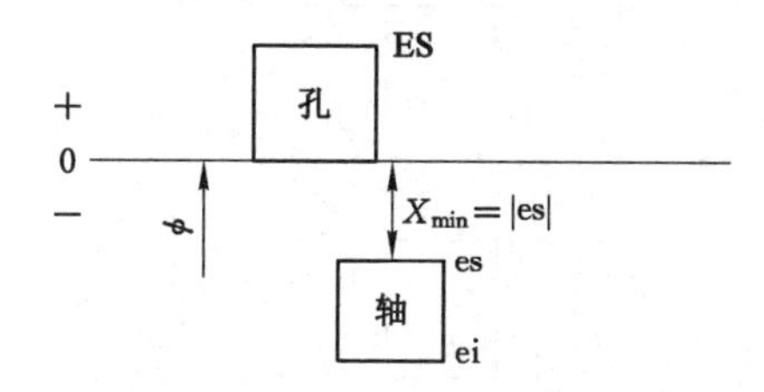

图 8-10　基孔制间隙配合的孔轴公差带示意图

b. 过盈配合：轴的基本偏差为下偏差 ei，公差带在零线以上，如图 8-11 所示，轴的基本偏差 $ei=ES+|Y_{min}|$，由 $ES+|Y_{min}|$ 查找轴的基本偏差代号。

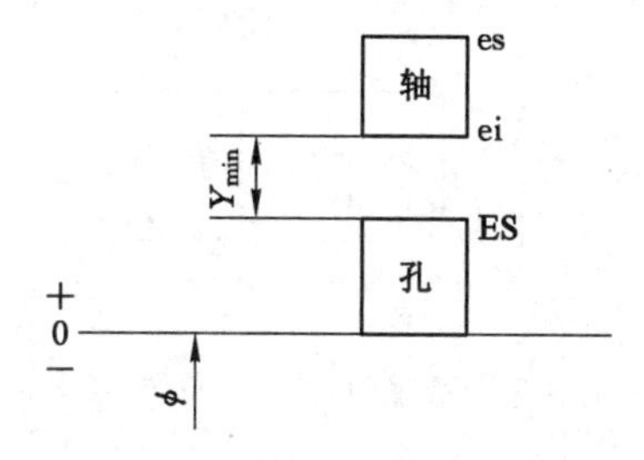

图 8-11　基孔制过盈配合的孔轴公差带示意图

c. 过渡配合：轴的基本偏差为下偏差，由图 8-12 可知 $ei=T_h-X_{max}$，根据 T_h-X_{max} 的结果在轴的基本偏差表中查找基本偏差代号。

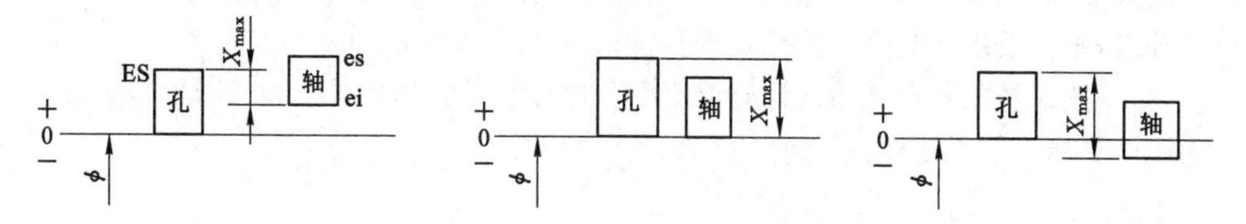

图 8-12　基孔制过渡配合的正、零、负值基本偏差

② 当基准制为基轴制时

a. 间隙配合：孔的基本偏差为下偏差，如图 8-13 所示，孔的基本偏差 $EI=X_{min}$，根据 X_{min} 查找孔的基本偏差代号。

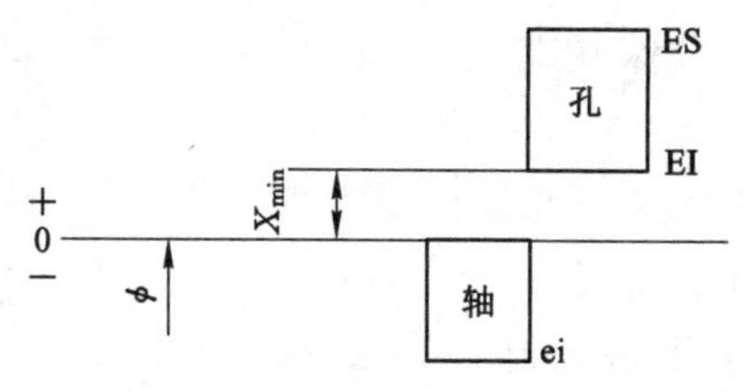

图 8-13　基轴制间隙配合的孔轴公差带

b. 过盈配合：孔的基本偏差为上偏差，如图 8-14 所示，孔的基本偏差为 $ES=Y_{min}+ei$，根据 $Y_{min}+ei$ 的结果查找孔的基本偏差代号。

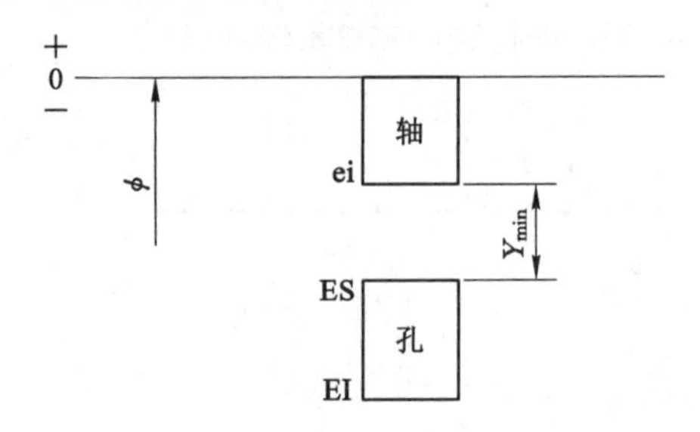

图 8-14　基轴制过盈配合的孔轴公差带

c. 过渡配合：孔的基本偏差为上偏差，如图 8-15 所示，孔的基本偏差计算公式为 $ES=X_{max}-T_s$，根据计算结果查找孔的基本偏差代号。

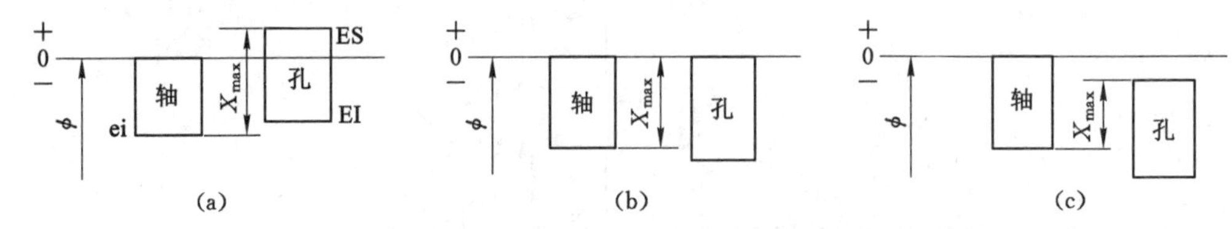

图 8-15　基轴制过渡配合的正、零、负值基本偏差示意图

(5) 验算极限间隙或极限过盈，并确定孔、轴的公差和极限偏差。

在确定基本偏差代号后，对极限间隙或极限过盈进行验算。首先按照孔或轴的标准公差计算得到轴或孔的极限偏差，按照配合代号计算极限间隙或极限过盈，与已知条件限定的极限间隙或极限过盈对比，判断是否相符。若不相符，可以更换基本偏差代号，或变动孔、轴的公差等级，直至选用的配合与设计要求相符。

同时，工艺人员需要在产品设计时给定配合代号，对孔、轴的公差和极限偏差进行求解，从而确定产品加工的工艺流程。

8.2.2　公差与配合的选用

(1) 基准制的确定

从产品的加工工艺、装配工艺和经济成本等方面考虑，应选择有利于产品加工装配和降低生产成本的基准制。在产品加工过程中，为了减少刀具和量具的使用数量和规格种数，一般情况下优先采用基孔制，但以下几种情况应当首先采用基轴制。

① 在同一尺寸轴上，同时安装不同配合的孔件。

如图 8-16 所示活塞连杆机构，同一尺寸销轴上与活塞、连杆的配合不同，应采用基轴制。若采用基孔制，由于活塞孔和连杆孔相同，为获得不同松紧的配合，活塞销轴的尺寸应两端大中间小，大幅增加装配

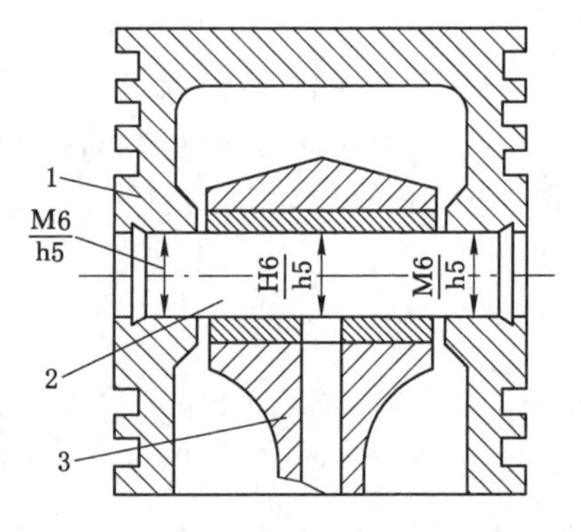

1—活塞；2—活塞销；3—连杆。

图 8-16　活塞连杆机构

难度。

② 冷拉棒材直接作为轴时。

③ 标准件的外表面与其他零件内表面配合时。

基准制的确定也可以采用不同基准制的组合，比如相互配合的孔、轴均不是基准件，则根据设计需要选定。

(2) 公差等级的确定

在满足配合精度的设计要求下，从制造成本角度考虑，应尽量选择较低的公差等级。在确定公差等级时，应注意以下几点：

① 一般的非配合尺寸比配合尺寸的公差等级低。

② 遵守工艺等价原则，即孔、轴的加工难易程度相当。零件的制造精度为中高精度配合时，当基本尺寸小于等于 500 mm 时，孔比轴要低一级，当基本尺寸大于 500 mm 时，孔、轴的公差等级相同。

③ 与标准件配合的零件，公差等级由标准件的精度要求决定。

若采用类比法确定公差等级，则需要查明各公差等级的应用范围和公差等级的选择实例。

(3) 配合的选择依据

① 配合件之间有无相对运动。若配合件之间存在相对运动，应采用间隙配合；若配合件之间不允许有相对运动，应采用过盈配合。若配合件之间需要传递转矩，采用间隙配合或过渡配合时，应通过键将孔、轴连接。

② 配合件的定心要求。当定心要求比较高时，应采用过渡配合。

③ 装配变形对配合性质的影响。采用过盈配合的薄壁筒形零件，装配时容易产生变形，应选择较松的配合，对装配过程中造成的间隙减小量进行补偿，也可以采用一定工艺措施对间隙进行预补偿。

④ 生产批量。当零件大批量生产时，通常采用调整法进行加工，即加工前按规定的尺寸调整好刀具与工件的相对位置，其生产率高，加工精度取决于机床、夹具的精度和调整误差。当零件小批量生产时，通常采用试切法进行加工。

此外，零件材料的力学性能、所受荷载的特性等会对间隙或过盈产生一定影响，在选择配合时，应多方面考虑，以满足产品的设计使用要求。

8.3　公差的测量与检测

零部件只有经过测量或检验判定为符合设计要求，才能在使用中具有设计时所规定的性能。

8.3.1　几何误差检测

8.3.1.1　测量器具

检测零件几何误差时需要使用检验平板、框式水平仪、V 形铁、厚薄规、偏摆仪、检验平板、百分表、千分表、宽座角尺等。

相关测量器具的工作原理和示意图见表 8-2。

表 8-2　几何公差的相关测量器具

名称	工作原理	示意图
刀口形直尺 (简称刀口尺)	采用光隙法对直线度或平面度进行检测。检测时,将刀口与被测平面接触,在尺后放置一个光源,然后从尺侧面观察被测平面和刀口之间的漏光大小,并判断误差情况。常用的规格有 75 mm、125 mm、175 mm、225 mm和 300 mm	
框式水平仪	根据水准泡的移动距离,直接或计算得到被测工件的直线度、平面度或垂直度误差	
塞尺 (厚薄规)	主要用来检查两结合面之间的缝隙。由一组薄钢片组成,每片厚度在 0.01～0.08 mm 之间不等	0.08 0.07 0.06 0.05 0.04 0.03 0.02 0.01 N01
偏摆仪	用于检测回转体的各种跳动指标,包括径向跳动和端面跳动。使用时将被测零件的中心孔插入偏摆仪顶尖,使零件在偏摆仪上不能有轴向窜动	
检验平板	检验平板,包括铸铁平板和大理石平板,工业制造中多使用铸铁平板,主要用于检测零件尺寸精度、平行度、垂直度等	
V 形铁	主要用于安放轴、套筒、圆盘等圆形工件,以便找中心线与画出中心线。一般 V 形铁都是一副两块,两块的平面与 V 形槽都是在一次安装中磨出的	
宽座角尺	宽座角尺为 90°角尺,用来检验工件的垂直度。根据工件的被测面与工件的另一面之间的缝隙大小判断角度误差情况	H α L H β α L

8.3.1.2　实际生产中常用的测量方法

(1) 平行度误差测量

平行度误差的测量常采用打表法和水平仪法。下面以传动轴为例说明。

① 测量前将检验平板和被测零件擦拭干净,按照图 8-17 安装被测零件,使被测零件的底端基准面与检验平板贴合,达到塞尺不入。

② 将百分表安装在磁性表座上,百分表的测量头放置在被测平面上,预压百分表 0.3～0.5 mm,并将指示表指针调零。

③ 移动表座,使表座沿被测面多个方向移动,记录百分表在不同位置时的读数,此数值为被测平面对基准面的平行度。

④ 测量值中的最大值减去最小值即平行度误差,根据此误差可判断零件的平行度是否合格,并给出测量报告。

(2) 垂直度误差测量

垂直度误差的常用测量方法有光隙法、打表法、水平仪法等。下面以光隙法为例说明。

① 按照图 8-18 将被测零件基准面和宽座角尺放置在检验平板上,并用塞尺检查达到塞尺不入。由于该零件的被测面与宽座角尺不接触,所以应采用其他标准零件将角尺垫高至被测量部位。

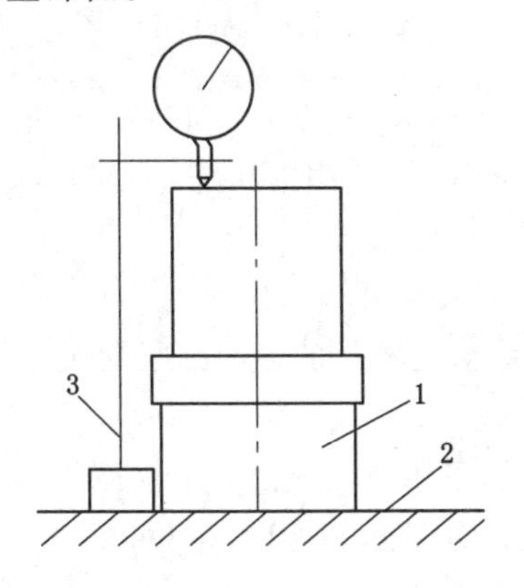

1—被测零件;2—检验平板;3—表座。

图 8-17　平行度误差测量

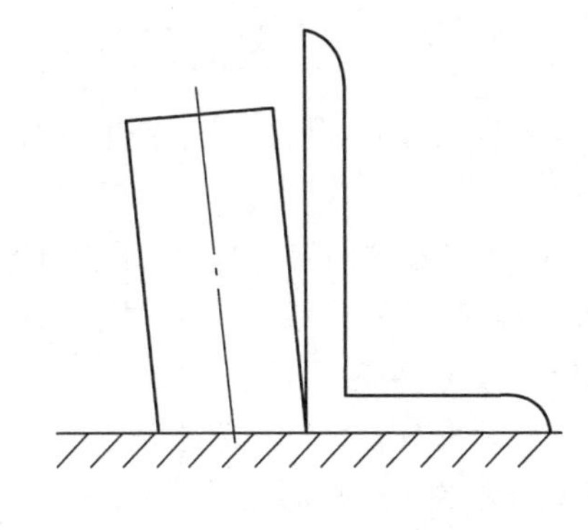

图 8-18　垂直度误差测量

② 移动宽座角尺慢慢靠近被测表面,用塞尺量取光隙部位最大光隙尺寸和最小光隙尺寸,并记录测量值。

③ 最大光隙值与最小光隙值之差即垂直度误差。根据此误差可判断零件的垂直度是否合格,并给出测量报告。

(3) 跳动误差测量

① 径向全跳动误差。

a. 如图 8-19 所示,将测量器具和被测件擦干净,然后将被测零件装在心轴上,并安装在跳动检查仪的两顶尖之间。

b. 调节百分表,使测头与工件外表面接触并保持垂直,留有 1～2 圈的压缩量,并且测杆穿过心轴轴线与轴线垂直。

c. 将被测零件缓慢回转，并沿轴线方向做直线运动，使指示表在外圆的整个表面划过，记录百分表的最大读数 M_{max} 与最小读数 M_{min}。

d. 测得的最大读数 M_{max} 与最小读数 M_{min} 差值作为被测零件的径向全跳动误差。

② 端面圆跳动误差

a. 如图 8-20 所示，将测量器具和被测件擦干净，然后将被测零件装在心轴上，使跳动检查仪的顶尖初步接触零件的平端面。

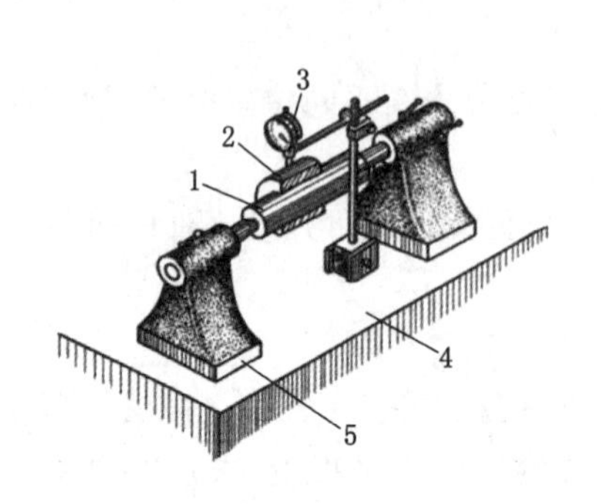

1—心轴；2—被测零件；3—指示器；
4—检验平板；5—顶尖座。

图 8-19　径向全跳动误差测量

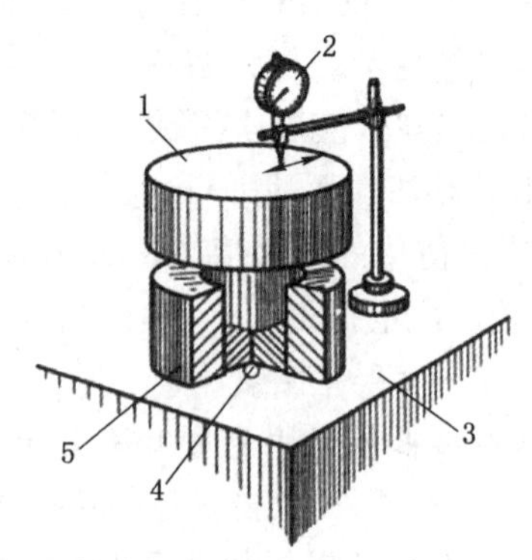

1—被测零件；2—指示器；3—检验平板；
4—支承；5—导向套筒。

图 8-20　端面圆跳动误差测量

b. 调节百分表，使测头与工件外右端面接触，并留有 1～2 圈的压缩量，并且测杆与端面基本垂直。

c. 将被测零件回转一周，记录百分表的最大读数 M_{max} 与最小读数 M_{min}。

d. 测得的最大读数 M_{max} 与最小读数 M_{min} 差值作为被测零件的端面圆跳动误差。

(4) 平面度误差测量

① 如图 8-21(a)所示，将被测工件放在检验平板上，采用对角线法调节被测平面下的螺母，将被测件平面两条对角线的对角点分别调平(即指示表的示值相同)；也可以采用三远点法，即选择平面上的三个较远点，调平这三点。

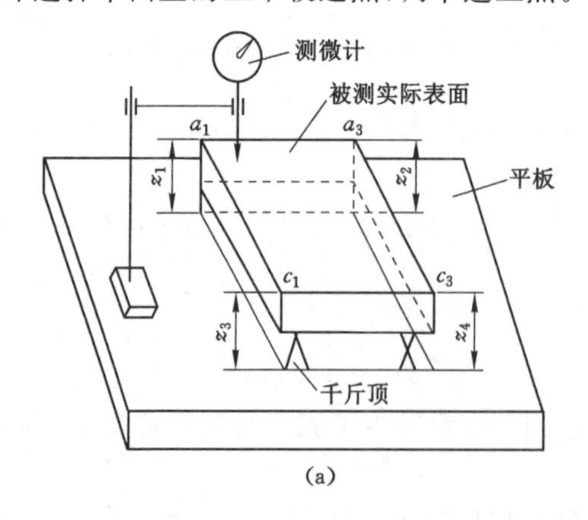

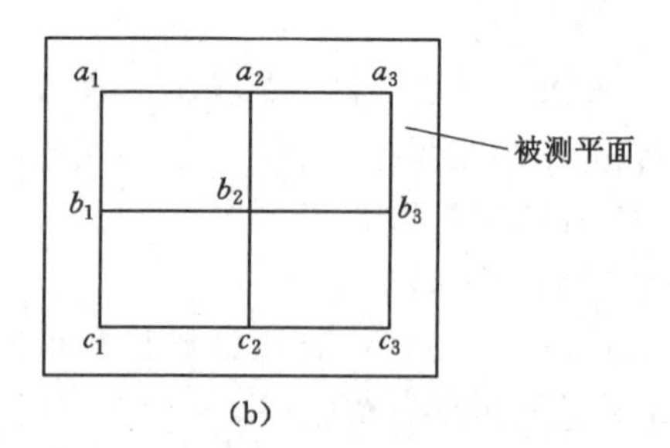

图 8-21　平面度误差测量

② 在被测面按图 8-21(b)所示布点形式进行测量，测量时四周的布点应距离被测平面边缘 10 mm，并记录数据。

③ 数据处理。

8.3.2 表面粗糙度测量与检测

8.3.2.1 表面粗糙度的评定参数

(1) 轮廓算数平均偏差 R_a。

R_a 为取样长度内轮廓偏距绝对值的算术平均值(前文已介绍)。

(2) 轮廓最大高度 R_z

R_z 为取样长度内轮廓峰顶线和轮廓谷底线之间的距离。如图 8-22 所示，R_p 为轮廓最大峰顶，R_m 为轮廓最大谷深，轮廓最大高度为 $R_z=R_p+R_m$。

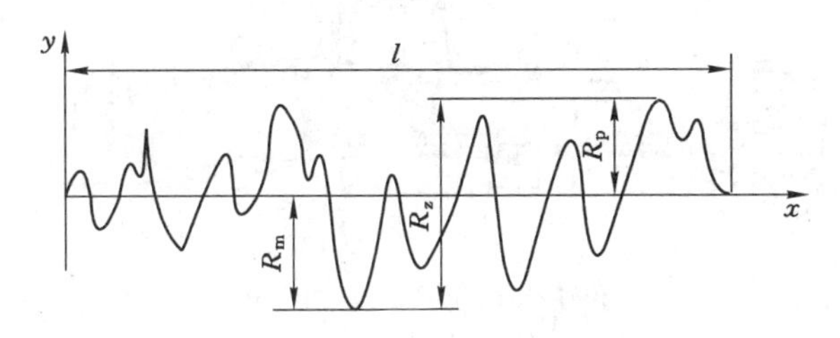

图 8-22　轮廓最大高度

R_z常用于被测表面加工痕迹较浅的零件。

8.3.2.2 表面粗糙度的测量

表面粗糙度的测量方法主要包括比较法、针描法和光学法。

(1) 比较法

比较法是指将被测表面与标有数值的粗糙度样板表面作比较，对表面粗糙度进行评定的方法，适合在车间使用，仅适用于评定表面粗糙度要求不高的零件。如图 8-23 所示，在选用粗糙度样块时，应根据被测零件的加工方法、形状、材料等，尽量选用和被测零件表面相同的样块，通过视觉(可以使用放大镜)和触觉等进行比较判断。当 $R_a<0.32$ 时，可在显微镜下进行比较。

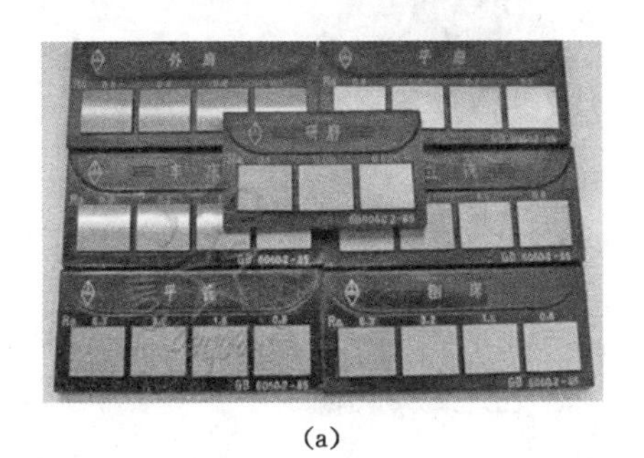

(a)

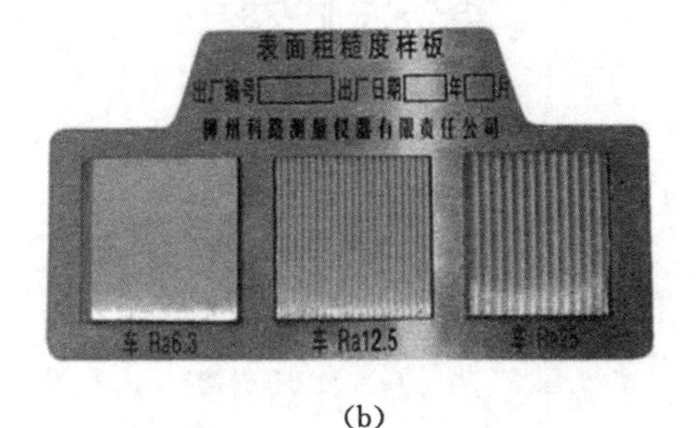

(b)

图 8-23　表面粗糙度检测样板

由于比较法使用的器具简单且评定方便，评定结果能够满足一般的生产要求而被广泛应用。

(2) 针描法

针描法又称为触针法，常用电动轮廓仪进行测量，可以测量零件的轮廓算术平均偏差 R_a 和轮廓最大高度 R_z，R_a的测量范围为 0.025～5 μm。

如图 8-24 所示，在测量时，将轮廓仪顶尖与被测零件表面接触，针尖以一定速度沿被测零件表面移动，传感器采集针尖运动信号，经计算处理后在指示表中显示数据。可对仪器上的数据进行分析、计算或可从指示表中读取轮廓算术平均偏差 R_a。

针描法具有直观、准确、高效的特点，既可用于产品生产现场，也可用于科研实验室等。

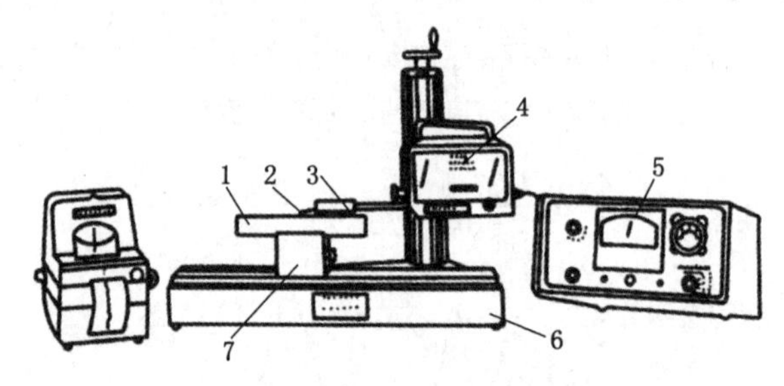

1—被测零件；2—针尖；3—传感器；4—转换器；5—指示表；6—底座；7—工作台。

图 8-24 电动轮廓仪

(3) 光学法

光学法包括光切法和干涉法。

① 光切法是利用光切原理对零件表面粗糙度进行检测，一般测定轮廓最大高度 R_z 值。常用的测量仪器是光切显微镜(又称为双管显微镜)，如图 8-25(a)所示，其测量范围 R_z 值一般为 0.8～50 μm。

② 干涉法是利用光学干涉原理测量零件表面结构粗糙度特征的方法，常用的测量仪器是干涉显微镜，如图 8-25(b)所示，其 R_z 测量范围一般为 0.025～0.08 μm。

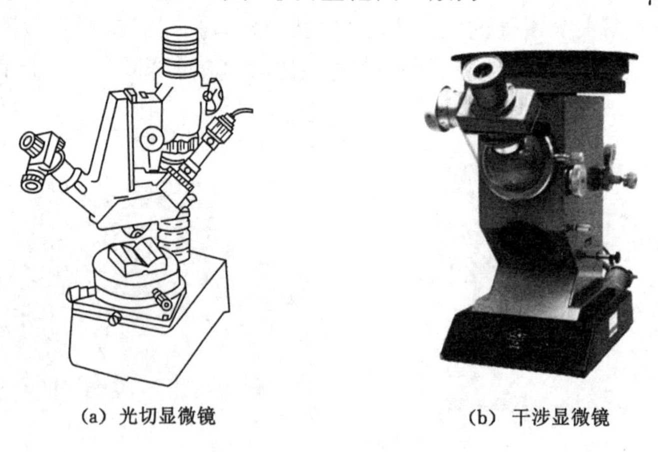

(a) 光切显微镜　　(b) 干涉显微镜

图 8-25 光学法测量仪器

第 9 章　增材制造设计

9.1　增材制造技术

增材制造技术(additive manufacturing,简称 AM),是相对于传统的车、铣、刨、磨机械加工等去除材料工艺,以及铸造、锻压、注塑等材料凝固和塑性变形成型工艺而提出的通过材料逐渐增加的方式制造实体零件的一类工艺技术的总称。随着快速原型(成型)与制造(rapid prototyping & manufacturing,简称 RP&M)、自由成型制造(free form fabrication,简称 FFF) 、快速模具(rapid tooling,简称 RT)、3D 打印技术(three dimensional printing,简称 3DP)等概念的出现及其工艺技术的发展,增材制造技术的内涵不断丰富,其外延不断扩展。

20 世纪 50 年代以来,随着信息技术的发展,传统制造技术不断更新,新兴制造技术不断出现。60 年代出现的数控技术(NC)为制造业带来了变革,改变了传统制造业机械加工手工操作方式。80 年代中后期出现并迅速发展起来的快速成型技术(RP),或称为自由成型技术(FFF),基于离散堆积原理以逐层添加的方式制造产品,不需工具和模具,变革了传统的材料去除加工及材料凝固成型与塑性变形等生产方式,使得产品的制造更便捷,顺应了多品种、小批量、快改型的生产模式,满足了机械零件及产品等单件或小批量的快速、低成本制造的需求。同时,材料逐渐累积的制造方式具有高度柔性,可实现复杂结构产品或模型的整体制造及复合材料、功能材料制品的一体化制造,满足文化创意等领域创新设计的实体展现及医学与生物工程领域的个性化制造等需求。以 3D 打印技术或快速原型与制造技术为主的增材制造技术,极大地推动了产品快速制造及其创新设计的进程,被预测为即将到来的第三次工业技术革命的引领者。

9.1.1　光固化制造技术

利用光能的化学和热作用使液态树脂材料固化,控制光能的形状逐层固化树脂,堆积成型出所需的三维实体零件,这种光固化树脂材料的方法通常称为光固化法,国际上通称为 stereo lithography,简称 SL。参照第一台光固化设备的生产商美国 3D Systems 公司的产品名称,也通常称为 SLA 方法。

9.1.1.1　光固化成型工艺的基本原理

光固化成型工艺的成型过程如图 9-1 所示。液槽中盛满液态光敏树脂,氦-镉激光器或氩离子激光器发出的紫外激光束,在控制系统的控制下按零件的各分层截面信息在光敏树脂表面逐点扫描,使被扫描区域的树脂薄层产生光聚合反应而固化,形成零件的一个薄层。一层固化完成后工作台下移一个层厚的距离,以使在原先固化好的树脂表面再敷上一层新的液态树

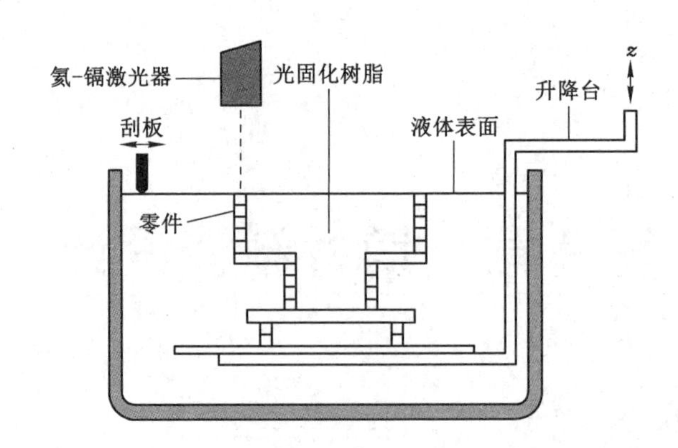

图 9-1　光固化成型工艺原理示意图

脂，刮板将黏度较大的树脂液面刮平，然后进行下一层的扫描加工，新固化的一层牢固地黏结在前一层上，如此重复直至整个零件制造完成，最终得到一个三维实体原型。

当实体原型完成后，首先将实体取出，并将多余的树脂排净，之后取掉支撑，进行清洗，再将实体原型放在紫外激光下整体后固化。

因为树脂材料具有高黏性，在每层固化之后，液面很难在短时间内迅速流平，这将影响实体的精度。采用刮板刮平后，所需数量的树脂便会被十分均匀地涂敷在上一叠层上，这样经过激光固化后可以得到较好的精度，使产品表面更加光滑和平整。

9.1.1.2　光固化成型技术的特点

在当前应用较多的几种增材制造成型技术中，由于光固化成型具有制作原型表面质量好、尺寸精度高，以及能够制造比较精细的结构，因而应用最广泛。

(1) 光固化成型技术的优点

① 成型过程自动化程度高。SLA 系统非常稳定，加工开始后成型过程可以完全自动化，直至原型制作完成。

② 尺寸精度高。SLA 原型的尺寸精度可以达到 0.1 mm。

③ 表面质量优良。虽然每层树脂固化时侧面及曲面可能出现台阶，但上表面仍可得到玻璃状的效果。

④ 可以制作结构十分复杂、尺寸较精细的模型。尤其是内部结构十分复杂、一般切削刀具难以进入的模型，能轻松地一次成型。

⑤ 可以直接制作面向熔模精密铸造的具有中空结构的消失型。

⑥ 制作的原型可以一定程度替代塑料件。

(2) 光固化成型技术的缺点

① 成型过程中伴随着物理和化学变化，制件较易弯曲，需要支撑，否则会变形。

② 液态树脂固化后的性能比常用的工业塑料还差，一般较脆且易断裂。

③ 设备运转和维护费用较高。由于液态树脂材料和激光器的价格较高，并且为了使光学元件处于理想的工作状态，需要定期调整，对空间环境要求很高，其费用也比较高。

④ 使用的材料较少。目前可用的材料主要是感光性的液态树脂材料，并且在大多数情况下不能进行抗力和热量的测试。

⑤ 液态树脂具有一定的气味和毒性，并且需要避光保存，以防止提前发生聚合反应，选

择时有局限性。

⑥ 有时需要二次固化。很多情况下经成型系统光固化后的原型树脂并未完全被激光固化，为提高模型的使用性能和尺寸稳定性，通常需要二次固化。

9.1.2　叠层实体制造技术

叠层实体制造（laminated object manufacturing，简称 LOM）也称为薄形材料选择性切割，涉及机械、数控、高分子材料和计算机等技术，是增材制造技术的重要分支。美国 Helisys公司最早研发 LOM 技术，并在 1991 年推出了第一台功能齐全的商品化 LOM 设备，主流产品为 LOM-2030 H 和 LOM-1015 PLUS 系统。

LOM 技术在航天航空、汽车、机械、电器、玩具、医学、建筑和考古等行业的产品概念设计的可视化和造型设计评估、产品装配检验、熔模精密铸造母模、仿形加工靠模、快速翻制模具的母模及直接制模等方面获得应用。但由于该技术受到材料的限制，目前在工业中应用较少。

9.1.2.1　叠层实体制造工艺的基本原理

LOM 系统主要由激光器、光学系统、X-Y 扫描机构、材料传送机构、热压粘贴机构、升降工作台和控制系统组成，如图 9-2 所示。

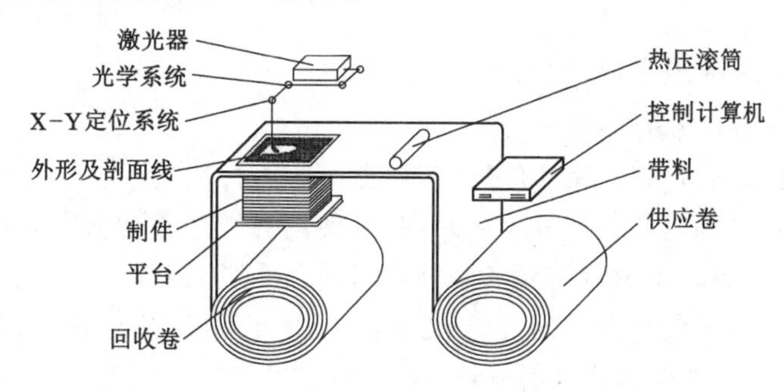

图 9-2　叠层实体制造系统示意图

纸叠层成型系统的工艺过程如图 9-3 所示。

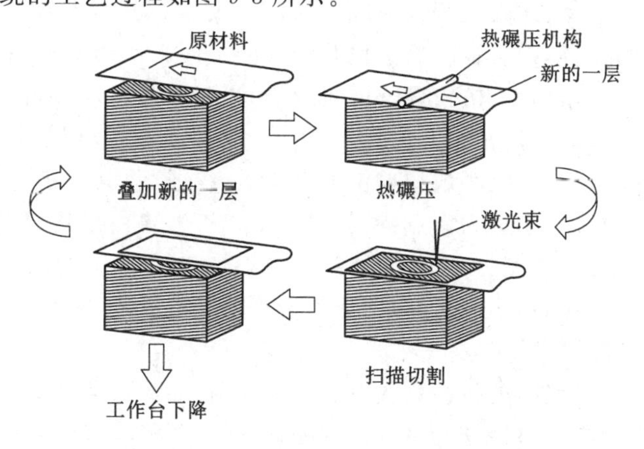

图 9-3　纸叠层成型系统的工艺过程

首先由计算机接收 STL 格式的三维数字模型，并沿竖直方向进行切片，得到模型横截面数据；根据模型横截面图形数据生成切割界面轮廓，进而生成激光束扫描切割控制指令；材料送进机构将原材料（底面涂敷热熔胶的纸或塑料薄膜）送至工作区域上方；热压粘贴机构控制热压滚筒滚过材料，使上下两层薄片粘贴在一起，由于薄片材料的厚度有偏差，需要采用位移传感器测量当前高度供后续切片使用；在计算机控制下，激光切割系统根据模型的当前切割层轮廓的轨迹，在材料上表面切割出轮廓线，同时将模型实体区以外的空白区域切割成特定网格，这是为了在成型件后处理时容易剔除废料而将非模型实体区切割成小碎块；支撑成型件的可升降工作台在模型每层截面轮廓切割完成后下降设定的安全高度，材料传送机构将材料送进工作区域，工作台缓慢回升，一个工作循环完成。重复上述工作循环，直至最终形成三维实体制件。

制件完成后进行必要的后处理工作。将完成的制件卸下来，手动将制件周围被切成小块的废料剥离。此时制件表面比较粗糙，可以打磨和喷涂，最终完成一个制件。

简而言之，LOM 工艺采用表面涂覆一层热熔胶的薄片材料，通过热压辊热压，将薄片材料上的热熔胶熔化并与上一层片材黏结，冷却后两层片材胶结在一起；然后激光器及扫描系统在计算机控制下按照切片图形轮廓切割片材，并对非图形区域进行网格切分；工作台下降，所切割的薄片与整体片材分离，最后供料卷转动以重新送料，热压辊热压，反复进行，从而堆积成型。

9.1.2.2 叠层实体制造技术的特点

（1）叠层实体制造技术的优点

① LOM 技术在成型空间方面的优势：各种类型的增材制造系统“加工”的制件的最大尺寸都不能超过成型空间的最大尺寸。LOM 系统使用的纸基原材料有较好的黏结性能和相应的力学性能，可将超过增材制造设备限制范围的大零件优化分块，使每个分块制件的尺寸均保持在增材制造设备的成型空间内，分别制造每个分块，然后将它们黏结在一起，合成所需大小的零件，即 LOM 技术适合制造较大的零件。

② LOM 技术在原材料成本方面的优势：每种类型的系统都对其成型材料有特殊的要求。例如，LOM 要求片材易切割，粉末烧结法（SIS）要求成型粉材的颗粒较小，SLA 技术要求可光固化的材料为液体，熔融沉积快速成型（FDM）要求线材可熔融。这些成型原材料不但在种类和性能上有差异，而且在价格上也有较大的不同。常用增材制造系统在原材料成本方面：FDM 和 SLA 的材料价格较贵，SIS 的材料价格适中，LOM 的材料价格最便宜。

③ LOM 技术在成型工艺和加工效率方面的优势：根据离散堆积的工艺原理，最小成型单位越大，成型效率越高。而最小成型单位可以是点、线或面，其大小直接影响增材制造的加工效率；基本成型过程可划分为由点构成线（用①代表），再由线构成面（用②代表），最后面堆积成体（用③代表）。成型方式有三种基本形式：①—②—③；②—③；③。以上对比的几种典型工艺成型方式中，LOM 技术以面作为最小的成型单位，成型效率最高。

（2）叠层实体制造技术的缺点

① 制件（尤其是薄壁件）的抗拉强度和弹性不够好，容易变形。LOM 成型过程中的热压过程、冷却过程以及在最终冷却到室温的过程，成型件体积收缩会在制件内部形成复杂的内应力，导致制件产生不可恢复的翘曲变形和开裂。

② 制件易吸湿膨胀，容易引起制件收缩。在 LOM 工艺中，制件收缩应力的大小主要与树脂性质和成型制件尺寸有关，而在 LOM 工艺中一般采用树脂热熔胶对材料进行黏结，

其主要成分是低密度聚乙烯和醋酸乙烯，它们都属于热塑性材料。因此，热熔胶的固化会伴随着严重的体积收缩。

③ LOM加工过程中容易引起变形。固化反应引起的体积收缩率，与体系中参加反应的官能团的浓度有关，因此，可考虑采用分子链较长而反应官能团较少的树脂，实践中常采用共聚或者提高预聚物的相对分子质量等措施。官能团是决定有机化合物的化学性质的原子或原子团；浓度是指官能团在树脂中的含量。

9.1.3　熔融沉积成型技术

熔融沉积成型(fused deposition modeling，简称FDM)是继光固化成型和叠层实体成型工艺后的一种应用比较广泛的增材成型工艺方法。该工艺方法以美国Stratasys公司开发的FDM制造系统应用较为广泛。由于FDM成型过程不需要激光，采用的丝材可以以卷轴形式输送，成型过程中也不产生废料，热熔喷头尺寸也相对较小，因此该工艺设备适于办公环境的台面化。近年来，国内外众多公司都相继推出各式各样的基于FDM成型方法的小型桌面级3D打印机，其尺寸可小至500 mm以下，质量最小的达十几千克。

熔融沉积成型工艺比较适合家用电器、办公用品、模具行业新产品开发，以及用于义肢、医学、医疗、大地测量、考古等基于数字成像技术的三维实体模型制造。该技术不需要激光系统，因而价格低廉、运行费用低且可靠性高。此外，从现有的增材成型工艺方法来看，FDM工艺在医学领域中的应用具有独特的优势。

9.1.3.1　熔融沉积成型工艺的基本原理

熔融沉积又称为熔丝沉积，是将丝状的热熔性材料加热熔化，通过带有一个微细喷嘴的喷头挤喷出来。喷头可沿x轴方向移动，而工作台沿y轴方向移动。如果热熔性材料的温度始终稍高于固化温度，而成型部分的温度稍低于固化温度，就能保证热熔性材料挤喷出喷嘴后随即与前一层面熔结在一起。一个层面沉积完成后，工作台按预定的增量下降一个层的厚度，再继续熔融沉积，直至完成整个实体造型。

熔融沉积成型工艺的基本原理如图9-4所示，其过程如下：将实心丝材原材料缠绕在供料辊上，由电动机驱动辊子旋转，辊子和丝材之间的摩擦力使丝材向喷头的出口送进。在供料辊与喷头之间有一导向套，导向套采用低摩擦材料制成，以便丝材能顺利、准确地由供料辊送到喷头的内腔。喷头的前端有电阻丝式加热器，在其作用下，丝材被加热熔融，然后通过出口涂覆至工作台上，并在冷却后形成界面轮廓。由于受结构的限制，加热器的功率不可能太大，因此丝材一般为熔点不太高的热塑性塑料或蜡。丝材熔融沉积的层厚随喷头的运动速度而变化，通常最大层厚为0.15～0.25 mm。

熔融沉积成型工艺在原型制作时需要同时制作支撑，为了节省材料成本和提高沉积效率，新型FDM设备采用了双喷头，如图9-5所示。一个喷头用于沉积模型材料，一个喷头用于沉积支撑材料。一般来说，模型材料丝精细且成本较高，沉积的效率也较低；而支撑材料丝较粗且成本较低，沉积的效率也较高。双喷头的优点除了沉积过程中具有较高的沉积效率和降低模型制作成本以外，还可以灵活地选择具有特殊性能的支撑材料，以便后处理过程中支撑材料的去除，如水溶材料、低于模型材料熔点的热熔材料等。

9.1.3.2　熔融沉积成型工艺的特点

(1) 熔融沉积成型工艺的优点

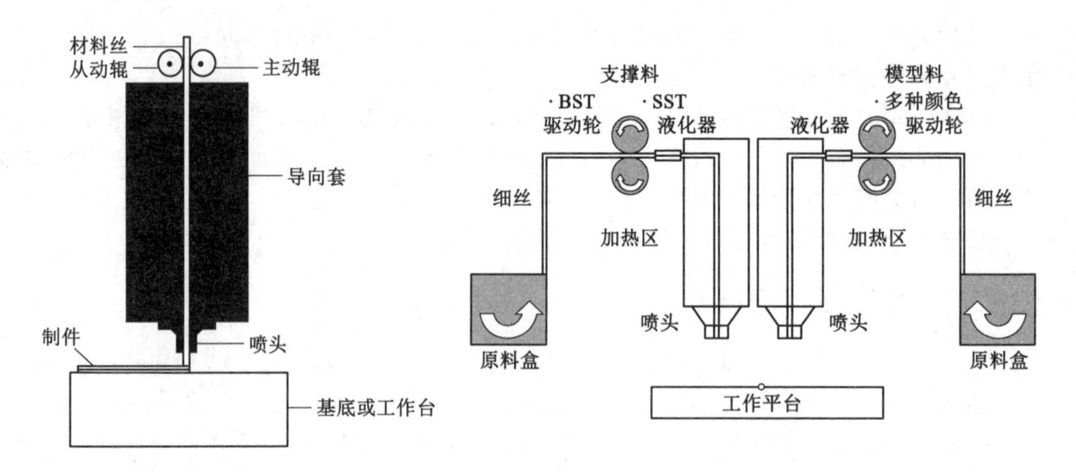

图 9-4　熔融沉积制造工艺的基本原理　　　　图 9-5　双喷头熔融沉积工艺的基本原理

① 由于采用了热熔挤压头的专利技术，而使整个系统构造原理和操作简单，维护成本低，系统运行安全。

② 可以使用无毒的原材料，设备系统可在办公环境中安装使用。

③ 用蜡成型的零件原型，可以直接用于熔模铸造。

④ 可以成型任意复杂程度的零件，常用于成型具有很复杂内腔、孔等的零件。

⑤ 原材料在成型过程中无化学变化，制件的翘曲变形小。

⑥ 原材料利用率高，且材料寿命长。

⑦ 支撑去除简单，无须化学清洗，分离容易。

⑧ 可直接制作彩色原型。

(2) 熔融沉积成型工艺的缺点

① 成型件的表面有较明显的条纹。

② 与成型轴垂直方向的强度比较低。

③ 需要设计与制作支撑结构。

④ 需要对整个截面进行扫描涂覆，成型时间较长。

⑤ 原材料价格昂贵。

9.1.4　激光选区烧结技术

激光选区烧结（selective laser sintering，简称 SLS）技术最早是由美国 Texas 大学的研究生 Carl Deckard 于 1986 年发明的。随后 Texas 大学在 1988 年研制成功第一台 SLS 样机，并获得这一技术的发明专利，于 1992 年授权美国 DTM 公司（现已并入美国 3D systems 公司）将 SLS 系统商业化。这是一种用红外激光作为热源来烧结粉末材料成型的增材制造技术。同其他增材制造技术一样，SLS 技术采用离散/堆积成型的原理，借助于计算机辅助设计与制造，将固体粉末材料直接成型为三维实体零件，不受成型零件形状复杂程度的限制，不需任何工装模具。

9.1.4.1　激光选区烧结成型的基本原理

SLS 技术基于离散堆积制造原理，通过计算机将零件三维 CAD 模型转化为 stl 文件，

并沿 z 轴方向分层切片，再导入 SLS 设备；然后利用激光的热作用，根据零件的各层截面信息，选择性地将固体粉末材料层烧结堆积，最终成型零件原型或功能零件。SLS 技术成型原理示意图如图 9-6 所示，整个工艺装置由储粉缸、预热系统、激光器系统、计算机控制系统组成，其基本制造过程如下：

① 设计建造零件 CAD 模型；

② 将模型转化为 stl 文件(即将零件模型以一系列三角形来拟合)；

③ 将 stl 文件进行横截面切片分割；

④ 激光根据零件截面信息逐层烧结粉末，分层制造零件；

⑤ 对零件进行清粉等后处理。

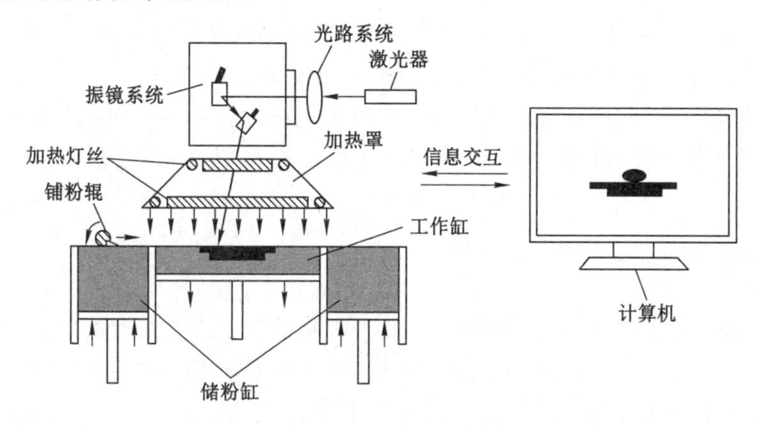

图 9-6　SLS 技术成型原理示意图

SLS 技术成型过程中，激光束每完成一层切片面积的扫描，工作缸相对于激光束焦平面(成型平面)相应下降一个切片层厚的高度，而与铺粉辊同侧的储粉缸会对应上升一定高度，该高度与切片层厚存在一定比例关系。随着铺粉辊向工作缸方向平动与转动，储粉缸中超出焦平面高度的粉末层被推移并填补到工作缸粉末的表面，即前一层的扫描区域被覆盖，覆盖的厚度为切片层厚，并将其加热至略低于材料玻璃化温度或熔点，以减小热变形，并利于与前一层面的结合。随后，激光束在计算机控制系统的精确引导下，按照零件的分层轮廓选择性地进行烧结，使材料粉末烧结或熔化后凝固形成零件的一个层面，没有烧过的地方仍保持粉末状态，并作为下一层烧结的支撑部分。完成烧结后工作缸下移一个层厚并进行下一层的扫描烧结。如此反复，层层叠加，直至完成最后截面层的烧结成型。当全部截面烧结完成后除去未被烧结的多余粉末，再进行打磨、烘干等后处理，便得到所需的三维实体零件。

9.1.4.2　激光选区烧结成型的特点

同其他增材制造技术相比，SLS 工艺具有以下特点：

① 成型材料广泛。从理论上讲，这种方法可采用加热时黏度降低的任何粉末材料，主要成型材料是高分子粉末材料。对于金属粉末、陶瓷粉末和覆膜砂等粉末的成型，主要是通过添加高分子黏结剂，以 SLS 成型一个初始形坯，然后再经过后处理来获得致密零件。

② 制造工艺简单，不需支撑。由于未烧结的粉末可对模型的空腔和悬臂部分起到支撑作用，不必像立体印刷成型(stereo lithography apparatus，简称 SLA)和熔融沉积成型(fused deposition modeling，简称 FDM)工艺那样另外设计支撑结构，可以直接生产形状复

杂的原型及零件。

③ 材料利用率高。SLS成型过程中未烧结的粉末可重复使用,几乎无材料浪费,成本较低。

④ 应用广泛。由于成型材料的多样化,可以选用不同的成型材料制作不同用途的烧结件,如制作用于结构验证和功能测试的塑料功能件、金属零件和模具、精密铸造用蜡模和砂型、砂芯等。

目前,SLS技术虽然取得了较快的发展,获得了较好的应用效果,但离规模化应用相去甚远,急需解决的关键技术包括但不局限于如下几点:

① 研究高性能材料的制备技术及拓宽种类,以提高成型件性能和拓展其应用范围;

② 研究高预热温度加热系统及温度均匀性控制技术,以提高成型件精度;

③ 研究高效率多激光协同扫描技术,以提高成型效率;

④ 研究陶瓷的SLS成型技术及其后处理致密化技术,以制造高性能的复杂陶瓷零件;

⑤ 研究材料防老化、降解技术,以降低激光烧结时材料分解,减轻环境污染,提高制件性能。

9.1.5 三维打印技术

增材制造技术作为基于离散/堆积原理的一种新的加工方式,自出现以来得到了广泛的关注,对其成型工艺方法的研究一直十分活跃,除了前面介绍的四种成型技术比较成熟之外,其他的许多技术也已经实用化,如三维打印成型(three dimensional printing,简称3DP),因其材料来源较广泛,设备成本较低且可小型化到办公室使用等,近年来发展较迅速。三维打印成型工艺之所以称为打印成型,是因为该种成型工艺是以某种喷头作为成型源,其运动方式与喷墨打印机的打印头类似,相对于台面做 x-y 平面运动,所不同的是,喷头喷出的不是传统喷墨打印机的墨水,而是黏结剂、熔融材料或光敏材料等,基于增材制造技术基本的堆积建造模式,实现三维实体的快速制作。

9.1.5.1 三维打印成型的基本原理

3DP技术的工作原理如图9-7所示,利用计算机技术将制件的三维CAD模型在竖直方向上按照一定的厚度进行切片,将原来的三维CAD信息转化为二维层片信息的集合,成型设备根据各层的轮廓信息利用喷头在粉床的表面运动,将液滴选择性喷射在粉末表面,将部分粉末黏结起来,形成当前层截面轮廓,逐层循环,层与层之间也通过黏结溶液的黏结作用固定连接,直至三维模型打印完成。未黏结的粉末对上层成型材料起支撑的作用,同时成型完成后也可以被回收再利用。黏结成型的制件经后处理工序进行强化而形成与计算机设计数据相匹配的三维实体模型。

9.1.5.2 三维打印成型的特点

SLA、LOM、SLS、SLM等增材制造技术是以激光作为成型能源的,激光系统的价格和维护费用昂贵,致使制件的制造成本较高,3DP技术采用喷头喷射液滴逐层成型,不需激光系统。它具有以下优点:

① 成本低。不需昂贵、复杂的激光系统,整体造价大幅降低,喷头结构高度集成,不需要庞大的辅助设备,结构紧凑,便于小型化。

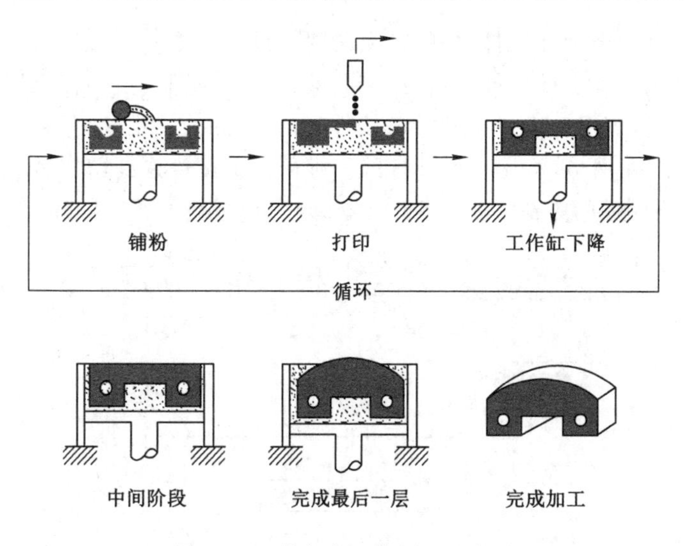

图 9-7　三维打印工作原理示意图

② 材料类型广泛，成型过程不需支撑。根据使用要求，可以选用热塑性材料、金属、陶瓷、石膏、淀粉等复合材料。工作缸中以粉末材料作为支撑，不用再设计支撑。

③ 运行费用低且可靠性高。成型喷头维护简单，消耗能源少，运行费用和维护费用低。

④ 成型效率高。3DP 技术使用的喷头有较宽的工作条宽，相比于高能束光斑或挤压头等点工作源，具有较高的成型速度。

⑤ 可实现多彩色制造。3DP 技术可以采用在黏结液中加入色素的方式，按照三原色着色法，在成型过程中对成型材料上色，以达到直接彩色制造的效果。

尽管 3DP 技术近年来发展迅速，材料与工艺研究、成型设备等方面都有了长足的进步，但是其工艺本身也还存在一些缺点和不足，主要体现在如下几个方面：

① 3DP 成型初始件的强度较低。3DP 成型初始件的孔隙率较大，使得初始件强度较低，常需要后处理得到足够的机械强度，但是也可以利用这个特点制备多孔功能材料。

② 成型精度尚不如激光设备。3DP 技术采用喷墨打印技术，液体黏结剂在沉积到粉末后通常会出现过度渗透等现象，导致成型制件尺寸精度不高和表面粗糙等。

③ 打印喷头易堵塞。打印喷头容易受液体黏结剂稳定性的影响产生堵塞，使得设备的可靠性、稳定性降低，而喷头的频繁更换又会增加设备使用成本，因此在上机前一定要做大量的实验以确保液体黏结剂的适用性。

9.2　增材制造的处理及技术选择

9.2.1　增材制造的前处理

9.2.1.1　三维模型构造方法

由于快速成型机只能接受计算机构造的工件三维模型（即立体图），然后才能进行分层切片处理，因此首先必须建立三维模型。

目前构造三维模型的主要方法如下：

① 应用计算机三维设计软件,根据产品的要求设计三维模型。

② 应用计算机三维设计软件,将已有产品的二维三视图转换为三维模型。

③ 仿制产品时,应用反求设备和反求软件,得到产品的三维模型。

④ 利用 Internet 网络,将用户设计好的三维模型直接传输到增材制造工作站。

具体构造三维模型的方法如图 9-8 所示。

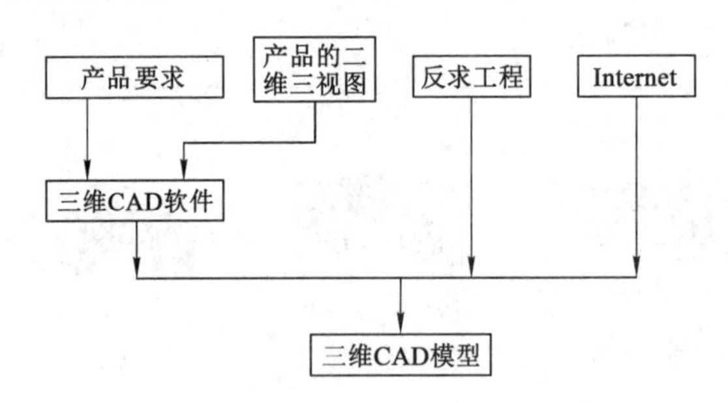

图 9-8　构造三维模型的方法

(1) 用计算机辅助设计软件构造三维模型

在个人计算机或工作站上,用计算机三维辅助设计软件,根据产品要求,可以设计其三维模型,或将已有产品的二维三视图转换为三维模型。随着计算机辅助设计技术的发展,出现了许多三维模型的形体表达方法,其中常见的有以下几种:构造实体几何法(constructive solid geometry)、边界表达法(boundary representation)、参数表达法(parametric representation)、单元表达法(cell representation)。

用于构造三维模型的计算机辅助设计软件应有较强的三维造型功能,主要是指实体造型和表面造型功能,后者对构造复杂的自由曲面有重要作用。目前,增材制造行业中常用的 CAD 软件系统见表 9-1。其中用得较多的包括 CATIA、SolidWorks、CREO 等 CAD 软件。这些软件有较强的实体造型和表面造型功能,可以构造非常复杂的模型,因此受到许多用户的好评,同时软件系统还能将设计至生产全过程集成到一起,使所有的用户能够同时进行同一产品的设计制造工作,实现并行工程。

表 9-1　常用的 CAD 软件系统

软件名称	特征	软件名称	特征
AutoCAD	常用于二维绘图	Inventor	三维机械设计、仿真、工装模具创建
CREO	曲面造型功能强大	SolidEdge	基于参数和特征实体造型
CATIA	三维设计与模拟,广泛用于飞机、汽车制造企业	CAXA	常用于二维绘图
SolidWorks	三维设计,操作简单,用户上手快	UG	二维绘图、数控加工编程、曲面造型

计算机辅助设计软件产生的模型文件输出格式有多种,常见的有 ipgl、hpgl、step、dxf 和 stl 等,其中 stl 格式为增材制造行业普遍采用的文件格式。

(2) 利用反求工程构造三维模型

传统的产品设计流程是一种预定的顺序模式,即从市场需求抽象出产品的功能描述(规格及预期指标），然后进行概念设计，在此基础上进行总体和详细的零部件设计，制定工艺流程，设计夹具，完成加工及装配，通过检验和性能测试，这种模式的前提是已完成了产品的蓝图设计或其CAD造型。

然而在很多场合下设计的初始信息状态不是CAD模型，而是各种形式的物理模型或实物样件，若要进行仿制或再设计，必须对实物进行三维数字化处理，数字化手段包括传统测绘及各种先进测量方法，这一模式即反求工程。反求工程也称为逆向工程（简称RE）。

反求工程技术与传统的产品正向设计方法不同。它是根据已存在的产品或零件原型构造产品或零件的工程设计模型，在此基础上对已有产品进行剖析、理解和改进，是对已有设计的再设计，通过样件开发产品的过程。与产品正向设计过程相反，反求工程基于已有产品设计新产品，通过研究现存的系统或产品，发现其规律，通过复制、改进、创新，超越现有产品或系统。它不是仅对现有产品进行简单模仿，而是对现有产品进行改造、突破和创新。

在制造领域，反求工程具体表现为对已有物体的参照设计，通过对实物的测量构造物体的几何模型，进而根据物体的具体功能进行改进设计和制造。反求工程技术广泛应用于汽车、航空、模具等领域。

在反求工程中，准确、快速、完全地获取实物的三维几何数据，即对物体的三维几何形面进行三维离散数字化处理，是实现反求的重要步骤之一。常见的物体三维几何形状的测量方法基本可分为接触式和非接触式两大类（图9-9），测量系统与物体的作用有光、声、电等方式。现有的一些测量方法具有各自独特的应用优势，又都有一定的局限性。

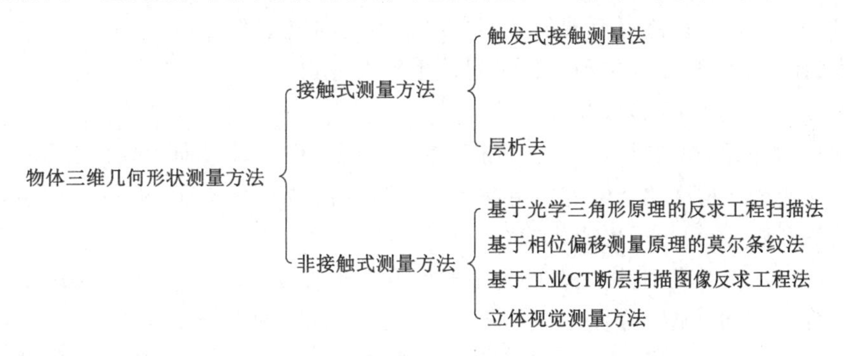

图9-9　物体三维几何形状测量方法

利用反求工程构造三维模型，离不开扫描机的协助配合。常用的扫描机有传统的坐标测量机（coordinate measurement machine，简称CMM）、激光扫描仪（laser scanner）、零件断层扫描机（cross section scanner），以及CT（computer tomography，计算机X射线断层照相术）和MRI（magnetic resonance imaging，磁共振成像）。

9.2.1.2　三维模型的stl格式化

由于产品往往有一些不规则的自由曲面，为方便地获得曲面每个部分的坐标信息，加工前必须对其进行近似处理。

在目前的快速成型机上，最常见的近似处理方法是用一系列的小三角形平面来逼近自由曲面。其中每一个三角形用3个顶点的坐标（x，y，z）和1个法向量（$\boldsymbol{N}$）来描述，如图9-10所示。三角形的大小是可以选择的，从而能得到不同的曲面近似精度。经过上述近似处理的三维模型文件称为stl格式文件。模型由一系列相连的空间三角形组成，如图9-11所示。

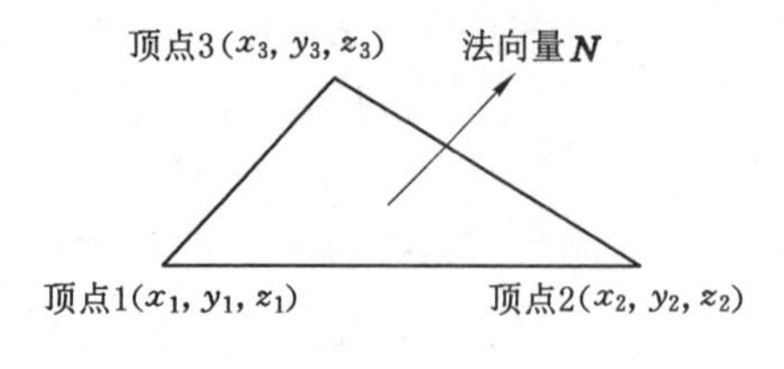

图 9-10　三角形的表示

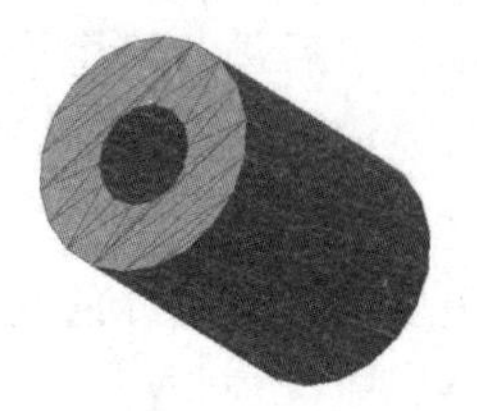

图 9-11　用 stl 格式显示的三维模型

典型的计算机辅助设计软件都有转换和输出 stl 格式文件的接口，但是有时输出的三角形会有少量错误，需要进行局部修改。stl 格式文件最初出现于 1988 年美国 3D Systems 公司生产的 SLA 快速成型机中，它是目前增材制造系统中最常见的一种文件格式，用于将三维模型近似成小三角形平面的组合。

显然，近似精度要求越高，选取的三角形数量也应该越多，但是过高的要求也是没有必要的，以免所需三角形的数目和计算机的存储容量过大，数据处理时间过长。

9.2.1.3　三维模型的切片处理

切片是将模型以片层的方式来描述，无论模型形状多么复杂，对于每一层来说都是简单的平面矢量组，其实质是一种降维处理，即将三维模型转变为二维片层，为分层制造准备。

(1) 成型方向的选择

将工件的三维 stl 格式文件输入快速成型机后，可以用快速成型机中的 stl 格式文件显示软件，使模型旋转，从而选择不同的成型方向。不同的成型方向会对工件品质(尺寸精度、表面粗糙度、强度等)、材料成本和制作时间产生很大影响。

① 成型方向对工件品质的影响。

一般而言，无论哪种增材制造方法，由于不易控制工件 z 轴方向的翘曲变形等，使工件的 x-y 轴方向的尺寸精度比 z 轴方向更易保证，应该将精度要求较高的轮廓(例如有较高配合精度要求的圆柱、圆孔)，尽可能放置在 x-y 平面。

具体地说，对 SLA 成型，影响精度的主要因素是台阶效应、z 轴方向尺寸超差和支撑结构的影响。对于 SLS 成型，无基底支撑结构，使具有大截面的部分易卷曲，从而会导致歪扭及其他问题。因此，影响其精度的主要因素是台阶效应和基底的卷曲，应避免成型大截面的基底。对于 FDM 成型，为提高成型精度，应尽量降低斜坡表面的影响，以及外支撑和外伸表面之间的接触。对于 LOM 成型，影响精度的主要因素是台阶效应和剥离废料导致的工件变形。

对于工件的强度，由于无论哪种增材制造方法，都是基于层层材料叠加的原理，每层内的材料结合比层与层之间的材料结合得要好，因此，工件的横向强度往往高于其纵向强度。

② 成型方向对材料成本的影响。

不同的成型方向导致不同的材料消耗量。对于需要外支撑结构的增材制造，如 SLA 和 FDM，材料的消耗量应包括制作支撑结构材料。总材料消耗量还取决于原材料的回收和再使用，对于 SLS 成型，由于工件的体积是恒定的，成型时未烧结的原材料可再使用。因此，无论什么成型方向，所需材料几乎都相同。对于 LOM 成型，由于其废料部分不能再用于成型，因此，材料消耗量与不同成型方向时产生的废料量有很大关系。

③ 成型方向对制作时间的影响。

工件的成型时间由前处理时间、分层叠加成型时间和后处理时间三部分构成。其中前处理是成型数据的准备过程，通常只占总制作时间的很小部分，因此可以不考虑因成型方向的改变所导致前处理时间的变化。后处理时间取决于工件的复杂程度和所采用的成型方向。对于无需支撑结构的成型，后处理时间与成型方向无关。当需要支撑结构时，后处理时间与支撑的多少有关，因此与成型方向有关。成型时间等于层成型的时间及层与层之间处理时间之和，随成型方向变化。

(2) 增材制造中的主要切片方式

① STL切片。切片是几何体与一系列平行平面求交的过程，切片的结果将产生一系列实体截面轮廓。切片算法取决于输入几何体的表示格式。STL格式采用小三角形平面近似实体表面，这种表示方法最大的优点是切片算法简单易行，只需要依次与每个三角形求交即可。

在获得交点后可以根据一定的规则，选取有效顶点组成边界轮廓环。获得边界轮廓环后，按照外环逆时针、内环顺时针的方向描述，为后续扫描路径生成的算法处理做准备。

② 容错切片。容错切片基本上避开STL文件三维层次上的纠错问题，直接在二维层次上进行修复。由于二维轮廓信息十分简单，并具有闭合性、不相交等简单的约束条件，特别是对于一般机械零件实体模型而言，其切片轮廓多为简单的直线、圆弧、低次曲线组合而成，因而很容易在轮廓信息层次上发现错误，按照以上多种条件与信息进行多余轮廓去除、轮廓断点插补等操作，可以切出正确的轮廓。对于不封闭轮廓，采用评价函数和裂纹跟踪处理，在一般三维实体模型随机丢失10%三角形的情况下都可以切出有效的边界轮廓。

③ 适应性切片。适应性切片根据零件的几何特征来决定切片的层厚，在轮廓变化频繁的地方采用小厚度切片，在轮廓变化平缓的地方采用大厚度切片，与统一层厚切片方法相比较，可以减小z轴误差、阶梯效应与数据文件的长度，其示例如图9-12所示。Dolenc和Makela等在stl文件基础上进行了适应性切片研究，以用户指定误差(或尖锋高度)和法向矢量决定切片层厚，可以处理具有平面区域、尖锋、台阶等几何特征的零件。

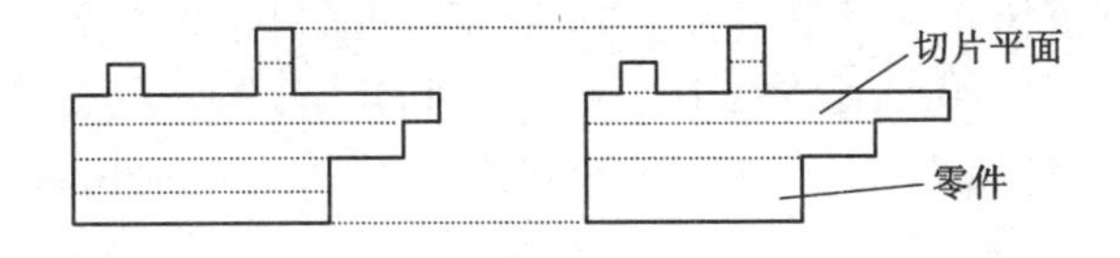

图9-12　适应性切片举例

④ 直接适应性切片。直接适应性切片利用适应性切片思想从CAD模型中直接切片，可以同时减小z轴和x-y平面方向的误差。苏和沃兹尼从CAD模型上直接切片，并且根据采样点处的最小垂直曲率和指定的尖锋值来确定切片层厚。贾米森和哈克通过比较连续轮廓的边缘来确定切片层厚，当误差大于给定值时切片层厚减半。这种切片方法目前还不成熟，其发展以直接切片和适应性切片为基础。

⑤ 直接切片。在工业应用中，保持从概念设计到最终产品的模型一致性是非常重要的。在很多例子中，原始CAD模型本来已经精确表达了设计意图，stl文件反而降低了模型的精度。而且，使用stl格式表示方形物体精度较高，表示圆柱形、球形物体时精度较低。

对于特定的用户，生产大量高次曲面物体，使用 stl 格式，会导致文件巨大，切片费时，迫切需要抛开 stl 文件，直接从 CAD 模型中获取截面描述信息。在加工高次曲面时，直接切片明显优于 stl 方法。

相比较而言，采用原始 CAD 模型进行直接切片具有如下优点：① 能减少增材制造的前处理时间；② 可避免 stl 格式文件的检查和纠错过程；③ 可降低模型文件的规模；④ 能直接运用快速原型（RP）数控系统的曲线插补功能，从而提高工件的表面质量；⑤ 能提高制件的精度。

9.2.2 增材制造的后处理

从快速成型机上取下的制品往往需要进行剥离，以便去除废料和支撑结构，有的还需要进行后固化、修补、打磨、抛光和表面强化处理等，这些工序统称为后处理。例如，SLA 成型件需置于大功率紫外线箱中进一步内腔固化；SLS 成型件的金属半成品需置于加热炉中烧除黏结剂、烧结金属粉和渗铜；粉末材料选择性黏接（TDP）和 SLS 的陶瓷成型件也需置于加热炉中烧除黏结剂、烧结陶瓷粉。此外，制件可能在表面状况或机械强度等方面还不能完全满足最终产品的需要，例如，制件表面不够光滑，其曲面上存在因分层制造引起的小台阶，以及因 stl 格式化而可能造成的小缺陷；制件的薄壁和某些微小特征结构（如孤立的小柱、薄筋）可能强度和刚度不足；制件的某些尺寸、形状还不够精确；制件的耐温性、耐湿性、耐磨性、导电性、导热性和表面硬度可能达不到要求；制件表面的颜色可能不符合产品的要求等。

因此在增材制造之后一般都必须对制件进行适当的后处理。下面对剥离、修补、打磨、抛光和表面涂覆等表面后处理方法做进一步介绍。修补、打磨、抛光是为了提高表面的精度，使表面光洁；表面涂覆是为了改变表面的颜色，提高强度、刚度和其他性能。

(1) 剥离

剥离是将增材制造过程中产生的废料、支撑结构与工件分离。虽然 SLA、FDM 和 TDP 成型基本无废料，但是有支撑结构，必须在成型后剥离；LOM 成型不需要专门的支撑结构，但是有网格状废料，必须在成型后剥离。剥离是一项细致的工作，某些情况下也很费时。

剥离有以下三种方法：

① 手工剥离。手工剥离法是操作者用手和一些较简单的工具使废料、支撑结构与工件分离，这是最常见的一种剥离方法。对于 LOM 成型的制品，一般用这种方法使网格状废料与工件分离。

② 化学剥离。当某种化学溶液能溶解支撑结构而不会损伤制件时，可以用这种化学溶液使支撑结构与工件分离。例如，可用溶液来溶解蜡，从而使工件（热塑性塑料）与支撑结构（蜡）、基底（蜡）分离。这种方法的剥离效率高，工件表面较清洁。

③ 加热剥离。当支撑结构为蜡，而成型材料熔点较蜡高时，可以用热水或适当温度的热蒸气使支撑结构熔化并与工件分离。这种方法的剥离效率高，工件表面较清洁。

(2) 修补、打磨和抛光

当工件表面有较明显的小缺陷需要修补时，可以用热熔性塑料、乳胶与细粉料混合而成的腻子，或湿石膏予以填补，然后用砂纸打磨、抛光，常用工具有各种粒度的砂纸、小型电动或气动打磨机。

对于用纸基材料增材制造的工件，当其上有很小且薄弱的特征结构时，可以先在其表面涂覆一层增强剂(如强力胶、环氧树脂基漆或聚氨酯漆),然后再打磨、抛光;也可先将这些部分从工件上取下,待打磨、抛光后再用强力胶或环氧树脂黏结、定位。用氨基甲酸涂覆的纸基制件,易于打磨,耐腐蚀、耐热、耐水,表面光亮。

由于增材制造的制件有一定的切削加工和黏结性能,因此,当受到快速成型机最大成型尺寸的限制,而无法制作更大的制件时,可将大模型划分为多个小模型,再分别进行成型,然后在这些小模型的结合部位制作定位孔,并用定位销和强力胶予以黏结,组合成整体的大制件。当已制作的制件局部不符合设计者的要求时,可仅切除局部,并且只补成型这一局部,然后将补做的部分粘到原来的增材制造制件上,构成修改后的新制件,从而可以大大节省时间和费用。通常情况下,对于 3D 打印的成型件,常用的抛光技术有砂纸打磨、珠光处理和化学抛光。

(3) 表面涂覆

对于增材制造工件,典型的涂覆方法包括:喷漆涂料、电化学沉积(电镀)、无电化学沉积(electroless chemical deposition,简称 ECD)、物理蒸发沉积(physical vapour deposition,简称 PVD)、电化学沉积和物理蒸发沉积(无电化学沉积)的综合、金属电弧喷镀以及等离子喷镀等。

9.2.3　增材制造的精度分析

增材制造技术自从诞生以来,精度一直是人们关注的焦点。增材制造精度包括增材制造装备精度和装备所能制作出的成型件精度,可称为成型精度。前者是后者的基础,后者远比前者复杂,这是由增材制造技术是基于材料累加原理的特殊成型工艺所决定的。成型精度与成型件的几何形状、尺寸大小、成型材料的性能以及成型工艺密切相关。

(1) 增材制造装备精度

增材制造装备的精度包括软件和硬件两部分,对于不同的实现方法,具体的精度项目有所不同。软件部分主要是指模型数据的处理精度,类似于传统制造领域中的原理误差。硬件部分的精度主要指成型设备的各项精度。软件部分主要是指 CAD 模型及层片信息的数据表达精度,硬件部分的精度项目与具体的实现方法有关。

(2) 成型件精度

成型件的精度仍然类似于制造领域中传统的零件精度概念,即尺寸精度、形状位置精度以及表面质量。

(3) 尺寸精度

由于多种原因,成型件与 CAD 模型相比,在 x、y 和 z 轴三个方向上都可能有尺寸误差。为衡量此项误差,应沿成型件的 x、y 和 z 轴方向,分别量取最大尺寸和误差尺寸,计算其绝对误差与相对误差。

目前快速成型机样本中列出的制件精度是指制件尺寸误差范围,这一数据通常根据某些制造厂商或用户协会设计的测试件测量所得。然而上述测试件并无统一的标准,也未得到增材制造行业的公认,所以难以据此衡量和比较真正的精度水平。

(4) 形状位置精度

增材制造时可能出现的形状误差主要包括翘曲、扭曲、椭圆度、局部缺陷和遗失特征等。其中翘曲误差应以工件的底平面为基准,测量其最高上平面的绝对翘曲变形量和相对翘曲变形量。扭曲误差应以工件的中心线为基准,测量其最大外径处的绝对扭曲变形量和相对扭曲变形量。椭圆误差应沿成型的 z 轴方向选取一最大圆轮廓线，测量其椭圆度，局部缺陷和遗失特征两种误差可以用其数目和尺寸来衡量。

(5) 表面质量

增材制造制件的表面误差有台阶误差、波浪误差和粗糙度，都应在打磨、抛光和其他后处理之前进行测量。其中台阶误差常见于自由曲面处，应以差值 Δh 来衡量，如图 9-13 所示。波浪误差是成型件表面的明显起伏不平，应以全长 L 上波峰与波谷的相对差值 $\Delta h/L$ 以及波峰的间距 ΔA 来衡量，如图 9-14 所示。粗糙度应在成型件各结构部分的侧面和上、下表面进行测量，并取其最大值。

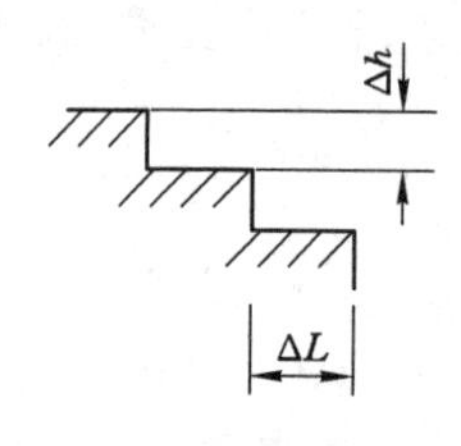

图 9-13　台阶误差

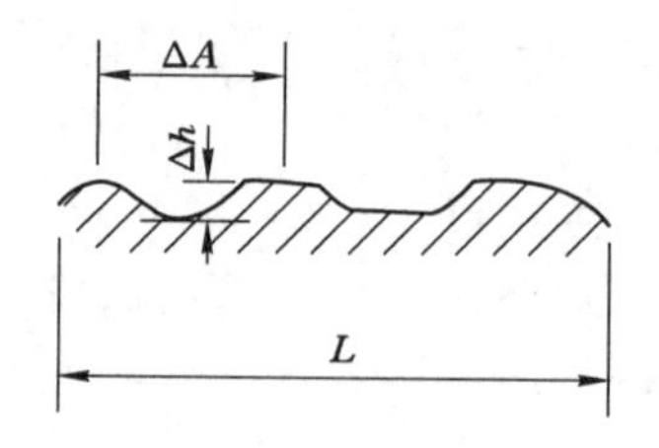

图 9-14　波浪误差

9.2.4 增材制造技术的比较与选用

9.2.4.1 增材制造技术的比较

目前比较成熟的增材制造技术有十余种，不同的成型工艺有不同的特色，如何根据原型的使用要求，根据原型的结构特点、精度要求和成本核算等正确选择增材制造的工艺，对于更有效地利用这项技术是非常重要的。主要增材制造技术的工艺性能比较见表 9-2，其优点与缺点的比较见表 9-3。

表 9-2　增材制造技术的工艺性能比较

指标技术	精度	表面质量	材料价格	材料利用率	运行成本	生产效率	设备费用	占有率/%
SLA 增材制造	优	优	较贵	约 100%	较高	高	较贵	78
LOM 增材制造	一般	较差	较便宜	较差	较低	高	较便宜	7.3
SLS 增材制造	一般	一般	较贵	约 100%	较高	一般	较贵	6.0
FDM 增材制造	较差	较差	较贵	约 100%	一般	较低	较便宜	6.1

表 9-3　增材制造技术的优点和缺点

增材制造技术	优点	缺点
SLA 增材制造	技术成熟、应用广泛、成型速度快、精度高、能量低	工艺复杂、需要支撑结构、材料种类有限、激光器寿命低、原材料价格贵
LOM 增材制造	对实心部分大的物体成型速度快、支撑结构自动地包含在层面制造中、低的内应力和扭曲、同一物体中可包含多种材料和颜色	能量高、需要清理内部孔腔中的支撑物、材料利用率低、废料剥离困难、可能发生翘曲

表 9-3(续)

增材制造技术	优点	缺点
FDM 增材制造	成型速度快,材料利用率高、能量低、物体中可包含多种材料和颜色	表面粗糙度高,选用材料仅限于低熔点材料
SLS 增材制造	不需要支撑结构、材料利用率高、选用材料的力学性能比较好、材料价格便宜、无气味	能量高、表面粗糙、成型原型疏松多孔、对某些材料需要单独处理
3DP 增材制造	材料选用广泛、运行费用低且可靠性高、成型效率高、应用范围广	模型强度较低、精度低、零件易变形甚至出现裂纹

9.2.4.2　增材制造技术的选用

综合各种因素,主要增材制造技术的选用原则可归纳如图 9-15 所示,主要包括以下几个方面:

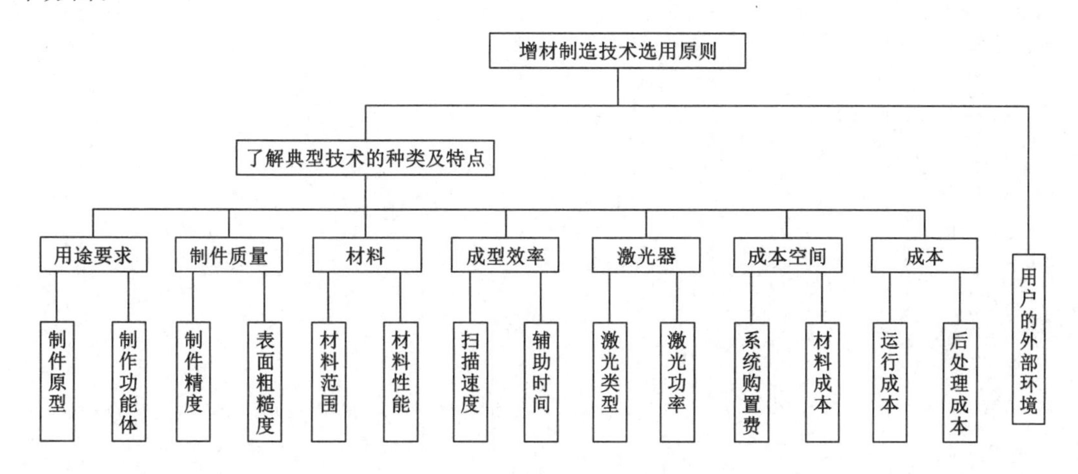

图 9-15　增材制造技术的选用原则

(1) 成型件的形状

对于形状复杂、薄壁的小工件,比较适合用 SLS、SLA 和 FDM 快速成型机制作;对于厚实的中、大型工件,比较适合用 LOM 型快速成型机制作。

(2) 成型件的尺寸

每种型号的快速成型机所能制造的最大制件尺寸有一定的限制。通常工件的尺寸不能超过上述限制值。然而对于薄形材料选择快速切割成型机,由于其制作的纸基工件有较好的黏结性能和机械加工性能。因此,当工件的尺寸超过机器的极限值时,可将工件分割成若干块,使每块的尺寸不超过机器的极限值,分别进行成型,然后再予以黏结,从而拼成较大的工件。同样,SLS、SLA 和 FDM 制件也可以进行拼接。

(3) 成本

成本是选用增材制造技术的又一重要原则,相比于 SLA、SLS 增材制造技术,LOM、FDM 增材制造技术的成本较低。成本包括:设备购置成本、设备运行成本和人工成本。

(4) 用户环境

用户环境是一项非常重要却极容易被忽视的原则,因为对大多数企业来说,想迅速应用增材制造技术尚存在一定障碍，因增材制造装备技术含量高，购买、运行、维护费用较高，一些效益较好的大中型企业尽管具有经济技术实力，但是对适合于不同产品对象的众多快速成型机和单个企业相对狭窄的可应用范围及较小的工作量往往感到无所适从。

总之，用户在使用或购买增材制造装备时，要综合各种因素，初步确定所选择的机型，然后对其设备运行状况和制件质量进行实地考察，综合考虑制造商的技术服务和研发力量等各种因素后，最后决定购买哪家制造商的增材制造装备。

第 10 章　面向制造的设计的未来发展方向

10.1　先进设计技术

先进设计技术是先进制造技术的重要组成部分，是制造技术中的首要环节。据相关统计，产品设计成本约占产品总成本的 10%，但是决定了产品制造成本的 70%～80%，所以设计技术在制造技术中的作用和地位举足轻重。

先进设计技术是根据产品功能要求和市场竞争（时间、质量、价格等）的需要，应用现代技术和科学知识，经过设计人员创造性思维、规划和决策，制定可以用于设计与制造的方案，并通过其他技术使方案得以实施和完成的技术。先进设计技术使产品设计建立在科学的基础上，在设计范畴上，从单纯的产品设计扩展到全寿命周期设计；在设计的组织方式上，从传统的顺序设计方式过渡到并行设计方式；在设计手段上，从传统的手工设计向计算机辅助设计过渡。

先进设计技术的范围很广，包括计算机辅助设计、计算机辅助制造、计算机辅助工艺规程设计、计算机辅助装配工艺设计、计算机辅助工程分析、智能概念设计、可靠性设计、优化设计、动态设计、有限元分析、精度设计、外观造型设计、工作环境设计、模块化设计、防腐蚀设计、疲劳设计、快速原型法、价值工程、反求工程技术、质量功能配置设计、系统建模与仿真、虚拟设计、设计与制造集成、设计过程管理和数据工程、快速响应设计、并行设计、异地设计、绿色产品设计等。本章将选取其中一些进行简述。

10.1.1　创新设计方法

（1）公理化设计

公理化设计是美国麻省理工学院机械系 N. P. Suh 教授提出的一种系统化设计理论，为设计者提供一种在设计初期建立自己设计思路的工具。基于公理化设计原理，设计者可以很方便地对设计要求、解决方案及设计过程进行综合分析。

公理化设计过程总体上可以分为横向和纵向两个部分。横向可分为 4 个域，分别为用户域、功能域、物理域和过程域。域为不同类型的设计活动划分了界限并贯穿于整个设计过程。每个域都有各自的元素，即用户需求（CR）、功能需求（FR）、设计参数（DP）和过程变量（PV）。它们纵向分布于每一层，高层次的决策会对低层次问题的求解状态产生影响。公理化设计就是利用“Z”字形映射在横向上进行域间映射，纵向上进行逐层问题求解的设计过程。公理化设计的研究一般主要集中于功能域和物理域之间的“Z”字形映射与分解，且二者之间的关系可通过方程{FR}=[A]{DP}来表达，其中[A]称为设计矩阵。

公理化设计包含独立公理和信息公理两个设计公理。独立公理是保持功能需求（FR）

独立，即当有两个或更多FR时，设计结果必须是能够满足FR中的每一个而不能影响到其他的FR。要满足独立公理，设计矩阵必须要么是对角线的，要么是三角形的。信息公理是要使设计中的信息含量最少，提供给定的设计其价值的定量度量，可以据此选出最好的设计。

(2) TRIZ理论

TRIZ理论由苏联学者阿利赫舒列尔(G. S. Altshuller，又译为根里奇・阿特休勒)及其同事于1946年最先提出。他们从20万份专利中抽象出了TRIZ理论解决发明问题的基本方法，协助人们获得发明问题的最有效解。与头脑风暴法相比，TRIZ理论具有更强的逻辑性，所以解决问题的效率也更高。

TRIZ理论解决问题的过程(图10-1)：第1步，分析问题类型，将具体问题上升到TRIZ问题。第2步，查询能够解决TRIZ问题的TRIZ解决方案。第3步，将TRIZ解决方案与工程知识结合，最后得到具体问题的解决方案。以上每一个步骤都离不开使用TRIZ解决发明问题的基本方法。

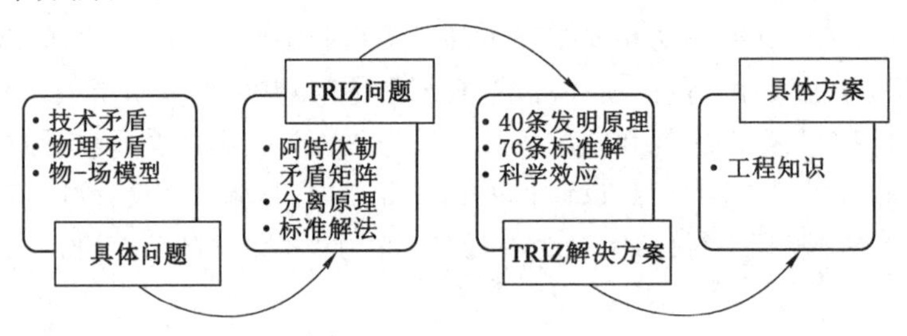

图10-1　TRIZ理论

从TRIZ解决问题的过程来看，可将基本方法分为以下三类：① 具体问题的类型。问题的存在形式可能是矛盾也可能是其他类型。前者可以归纳为技术矛盾或物理矛盾，后者可以用物-场模型来分析。其中物-场模型描述的是实现功能的物质(元素)与作用于它们中的场(能量)之间的交互作用。② TRIZ问题解决工具。按照问题的类型，可分别运用阿特休勒矛盾矩阵、分离原理或标准解法解决问题。③ TRIZ解决方案。运用不同的TRIZ问题解决工具可以得到不同的TRIZ解决方案，包括40条发明原理、76条标准解和科学效应等。上述步骤是总体的TRIZ应用步骤，具体细节需参阅有关资料。

10.1.2　逆向工程

逆向工程又称为反求工程或反向工程，是近年来发展起来的引进、消化、吸收和提高先进技术的一系列分析方法和应用技术的组合。逆向工程以设计方法学为指导，以现代设计理论、方法、技术为基础，运用各种专业人员的工程设计经验、知识和创新思维，对已有产品进行解剖、深化和再创造，这就是逆向工程的含义。可以说，逆向设计是对已有设计的再设计，其中再创造是逆向设计的灵魂。

逆向工程的应用领域：① 在没有设计图纸或者设计图纸不完整以及没有CAD模型的情况下，在对零件原型进行测量的基础上形成零件的设计图纸或CAD模型，并以此为依据利用快速成型技术复制一个相同的零件原型。② 当设计需要通过实验测试才能定型的工件模型时，通常采用反求工程方法。③ 在美学设计特别重要的领域，如汽车外形设计，广泛采用真实比例的木制或泥塑模型来评估设计的美学效果，而不采用在计算机屏幕上缩小比例的物体透视图的方法，此时需用反求工程的设计方法。④ 修复破损的艺术品或缺乏供应的损坏零件等，不需要对整个零件原型进行复制，而是借助反求工程技术抽取零件原型的设计思想，指导新的设计。这是由实物逆向推理出设计思想的一种渐近过程。

逆向工程的发展方向主要有三个：① 测量数据方面：发展面向逆向工程的专用测量设备，能够高速、高精度地实现实物几何形状的三维数字化。② 数据处理方面：开发一种通用的数据接口软件，改善数据处理算法，使处理速度更快。③ 集成技术方面：发展包括测量技术、模型重建技术、基于网络的协同设计和数字化制造技术、逆向工程技术与有限元分析技术的集成。

10.1.3　绿色设计与制造

绿色设计，也称生态设计、环境设计、环境意识设计。在整个产品生命周期内，着重考虑产品环境属性（可拆卸性、可回收性、可维护性、可重复利用性等），并将其作为设计目标。在满足环境目标要求的同时，保证产品应有的功能、使用寿命、质量等要求。绿色设计的原则被公认为“3R”原则，即 reduce（减量比）、reuse（重新利用）、recycle（回收再生循环）。

绿色设计方法主要包括：生命周期设计方法、并行工程方法、模块化设计方法、DFX 面向对象设计方法等。下面针对几种常见的方法进行简要的阐述和对比分析。

① 生命周期设计——生命周期设计的任务是谋求在整个生命周期内资源优化利用，减少和消除环境污染，其主要策略与方法如下：a. 产品设计应该面向生命周期全过程；b. 环境的需求分析应在产品设计的初级阶段进行；c. 实现多学科跨专业合作开发设计。由于生命周期设计涉及生命周期各个阶段、各个环境问题和环境效应以及不同的研究对象，如减少废弃物排放、现有产品的再循环、新产品的开发等，所以产品的设计任务涉及广泛的知识领域。

② 并行工程——实质是在产品的设计阶段就充分预测该产品在制造、装配、销售、使用、售后服务及报废、回收等环节中的“表现”，发现可能存在的问题，及时进行修改和优化。

③ 模块化设计——为开发具有多种功能的不同产品，不必对每种产品进行单独设计，而是精心设计出多种模块，对其进行不同方式的组合构成不同产品，以解决产品品种、规格与设计制造周期、成本之间的矛盾。模块化设计与产品标准化设计、系列化设计密切相关（“三化”）。“三化”互相影响、互相制约，通常合在一起作为评定产品质量的重要指标。20 世纪50 年代，欧美一些国家正式提出“模块化设计”，把模块化设计提到理论高度来研究。模块化设计既可以很好地解决产品品种规格和产品设计制造周期与生产成本之间的矛盾，又可以为产品的快速更新换代，提高产品的质量，方便维修、拆卸、回收，增加产品的竞争力提供必要条件。

④ DFX 面向对象设计方法——在绿色设计领域中出现了很多面向对象的设计方法，在设计层面，X 代表产品生命周期或其中某一个环节（装配、加工、使用、维修和回收报废等）；在评价层面，X 代表产品全生命周期某一阶段产品的竞争力或者决定产品竞争力的因素（质量、时间、成本、可靠性等）。

10.1.4 计算机辅助工程

计算机辅助工程(computer aided engineering,简称 CAE)技术是计算机技术和工程分析技术相结合形成的新兴技术。CAE 软件是由计算力学、计算数学、结构动力学、数字仿真技术、工程管理学与计算机技术相结合形成的一种综合性、知识密集型信息产品。CAE 的核心理论是基于现代计算力学的有限单元(简称有限元)分析技术。

CAE 具体的含义包括以下几个方面:

① 运用工程数值分析中的有限元等技术,分析计算产品结构的应力、变形等物理场量,给出整个物理场量在空间与时间上的分布,实现结构从线性、静力计算分析到非线性、动力的计算分析;

② 运用过程优化设计的方法在满足工艺、设计的约束条件下,对产品的结构、工艺参数、结构形状参数进行优化设计,使产品结构性能、工艺过程最优;

③ 运用结构强度与寿命评估的理论、方法、规范,对结构的安全性、可靠性以及使用寿命进行评价与估计;

④ 运用运动/动力学的理论、方法,对由 CAD 实体造型设计出的机构、整机进行运动/动力学仿真,给出机构、整机的运动轨迹、速度、加速度以及动反力的大小等。

CAE 技术发展的几个趋势:

① 应用领域:军事、航空、航天、机械、电子、化工、汽车、生物医学、建筑、能源、计算机设备等领域;

② 使用对象:从以专家为主转向普通设计者和开发工程师;

③ 软件功能:从单一 CAE 功能转向 CAD/CAE/CAM/CAT 一体化,尤其是设计/分析一体化;

④ 使用时机:CAE 技术将会贯穿产品开发每一个环节;

⑤ 专业融合:将分析(CAE)与试验(CAT)结合在一起使用,这是一种含义更为广泛的“广义 CAE”技术,又称为产品评估;

⑥ 技术创新:变量化技术在 CAD 领域的成功应用将扩展到分析领域,以实现变量化分析,实时的、随意的多方案分析过程将使 CAE 变得更加轻松自如、易学好用。

10.2 先进制造技术

10.2.1 快速成型制造技术

现今制造业市场需求不断向多样化、高质量、高性能、低成本、高科技的方向发展。一方面表现为消费者兴趣时效短和消费者需求日益主体化、个性化及多元化;另一方面,区域性、国际市场壁垒的淡化或被打破,要求制造业厂商必须着眼于全球市场的激烈竞争。因此快速将多样化、性能好的产品推向市场成为制造业厂商把握市场先机的关键,由此致使制造价值观从面向产品到面向顾客进行重定位,制造战略重点从成本与质量到时间与响应的转移,也就是各国致力于 CIMS(computer integrated manufacture system,计算机集成制造系统)、并行工程、敏捷制造等现代制造模式的研究与实践的原因。快速成型技术正是在这种时代需求下应运而生的。

快速成型技术是从零件的 CAD 几何模型出发，通过软件分层离散和数控成型系统，用激光束或其他方法将材料堆积形成实体零件。由于它将复杂的三维制造转变为一系列二维制造的叠加，因而可以在不用模具和工具的情况下生成任何复杂的零部件，极大提高了生产效率和制造柔性。由于快速成型技术在制造产品过程中不会产生废弃物而造成环境污染，所以也是一种绿色制造技术。

快速成型技术具有以下一些特点：

① 产品灵活。快速成型技术采用离散/堆积成型的原理，将十分复杂的三维制造过程简化为二维制造过程的叠加，使复杂模型直接制造成为可能，越是复杂的零件越能体现快速成型技术的优越性。

② 快速。从 CAD 设计到完成原型制作通常只需几个小时到几十个小时，加工周期短，可节约 70%以上时间，能够适应现代竞争激烈的产品市场。

③ 低成本。与产品的复杂程度无关，节省了大量的开模时间，一般制作费用降低 50%，特别适用于新产品的开发和单件小批量零件的生产。

④ 成型过程中信息过程和材料过程一体化，制作原型所用的材料不限，各种金属和非金属材料均可使用，尤其适合成型材料为非均质且具有功能梯度或有孔隙要求的原型。

⑤ 适用于加工各种形状的零件，制造工艺与零件的复杂程度无关，不受工具的限制，可实现自由形态制造，原型的复制性、互换性高。

⑥ 使设计、交流和评估更加形象化，使新产品设计、样品制造、市场订货、生产准备等工作能并行进行，支持同步(并行)工程的实施。

⑦ 具有高柔性。采用非接触加工的方式，不需任何工具，即可快速成型出具有一定精度、强度和功能的原型和零件。

⑧ 高集成化。快速成型技术是集计算机、CAD/CAM、数控、激光、材料和机械等一体化的先进制造技术，整个生产过程实现自动化、数字化，与 CAD 模型直接关联，所见即所得，零件可随时制造与修改，实现设计制造一体化。

⑨ 加工过程中无振动、噪声和废料，可实现无人值守长时间自动运行。

快速成型技术虽然有其巨大的优越性，但是也有其局限性，可成型材料有限，零件精度低，表面粗糙度高，原型零件的物理性能较差，成型机的价格较高，运行制作的成本高等在一定程度上成为推广普及该技术的瓶颈。从目前国内外快速成型技术的研究和应用状况来看，快速成型技术的进一步研究和开发的方向主要表现在以下几个方面：

① 大力改善现行快速成型制作机的制作精度、可靠性和制作能力，提高生产效率，缩短制作周期。尤其是提高成型件的表面质量、力学性能和物理性能，为进行模具加工和功能试验提供平台。

② 随着成型工艺的进步和应用的拓展，其概念逐渐从快速成型向快速制造转变，从概念模型向批量订制转变，成型设备也向概念型、生产型和专用型三个方向分化。

③ 开发性能更好的快速成型材料。材料的性能既要利于原型加工，又要具有较好的后续加工性能，还要满足对强度和刚度等不同要求。

④ 提高快速成型系统的加工速度和开拓并行制造工艺方法。目前最快的快速成型机也难以完成注塑和压铸成型的快速大批量生产。将来的快速成型机需要向快速和多材料制

造系统发展，以便直接面向产品制造。

⑤ 开发直写技术。直写技术对材料单元有着精确的控制能力，开发直写技术，使快速成型技术的材料范围扩大到细胞等活性材料领域。

⑥ 开发用于快速成型的 RPM 软件。这些软件包含快速高精度直接切片软件，快速造型制造和后续应用过程中的精度补偿软件，考虑快速成型原型制造和后续应用的 CAD 软件等。

⑦ 开发新的成型能源。目前大多数成型机都是以激光作为能源，而激光系统的价格和维修费用昂贵，并且传输效率较低，这方面也需要得到改善和发展。

⑧ RPM 与 CAD、CAM、CAPP、CAE 以及高精度自动测量，逆向工程的集成一体化。该项技术可以大幅提高新产品第一次投入市场就获得成功的可能性，也可以快速实现反求工程。

⑨ 研制新的快速成型方法和工艺。目前除了 SLA、LOM、SLS、FDM 外，直接金属成型工艺将是以后的发展重要方向。

10.2.2 高速加工

提高生产效率是机械加工技术发展的永恒主题，因此提高加工速度以减少加工时间一直是人们向往的目标和努力的方向，这也是高速加工（highspeed machining，简称 HSM）技术发展的内在动力。

高速加工是指采用比传统切削速度高很多（通常高 5～10 倍）的速度所进行的加工，其集高效、优质、低耗于一身，以高切削速度、高进给量、高加工精度为主要特征。

与传统切削相比，高速加工具有许多优势，主要体现为：

① 随着切削速度提高，工作台移动速度（进给和空行程）也相应提高，从而可大幅减少切削工时和空行程时间，显著提高生产效率。

② 高速加工时，工艺系统的激振频率远高于固有频率，零件基本处于“无振动”加工状态，可得到较高的表面加工质量，并省去精加工和抛光工序，这就是模具制造中所说的“一次过”技术，也为精密加工、超精密加工开辟了一条道路。

③ 由于切屑流出速度加快，95％以上的切削热量来不及传递给工件，减少了工件在切削过程中的热变形，可获得低损伤的表面组织结构，提高了工件的使用性能，尤其适用于加工热敏性工件。

④ 因采用薄切深、小直径刀具和小步距走刀，因此切削力较小，尤其是径向切削力大幅度减小，特别适合用于薄壁结构等刚性低的零件的高速精密加工。

⑤ 采用红硬性好的刀具材料，常可不用或少用切削液进行干切削或准干切削，可减少生产成本和切削液等对环境的污染，符合绿色制造的要求。

10.2.3 超精密加工

超精密加工作为机械制造业中极具竞争力的技术之一，已受到许多国家的关注。超精密加工技术是尖端技术产品发展不可缺少的关键手段，不仅适用于国防应用，还可以大量应用于高端民用产品，如惯导仪表的关键部件、核聚变用的透镜与反射镜、大型天文望远镜透镜、大规模集成电路的基片、计算机磁盘基底及复印机磁鼓、现代光学仪器设备的非球面器件、高清晰液晶及背投显示产品等。超精密加工技术促进了机械、计算机、电子、光学等技术的发展，从某种意义上来说，超精密加工技术担负着支持最新科学技术进步的重要使命，也是衡量一个国家制造技术水平的重要标志。

超精密加工主要包括超精密切削(车、铣)、超精密磨削、超精密研磨(机械研磨、机械化学研磨、研抛、非接触式浮动研磨、弹性发射加工等)、超精密特种加工(电子束、离子束、等离子加工,激光束加工以及电加工等)以及纳米技术。

超精密加工技术的发展趋势:① 高质量、高精度、高效率;② 对工件材料的要求越来越严格;③ 工艺整合化,发展模块化超精密加工机床;④ 大型化、微型化;⑤ 在线检测,实现加工、计量一体化;⑥ 智能化、自动化、柔性化;⑦ 技术集成化程度不断提升;⑧ 绿色化。

10.2.4　微细加工

微细加工的方式十分丰富,从基本加工类型来看,微细加工可大致分为四类:分离加工、接合加工、变形加工、材料处理或改性。

微细加工方法主要有以下五种:

① 采用微型化的成型整体刀具或非成型磨料工具进行机械加工,如车削、钻削、铣削和磨削。由于刀具具有清晰、明显的界限,因此可以方便地定义刀具路径,加工出各种三维形状的轮廓。

② 采用电加工或者在其基础上的复合加工,如微细电火花加工(MEDM)、线电极放电磨削加工(WEDG)、线电化磨削(WECG)、电化学加工(ECM)。电化学加工,又称为电解液射流或微细喷射制模。

③ 采用光、声等能量加工法,如微细激光束加工(MLBM)、微细超声加工。

④ 采用光化掩膜加工法,如光刻法、LICA 法(X 射线蚀刻和电铸制模成型法)。

⑤ 采用层积增生法,如曲面的磁膜镀覆、多层薄膜镀覆(用于 SMA 微型线圈制造)和液滴层积。

微细加工技术,是现代机电领域的研究热点,其主要特点如下:

① 加工材料多样。微细加工最早从硅片的刻蚀开始,随着微机械应用范围的扩大,微细加工材料已从单一的硅晶体扩展到了黄铜、不锈钢等金属材料及其他非金属材料。

② 产品结构复杂。随着材料和加工工艺的日益发展,加工从二维拓展到三维,运动部件增加,使用功能增加。

③ 加工方法复合。微细加工目前仍以使用物理和化学能量的特种加工为主,主要采用化学腐蚀、光刻、高能粒子剥蚀、放电等方法以及上述加工方法的复合。

④ 技术发展综合。微细加工是高技术的合成,集光机电技术与多种能量加工方法于一体,包括超精密加工技术、检测技术、控制技术、微运动机构设计等先进技术,多学科交叉,发展极其迅速。

10.3　现代制造系统

10.3.1　生物制造

生物制造系统(biological manufacturing system,简称 BMS)概念最早由日本京都大学教授 Norio Okino 于 1988 年提出,后来成为智能制造系统的一部分。

作为一门新兴的交叉学科，生物制造工程有别于传统的制造工程，其融合了众多相关技术，因此生物制造是一个极其复杂的过程，可以用图 10-2 来描述整个生物制造的过程。

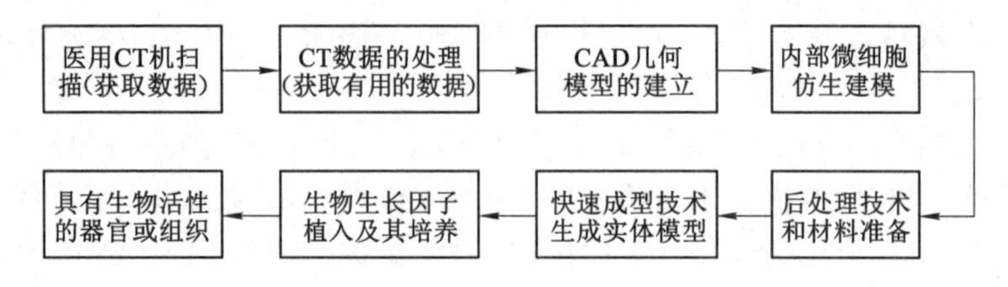

图 10-2　生物制造的过程

生物制造作为一门新兴的交叉学科，将成为 21 世纪制造科学即将开始的一场革命。虽然在 20 世纪就已经被提出来了，而且研究已经取得了一定的进展，可行性得到了公认，但是发展依然不成熟，还有许多关键问题和技术难点没有得到很好解决。

根据其研究现状和自身的特点，生物制造将呈现以下发展趋势：① 制造科学和生命科学的高度交融。一方面，现代制造技术应用于生命科学，使人体器官和组织的人工制造变得越来越容易；另一方面，随着医学的不断发展和生物工程研究的不断深入，将生物技术应用于传统的制造业，必将推动制造技术的更新。② 人类对自身的改造方法将更加成熟。大自然在复制生物个体时采用了生物生长型加工方法，和传统制造的区别在于所处理的对象不仅包括生物活性材料、生物相容性材料，还包括具有生命的细胞或细胞材料复合本，其科学问题涉及材料细胞单元的受控组装的机理、条件和功能实现。

10.3.2　虚拟制造

虚拟制造(virtual manufacturing，简称 VM)技术是美国于 1993 年首先提出的一种全新的制造体系和模式，以软件形式模拟产品设计与制造全过程，无须研制样机，实现产品的无纸化设计。它是制造科学自身矛盾发展的必然，也是在激烈的市场竞争环境下产生的应对措施之一，同时虚拟制造技术也是信息技术与制造科学相结合的产物。

虚拟制造涉及的技术领域十分广泛，从其软件实现和人机接口而言，虚拟制造的实现在很大程度上取决于虚拟现实技术的发展，包括计算机图形学技术、传感器技术、系统集成技术等。从制造技术的角度来讲可将虚拟制造技术体系结构分为三大主体技术群，即建模技术群、仿真技术群、控制技术群，虚拟制造技术研讨会将其进一步细化为 13 个技术领域和 44 项技术。

虚拟制造技术在工程机械中的应用主要有虚拟装配、虚拟车间布局设计、虚拟焊接等。虚拟制造技术在工程机械产品研发中的应用有很多，如利用虚拟样机技术对挖掘机进行仿真，利用虚拟样机技术对矿用机械进行仿真，利用虚拟样机技术分析蛇行问题，利用专用仿真软件对装载机进行优化设计及分析等。

目前我国制造业在虚拟制造技术方面的研究已经开始，但是系统的、全面的研究还没有大规模开展，会在消化国外理论的基础上结合国内环境，逐步开展虚拟制造技术研究。

10.3.3　智能制造系统

智能制造(intelligent manufacturing，简称 IM)是一种由智能机器和人类专家共同组成的人机一体化智能系统，在制造过程中能进行智能活动，诸如分析、推理、判断、构思和决策等。以智能制造技术(intelligent manufacturing technology，简称 IMT)为基础组成的系统称为智能制造系统(intelligent manufacturing system，简称 IMS)，具有获取信息并以此来决定自身行为的能力、实现人机一体化、拥有学习能力和自我维护能力等特征。

智能制造自 20 世纪 80 年代被提出以来，世界各国都对智能制造系统进行了研究，首先是对智能制造技术的研究，然后为了满足经济全球化和社会产品需求，智能制造技术集成应用的环境——智能制造系统被提出。智能制造系统是 1989 年由日本提出的，随后于 1994 年启动了先进制造国际合作项目，包括公司集成和全球制造、制造知识体系、分布智能系统控制、快速产品实现的分布智能系统技术等。近年来，各国除了对智能制造基础技术进行研究外，更多的是进行国际间的合作研究。

在我国对智能制造的研究早在 20 世纪 80 年代末就已经开始。在最初的研究中，在智能制造技术方面取得了一些成果，进入 21 世纪以来的二十年中智能制造在我国迅速发展，在许多重点项目方面取得成果，智能制造产业也初具规模。

我国智能制造的发展目标主要有建立智能制造基础理论与技术体系、突破一批智能制造基础技术与部件、研制一批智能化高端装备、研发制造过程智能化技术与装备、系统集成与重大示范应用等。

10.4　设计与制造的管理

10.4.1　制造模式的组织设计

组织理论与技术的研究起源于古典时期法约尔的组织管理理论。由于组织在人类活动中所扮演的角色越来越重要，其研究进展很快，但是速度远落后于科学技术的发展速度，主要的制约因素是组织内部的复杂程度逐渐增加和其环境动态变化。科学技术的迅猛发展、组织规模的扩大、专业化的深化、知识的增长与人类成员多样性的增加使得组织复杂程度不断增加，已成为规律。

先进制造模式(advanced manufacturing mode，简称 AMM)是创造价值的一类制造系统、管理战略与组织方式。

组织因素在 AMM 中的作用包括以下几点：

① 组织是 AMM 的主要构成因素之一。AMM 的先进性在于其能更好地适应市场环境的变化而取代传统的制造模式。AMM 以采用先进制造技术为前提，但是先进制造技术的选择必须与企业的基础结构相匹配。

② 组织影响 AMM 的其他因素。在理论上，战略决定结构、技术决定结构，但组织结构对战略与技术具有巨大的反作用，特别是在战略的实施与技术的运用中，组织结构发挥着决定性作用。

③ 组织决定 AMM 中各因素的协同方式。AMM 的关键是制造战略、制造技术与制造组织的协同。事实上，制造系统除了环境、战略、技术因素外，还包括人为因素与社会因素等多种复杂因素。只有组织系统才能将这些因素整合为一个协调的整体，可以说，组织比技术因素更能体现 AMM 的特点。

组织活动是指结构性和整体性的人群活动，即处于相互依存中人们的共同工作或协同工作的活动。下面从三个维度来定义组织，如图 10-3 所示。

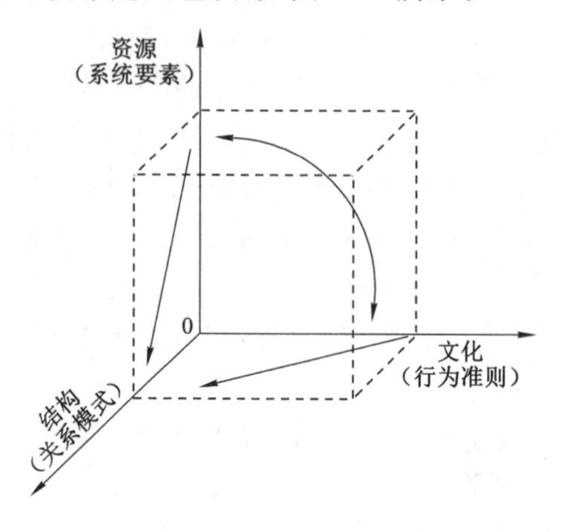

图 10-3　组织的三维度研究模式

① 资源（系统要素）。组织是面向特定目标的资源结合体。资源是组织系统的构成要素，包括物质、人力、技术、知识、信息等有形或无形资源。其中技术、知识、人力资源是现代制造组织的核心资源。

② 结构（关系模式）。组织是在特定关系模式中一起工作的人群。它涉及任务的专业化、权力的等级化以及由此形成的与技术密切相关的职权模式、沟通渠道和工作流程等。组织结构的本质是组织成员的角色、权威、交往联系。

③ 文化（行为准则）。组织是处于社会关系中的人群，涉及人的行为与动机、群体动力与影响网络等。其主要问题可归结为价值、行为、群体动力，组织具有一定的文化特征，具有共同的行为准则。

上述三个维度是相互交织在一起的，并与过程（作业、支援与管理过程）分系统及环境相互影响。如结构及其动态性受技术的决定性影响，并受组织文化的影响；组织文化不仅受内部的技术、任务和结构的影响，还受外部环境因素的影响，与社会环境之间存在广泛的相互影响。

组织技术的发展推动了 AMM 的创新，近年来制造系统模式的一系列新发展是与技术推动下的组织发展密切相关的。现代制造系统所应具备的特性，如集成化、全球化、网络化、柔性化等主要是通过组织的创新来获得的。组织技术和组织变革是提高企业的市场应变能力和竞争能力（TQCSE）的关键因素。因此，对于 AMM 而言，组织因素与技术同等重要。但是由于存在人为因素，组织与管理比技术问题更复杂、更多变，组织技术的发展远落后于工程技术，因此组织技术是 AMM 的关键技术，也是 AMM 应用迫切需要解决的课题。若这方面没有重要突破，势必会严重制约 AMM 研究与应用的发展。

10.4.2　大量订制的延迟制造

延迟制造策略是指在接近客户购买点时实现差异化，即实现差异化延迟。最初延迟制造应用于分销领域（物流延迟），包括库存前移过程中的延迟。将物流延迟到接受实际客户订单之后的优势在于降低库存积压，提高快速响应能力。在延迟制造中，最终的产品工艺和制造活动延迟到接受客户订单之后。在这一过程中，通过添加新的产品特征或用通用模块装配特殊产品来实现产品订制化。在实现订制化大量生产的同时实现成本有效性，是通过低库存水平和大量生产环境下的规模经济实现的。延迟制造是一种组织概念，将部分供应链活动安排在接到客户订单之后，这样企业可以根据客户偏好组织最后的生产活动，甚至为客户订制产品，同时可以避免根据市场预测组织生产引起的成品库存积压。对于高附加值、多品种产品，更能体现延迟的优越性。

未来延迟制造研究趋势主要表现在以下几个方面：

① 将延迟制造概念进一步向供应链范畴拓展。目前对于延迟制造的研究基本没有突破津恩对延迟制造所作的概念界定，而且没有反映贯穿整个供应链的延迟制造集成化研究。

② 向延迟制造的空间维拓展。将延迟制造作为全球物流和全球化供应链的构成要素加以研究；同时对各国的延迟制造进行比较，比较延迟应用在各国的潜在区别。

③ 进一步深入研究延迟制造和 MC 的关系。延迟制造就是大规模订制(MC)中的客户订单分离点，怎样通过模块化设计、基于平台的产品族规划方法，有效延迟客户订单分离点，以较少的产品内部多样性，实现较多的产品外部多样性特征，并结合具体的产品或设计场景，是需要进一步深入研究的问题。

④ 研究方法升级。对于延迟制造的研究将向“跨方法”发展，即追求研究方法的综合，包括定量和定性方法的综合以及集成化的、综合性和关联性强的研究方法的设计。对于延迟制造的研究将上升到更高的方法论水平。

10.4.3　物流系统管理

物流从广义上讲泛指物质实体及其载体的场所(或位置)的转移和时间占用，即指物质实体的物理流动过程。它是在生产和消费从时间和空间上被分离并且规模日益扩大的形势下，为有机衔接“供”和“需”，保证社会生产顺利进行，并取得良好的经济效益而发展起来的一门科学。物流研究所要解决的问题是物流活动的机械化、自动化和合理化，以实现物流系统的时间效益和空间效益。为了方便确定研究对象和界定研究问题，将物流概念分为广义与狭义两种。

① 广义物流指能够影响货物物理移动的各种客观存在与活动，这里的存在与活动涵盖一切与物流直接相关的因素。这就是说，广义物流不仅包括平常所说的生产者或者消费者物流，还包括物流基础理论、物流管理、相关体制、物流技术以及网络经济(图 10-4)。

② 狭义物流：此处引用菊池康也(日)的定义——物流是货物从供应者向需求者的物理移动，是创造时间价值与场所价值的经济活动(图 10-5)。具体来说，物流包括运输、保管、搬运、包装、流通加工和信息活动等环节(图 10-6)。

物流系统是指在一定的时间和空间内由所需输送的物料和包括有关设备、输送工具、仓储设备、人员以及通信联系等若干相互制约的动态要素构成的具有特定功能的有机整体。物流系统用以实现物资的时间效益与空间效益，在保证社会再生产顺利进行的前提下实现各种物流环节的合理衔接，并取得最佳经济效益。随着计算机科学和自动化技术的发展，物流管理系统也从简单的方式迅速向自动化管理方式演变，其主要标志是自动物流设备，如自动导引车(automated guided vehicle，简称 AGV)，自动存储、提取系统(automated storage/

retrieve system,简称 AS/RS),空中单轨自动车(SKY-AGV-rail automated vehicle)、堆垛机(stacker crane)等,以及物流计算机管理与控制系统的出现。

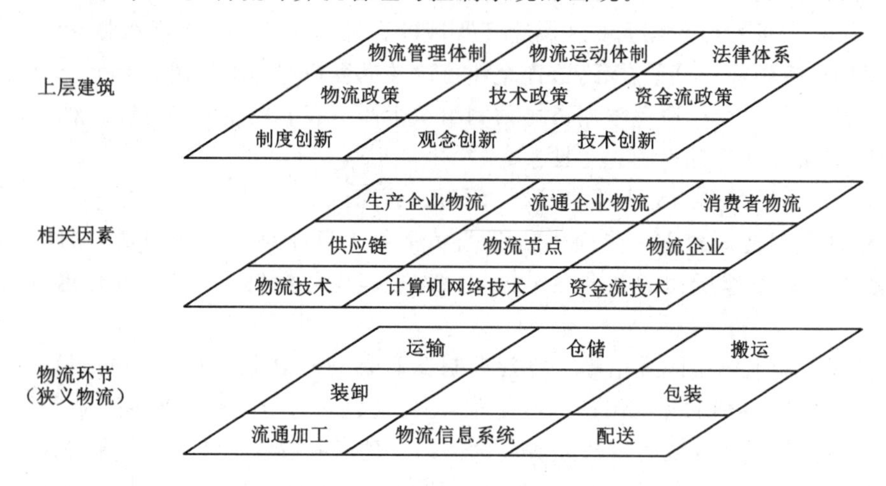

图 10-4　广义物流研究对象

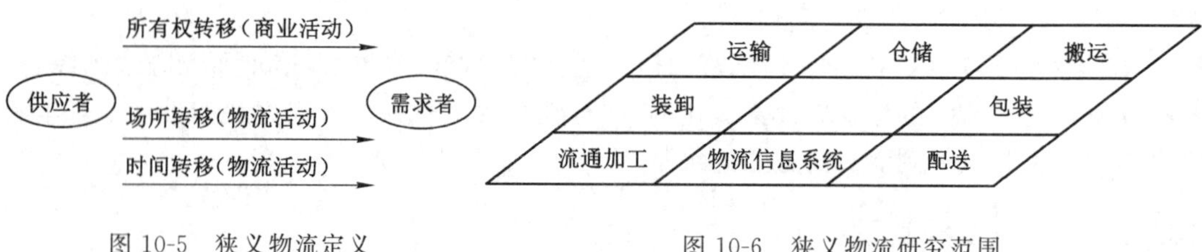

图 10-5　狭义物流定义

图 10-6　狭义物流研究范围

从技术角度来说,现代物流技术已经是一个包括机械学、计算机科学、管理工程学和自动控制技术等多学科的综合科学,物流研究可以说是一个系统工程。目前在降低制造成本的同时,人们对降低物流成本更重视。国际上现代物流已经技术化、绿色化、柔性化和标准化。

参考文献

[1] 曹衍龙,杨将新,吴昭同,等.面向制造环境的稳健公差设计方法[J].中国机械工程,2003,14(2):134-137.
[2] 陈继文,王琛,于复生,等.机械自动化装配技术[M].北京:化学工业出版社,2019.
[3] 陈裕川.焊接工艺设计与实例分析[M].北京:机械工业出版社,2010.
[4] 戴曙.金属切削机床[M].北京:机械工业出版社,2004.
[5] 杜西灵,杜磊.铸造技术与应用案例[M].北京:机械工业出版社,2009.
[6] 樊文萱,胡文博.钣金展开[M].北京:北京大学出版社,1985.
[7] 范金辉,华勤.铸造工程基础[M].北京:北京大学出版社,2009.
[8] 方红芳,吴昭同.并行公差设计与工艺路线技术经济评价方法[J].机械工程学报,2000,36(4):74-77,85.
[9] 高军,李熹平,高田玉.注塑成型工艺分析及模具设计指导[M].北京:化学工业出版社,2009.
[10]《公差与配合》国家标准工作组.公差与配合标准的分析[M].北京:技术标准出版社,1980.
[11] 郭广思.注塑成型技术[M].北京:机械工业出版社,2002.
[12] 郭新民.机械制造技术[M].北京:北京理工大学出版社,2010.
[13] 韩国明.焊接工艺理论与技术[M].2版.北京:机械工业出版社,2007.
[14] 黄晓燕.注塑成型工艺与模具设计[M].北京:化学工业出版社,2010.
[15] 机械工业技师考评培训教材编审委员会.锻造工技师培训教材[M].北京:机械工业出版社,2001.
[16] 姜文深.钣金展开下料技法与实例[M].北京:机械工业出版社,2012.
[17] 李凯岭.现代注塑模具设计制造技术[M].北京:清华大学出版社,2011.
[18] 李尚健.锻造工艺及模具设计资料[M].北京:机械工业出版社,1991.
[19] 李雅.冲压工艺与模具设计[M].北京:北京理工大学出版社,2018.
[20] 刘庚寅.公差测量基础与应用[M].北京:机械工业出版社,1996.
[21] 刘继红,王峻峰.复杂产品协同装配设计与规划[M].武汉:华中科技大学出版社,2011.
[22] 刘来英.注塑成型工艺[M].北京:机械工业出版社,2005.
[23] 鲁明珠,王炳章.先进制造工程论[M].北京:北京理工大学出版社,2012.
[24] 吕炎.锻造工艺学[M].北京:机械工业出版社,1995.
[25](美)杰弗里·布斯罗伊德.面向制造及装配的产品设计[M].林宋,译.北京:机械工业出版社,2015.

[26] 南秀蓉.公差与测量技术[M].北京:国防工业出版社,2010.
[27] 任嘉卉.公差与配合手册[M].2 版.北京:机械工业出版社,2000.
[28] 司乃钧,许小村.机械制造技术基础[M].2 版.北京:高等教育出版社,2017.
[29] 孙超,李英.公差检测与质量分析[M].北京:机械工业出版社,2015.
[30] 王安民.面向先进制造模式的组织设计[M].西安:西安电子科技大学出版社,2014.
[31] 王从军,等.薄材叠层增材制造技术[M].武汉:华中科技大学出版社,2013.
[32] 王广春.增材制造技术及应用实例[M].北京:机械工业出版社,2014.
[33] 王海军.延迟制造:大量定制的解决方案[M].武汉:华中科技大学出版社,2006.
[34] 王宏宇.机械制造工艺基础[M].北京:化学工业出版社,2007.
[35] 王先逵.机械加工工艺手册(第 3 卷):系统技术卷[M].北京:机械工业出版社,2007.
[36] 王宗杰.熔焊方法及设备[M].2 版.北京:机械工业出版社,2016.
[37] 魏春雷.冲压工艺与模具设计[M].北京:北京理工大学出版社,2007.
[38] 魏静姿,黄俊仕.机械制造工艺基础[M].北京:北京理工大学出版社,2014.
[39] 魏青松.增材制造技术原理及应用[M].北京:科学出版社,2017.
[40] 徐兵.机械装配技术[M].2 版.北京:中国轻工业出版社,2014.
[41] 闫春泽.增材制造技术系列丛书:粉末激光烧结增材制造技术[M].武汉:华中科技大学出版社,2013.
[42] 杨连发.冲压工艺与模具设计[M].2 版.西安:西安电子科技大学出版社,2018.
[43] 杨占尧,赵敬云.增材制造与 3D 打印技术及应用[M].北京:清华大学出版社,2017.
[44] 姚泽坤.锻造工艺学与模具设计[M].3 版.西安:西北工业大学出版社,2013.
[45] 张旭,王爱民,刘检华.产品设计可装配性技术[M].北京:航空工业出版社,2009.
[46] 张玉,刘平.几何量公差与测量技术[M].4 版.沈阳:东北大学出版社,2014.
[47] 中国机械工程学会铸造专业学会.铸造手册第 5 卷:铸造工艺[M].北京:机械工业出版社,1994.
[48] 钟元.面向制造和装配的产品设计指南[M].2 版.北京:机械工业出版社,2016.
[49] 宗培言.焊接结构制造技术手册[M].上海:上海科学技术出版社,2012.
[50] HAGHIGHI P, MOHAN P, SHAH J J, et al. A framework for explicating formal geometrical and dimensional tolerances schema from manufacturing process plans for three-dimensional conformance analysis[J]. Journal of computing and information science in engineering, 2015, 15(2): 021003.